浙江省普通高校"十三五"新形态教材

高等职业教育工程造价专业系列教材

建筑工程计量与计价

主　编　马知瑶　沈永嵘　朱利康
副主编　宋蓉晖　贺会团　蓝美珍　熊卓亚
参　编　张　韩　尤　忆　来　澜　柴恩海
　　　　丁桢荣　邹奕平

机械工业出版社

本书是浙江省普通高校"十三五"新形态教材，依据教育部《高等职业学校工程造价专业教学标准》，最新版规范与定额，包括《房屋建筑与装饰工程工程量计算规范》（GB 50854—2013）、《浙江省房屋建筑与装饰工程预算定额》（2018版）和《浙江省建设工程计价规则》（2018版）等，及浙江省文件通知要求，采用真实项目案例编写而成。本书分为13个项目，主要内容包括：土石方工程，地基处理与边坡支护工程，桩基工程，砌筑工程，混凝土及钢筋混凝土工程，金属结构工程，木结构工程，门窗工程，屋面及防水工程，保温、隔热、防腐工程，脚手架工程，垂直运输工程和超高施工增加费。

本书可作为高职高专工程造价专业、建筑工程技术专业、建设工程管理专业及相关土建类专业学习用书，也可作为工程造价初学者及二级造价师考试参考用书。

图书在版编目（CIP）数据

建筑工程计量与计价/马知瑶，沈永嵘，朱利康主编. —北京：机械工业出版社，2021.8（2024.8重印）

浙江省普通高校"十三五"新形态教材　高等职业教育工程造价专业系列教材

ISBN 978-7-111-68524-1

Ⅰ.①建… Ⅱ.①马…②沈…③朱… Ⅲ.①建筑工程-计量-高等学校-教材②建筑造价-高等学校-教材　Ⅳ.①TU723.3

中国版本图书馆CIP数据核字（2021）第120448号

机械工业出版社（北京市百万庄大街22号　邮政编码100037）
策划编辑：王靖辉　　责任编辑：王靖辉　陈紫青
责任校对：王　欣　责任印制：常天培
固安县铭成印刷有限公司印刷
2024年8月第1版第5次印刷
184mm×260mm・18印张・445千字
标准书号：ISBN 978-7-111-68524-1
定价：49.80元

电话服务　　　　　　　　网络服务
客服电话：010-88361066　　机　工　官　网：www.cmpbook.com
　　　　　010-88379833　　机　工　官　博：weibo.com/cmp1952
　　　　　010-68326294　　金　书　网：www.golden-book.com
封底无防伪标均为盗版　机工教育服务网：www.cmpedu.com

前　言

教育、科技、人才是全面建设社会主义现代化国家的基础性、战略性支撑。随着国家经济从高速发展向高质量发展的转型，我国建筑行业也进入高质量发展的转型阶段，对工程造价从业人员的要求不断提高。

为培养造就大批具备深厚理论功底、具有扎实实践能力、德才兼备的高素质工程造价人员，满足新形势下工程造价及相关专业的教学需要，编者依据工程计量与计价领域最新的法规、规范、政策文件、造价信息和研究成果，结合教学实践和同行们的建议，编写了本书。在整个编写过程中，编者力求使本书内容与时俱进、结构合理、逻辑严谨、引例得当、通俗易懂、讲学实用，使学生能够学以致用。

本书基于工程造价国家专业教学标准，按照工程造价工程技术人员岗位典型工作任务，介绍了定额工程量清单和国标工程量清单两种计价模式，构建了简单明了的建筑工程计量与计价知识结构体系，为后续的学习奠定基础并提供帮助。本书在编写过程中采用校企合作真实工程案例，同时对难点的讲解努力做到深入浅出，在文字讲解的同时配以大量的例题及图表，以提高学生对知识的理解程度，适用于不同层次的学生。针对学生理解和实训需要，本书采用案例贯穿全书引导式教学，通过对定额计价与清单计价工程实例的分步讲解，将各个知识点串联成一个整体。

本书由浙江同济科技职业学院马知瑶、沈永嵘、杭州瑞拓工程咨询有限公司朱利康担任主编，浙江同济科技职业学院宋蓉晖、嘉兴职业技术学院贺会团、浙江丽水职业技术学院蓝美珍、耀华建设管理有限公司熊卓亚担任副主编，嘉兴南洋职业技术学院张韩、台州职业技术学院尤忆、中纬工程管理咨询有限公司来澜、浙江五洲工程项目管理有限公司柴恩海、丁桢荣、邹奕平参与编写。

本书配有丰富的教学资源，其中包括49个微课视频（参考教师、学生可扫描文前"微课视频列表"及文中相应的二维码进行学习）、电子课件、电子教案、模拟试卷、课程标准、课程整体教学设计、课后习题解答等（凡使用本书作为教材的教师可登录机械工业出版社教育服务网 www.cmpedu.com 注册下载）。

产教融合、校企合作是培养新时代高素质技术技能人才的有效途径，是服务产业企业发展的有力举措。本书的出版得到了杭州市工程造价管理协会的大力支持，是杭州市工程造价产学研联盟共同努力的结果。编者在编写过程中参阅了大量文献和资料，在此对这些文献的作者和所有关心本书的同行及使用者深表谢意。由于诸多原因，书中难免存在疏漏和不足之处，欢迎读者批评指正。

编　者

微课视频列表

序号	二维码	页码	序号	二维码	页码
1	土石方工程概述	2	7	沟槽土方国标清单的编制与计价	20
2	土石方工程定额应用	8	8	地基处理与边坡支护工程基础知识	32
3	平整场地定额清单编制	11	9	地基处理定额说明	33
4	沟槽土方工程量计算	11	10	边坡支护定额说明	35
5	沟槽土方定额清单编制与计价	12	11	地基处理与边坡支护工程定额清单编制	38
6	平整场地国标清单编制	19	12	桩基础工程概述	51

微课视频列表

（续）

序号	二维码	页码	序号	二维码	页码
13	桩基定额说明	53	20	砖砌体工程量计算	80
14	预制桩工程量的计算	58	21	砖基础定额清单编制	84
15	钻孔灌注桩工程量的计算	60	22	砖基础国标清单编制与计价	99
16	方桩定额清单编制	63	23	模板工程基础知识	112
17	砌筑工程基础知识	74	24	混凝土定额说明	114
18	砌筑工程定额说明	77	25	毛石混凝土换算	115
19	砖基础工程量的计算	80	26	混凝土楼梯底板厚度换算	117

(续)

序号	二维码	页码	序号	二维码	页码
27	独立基础工程量的计算	124	34	金属结构工程定额说明（下）	176
28	筏板基础工程量的计算	124	35	木结构工程基础知识	190
29	混凝土垫层工程量的计算	124	36	木结构工程定额说明	191
30	混凝土柱	127	37	门窗工程基础知识	200
31	混凝土梁	128	38	门窗工程定额说明	200
32	楼梯工程量的计算	132	39	平屋面基础知识	218
33	金属结构工程定额说明（上）	175	40	瓦规格的调整	220

微课视频列表

（续）

序号	二维码	页码	序号	二维码	页码
41	屋面及防水工程应注意的问题	234	46	垂直运输工程定额清单计价	268
42	保温隔热防腐工程基础知识	237	47	垂直运输工程定额清单计价实例	268
43	保温隔热防腐工程定额说明	238	48	建筑物施工超高增加费定额清单计价	274
44	单项脚手架定额清单计价	255	49	建筑物施工超高增加费定额清单计价实例	275
45	脚手架工程定额清单计价实例	256			

目 录

前言
微课视频列表

项目1　土石方工程 ……………………… 1
- 任务1　土石方工程基础知识 ………… 2
- 任务2　土石方工程定额清单编制
  与计价 …………………………… 8
- 任务3　土石方工程国标清单编制
  与计价 …………………………… 18
- 【小结】 ………………………………… 29
- 【思考与练习题】 ……………………… 29

项目2　地基处理与边坡支护工程 ……… 31
- 任务1　地基处理与边坡支护工程
  基础知识 ………………………… 32
- 任务2　地基处理与边坡支护工程
  定额清单编制与计价 …………… 33
- 任务3　地基处理与边坡支护工程
  国标清单编制与计价 …………… 40
- 【小结】 ………………………………… 48
- 【思考与练习题】 ……………………… 49

项目3　桩基工程 ………………………… 50
- 任务1　桩基工程基础知识 …………… 51
- 任务2　桩基工程定额清单编制
  与计价 …………………………… 53
- 任务3　桩基工程国标清单编制
  与计价 …………………………… 64
- 【小结】 ………………………………… 71
- 【思考与练习题】 ……………………… 72

项目4　砌筑工程 ………………………… 73
- 任务1　砌筑工程基础知识 …………… 74
- 任务2　砌筑工程定额清单编制
  与计价 …………………………… 77
- 任务3　砌筑工程国标清单编制
  与计价 …………………………… 88
- 【小结】 ………………………………… 102
- 【思考与练习题】 ……………………… 102

项目5　混凝土及钢筋混凝土工程 ……… 104
- 任务1　混凝土及钢筋混凝土工程
  基础知识 ………………………… 105
- 任务2　混凝土及钢筋混凝土工程
  定额清单编制与计价 …………… 114
- 任务3　混凝土及钢筋混凝土工程
  国标清单编制与计价 …………… 145
- 【小结】 ………………………………… 169
- 【思考与练习题】 ……………………… 169

项目6　金属结构工程 …………………… 172
- 任务1　金属结构工程基础知识 ……… 173
- 任务2　金属结构工程定额清单编制
  与计价 …………………………… 175
- 任务3　金属结构工程国标清单编制
  与计价 …………………………… 178
- 【小结】 ………………………………… 187
- 【思考与练习题】 ……………………… 187

项目7　木结构工程 ……………………… 189
- 任务1　木结构工程基础知识 ………… 190
- 任务2　木结构工程定额清单编制
  与计价 …………………………… 191
- 任务3　木结构工程国标清单编制
  与计价 …………………………… 193
- 【小结】 ………………………………… 198
- 【思考与练习题】 ……………………… 198

项目8　门窗工程 ………………………… 199
- 任务1　门窗工程基础知识 …………… 200

任务 2　门窗工程定额清单编制
　　　　　与计价 …………………… 200
　　任务 3　门窗工程国标清单编制
　　　　　与计价 …………………… 204
　【小结】 ………………………………… 215
　【思考与练习题】 ……………………… 215
项目 9　屋面及防水工程 ……………… 216
　　任务 1　屋面及防水工程基础知识 … 217
　　任务 2　屋面及防水工程定额清单
　　　　　编制与计价 ……………… 220
　　任务 3　屋面及防水工程国标清单
　　　　　编制与计价 ……………… 224
　【小结】 ………………………………… 235
　【思考与练习题】 ……………………… 235
项目 10　保温、隔热、防腐工程 …… 236
　　任务 1　保温、隔热、防腐工程
　　　　　基础知识 ………………… 237
　　任务 2　保温、隔热、防腐工程定额
　　　　　清单编制与计价 ………… 238
　　任务 3　保温、隔热、防腐工程国标
　　　　　清单编制与计价 ………… 241
　【小结】 ………………………………… 248
　【思考与练习题】 ……………………… 249
项目 11　脚手架工程 ………………… 250

　　任务 1　脚手架工程基础知识 ……… 251
　　任务 2　脚手架工程定额清单编制
　　　　　与计价 …………………… 251
　　任务 3　脚手架工程国标清单编制
　　　　　与计价 …………………… 259
　【小结】 ………………………………… 264
　【思考与练习题】 ……………………… 264
项目 12　垂直运输工程 ……………… 265
　　任务 1　垂直运输工程基础知识 …… 266
　　任务 2　垂直运输工程定额清单编制
　　　　　与计价 …………………… 266
　　任务 3　垂直运输工程国标清单编制
　　　　　与计价 …………………… 269
　【小结】 ………………………………… 271
　【思考与练习题】 ……………………… 271
项目 13　超高施工增加费 …………… 272
　　任务 1　超高施工增加费基础知识 … 273
　　任务 2　超高施工增加费定额清单
　　　　　编制与计价 ……………… 273
　　任务 3　超高施工增加费国标清单
　　　　　编制与计价 ……………… 274
　【小结】 ………………………………… 277
　【思考与练习题】 ……………………… 277
参考文献 ……………………………… 278

项目1

土石方工程

任务1　土石方工程基础知识

土石方工程概述

土石方工程是建筑工程施工中的主要工种工程之一。土方工程的内容主要包括施工前的准备工作、场地平整、开挖、夯实、运输、回填，同时依据基础施工图与地质资料等要求，采取排水降水与土方支护等技术措施。土方工程的基本施工内容有：准备工作、定位放线、开挖（放坡开挖、支撑开挖、围护开挖）、夯实（槽或坑底夯实、回填土夯实）、回填（槽坑回填、室内回填）、运输（场内运输、场外运输、弃土外运、借土运输）、排水或降水。

一、土方开挖

土方开挖是依据土质和水文情况、开挖深度、土体类别及工程性质等综合因素，确定保持土壁稳定的开挖方法和措施，以保证后续房屋基础工程的实施。保证土壁稳定所采取的措施，可以分为放坡开挖、支撑开挖、围护开挖。

1. 人力与机械土方开挖

人力土方开挖是指工人采用镐、铲、锄及小型电动工具等，挖土、装土入筐，抛土于槽坑边，修整槽坑土壁，同时将槽坑底夯实。采用机械槽坑土方开挖时，通常以不同型号的挖掘机或铲运机为主，推土机、夯实机械及运输机械等为辅组织施工，通过挖土、推土、余土集堆等工序完成土方开挖的施工过程，同时常常配合人力开挖边角土方、修整槽坑土壁，同时将槽坑底夯实。

2. 平整场地、沟槽、基坑、一般土石方

1）平整场地。在土方开挖前，对施工场地高低不平的部位进行平整工作。工作内容包括30cm以内的就地挖土、填土、找平，如图1-1所示。

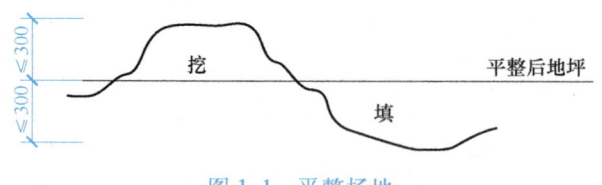

图1-1　平整场地

2）沟槽。底宽（设计图示有垫层的按垫层宽度，无垫层的按基础底宽，下同）不大于7m，且底长大于3倍底宽为沟槽，如图1-2所示。

3）基坑。底长不大于3倍底宽，且底面积不大于150m²为基坑，如图1-3所示。

4）一般土石方。超出上述范围，又非平整场地的，为一般土石方。

3. 基槽（坑）开挖的一般施工工艺

基槽（坑）开挖的一般施工工艺包括：定位、测量、抄平、放线、基槽（坑）切线分层开挖、抛土于槽（坑）边、修整槽（坑）边坡壁、槽（坑）底原土打夯等。

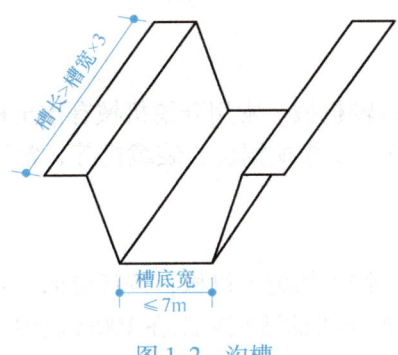

图 1-2 沟槽

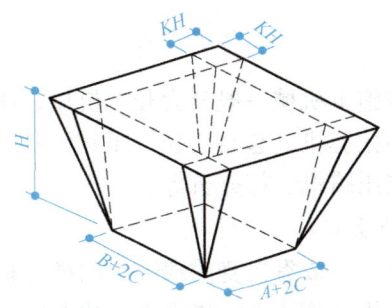

图 1-3 基坑
A、B—垫层底宽　C—工作面宽度
K—放坡系数　H—挖土深度

4. 放坡开挖

为防止土方施工过程中出现土方坍塌，影响施工人员安全，以及房屋施工质量与进度，应合理地设计基槽、基坑的土方开挖断面，即土方开挖时留设边坡，如图 1-4 所示。放坡是防止土方开挖时发生坍塌的有效措施。影响土方边坡坡度大小的因素有：土方类别、开挖深度、开挖方法、地下工程工期、边坡附近的荷载状况、地下水情况。常见的放坡方式有直线放坡、折线放坡与台阶式（复式）放坡。一般情况下，黏性土的边坡可陡些，砂性土则应平缓些；当基坑附近有主要建筑物时，边坡应取 1∶1.5~1∶1.0。

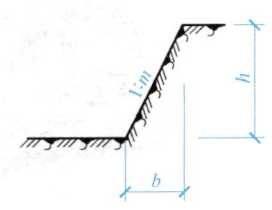

图 1-4 放坡示意图
b—外放距离　h—挖土深度

不同类别的土壤，其放坡起点也不同，一、二类土的放坡起点为 1.2m，三类土的放坡起点为 1.5m，四类土的放坡起点为 2.0m。

二、土方回填、运输

1. 土方回填

房屋土方回填工程按填土位置不同可分为基槽（坑）回填与室内回填；按取土的方式不同可分为就地回填与借土回填。土方回填一般采用人机配合，通常由取土（就地或外运）、回填、找平、分层碾压夯实等工序组成。土方回填的压实方法有碾压、夯实和振动压实法等。采用的机械通常有压路机与打夯机。夯实分为人工夯实（木夯、石夯）和机械夯实（夯锤、内燃夯土机和蛙式打夯机）。

2. 土方运输

土方运输按运输范围不同可分为场内运输和场外运输；按施工工艺要求不同可分为人力运输与人机配合运输。场内运输是指施工现场范围内的土方运输，如挖方量的运输、回填土的运输等，常采用人力车或机动翻斗车，通过装土、运土、卸土、余土处理等工序由人机配合完成。场外运输是指超过施工现场范围外的土方运输，如弃土外运、借土回填的土方从施工现场外运输至施工现场等。土方运输距离不超过 1000m 范围时，一般采用人力或人力配合机动翻斗车；超出 1000m 范围时，往往采用自卸汽车运输土方。

三、常用土石方施工机械

土方施工机械一般分为开挖机械、压实机械、运输机械。常用开挖机械有推土机、铲运机、单斗挖掘机（包括正铲、反铲、拉铲、抓铲等）、多斗挖掘机、装载机等，常用压实机械有平碾压路机、打夯机等。

1. 推土机

推土机是依靠机身前端装置的推土板进行推土、铲土的施工机械，按行走的方式分为履带式推土机（图1-5）和轮胎式推土机（图1-6）。推土机的适宜运距在100m以内，效率最高的推运距离为40~60m。推土机的特点是所需作业面小、机动灵活、转移方便、短距运土效率高、干湿地都可以独立工作，同时可以配合其他机械工作，主要用于填筑路基、开挖路堑、平整场地、回填管道和沟渠以及其他辅助作业。

图1-5　履带式推土机

图1-6　轮胎式推土机

2. 铲运机

铲运机是一种能综合完成全部土方施工工序（挖土、运土、平土或填土）的机械，按行走方式不同可分为自行式铲运机（图1-7）和拖式铲运机。铲运机的特点是能够完成铲装、运输、卸铺作业，并兼有一定的压实和平整能力，主要用于较大运距的土方工程，如填筑路基、开挖路堑和大面积平整场地等。

图1-7　自行式铲运机

3. 挖掘机

挖掘机按行走方式不同可分为履带式和轮胎式两种，按传动方式不同可分为机械传动和液压传动两种，按铲斗不同可分为正铲挖掘机、反铲挖掘机、抓铲挖掘机和拉铲挖掘机，其中使用较多的是正铲挖掘机和反铲挖掘机。挖掘机的特点是效率高、产量大，但机动性较差。

（1）正铲挖掘机　正铲挖掘机外形如图1-8所示，特点是"向前向上，强制切土"。其挖掘能力大，生产率高，适用于开挖停机面以上的一至三类土，它与运土汽车配合能完成整个挖运任务。由于挖掘面在停机面的前上方，因此正铲挖掘机适用于开挖面积大、地下水位低且排水通畅的基坑及土丘等。根据挖掘机的开挖路线与运输工具的相对位置不同，其开挖方式可分为正向挖土、侧向卸土和正向挖土、后方卸土两种方式。

（2）反铲挖掘机　反铲挖掘机外形如图1-9所示，特点是"后退向下，强制切土"。其

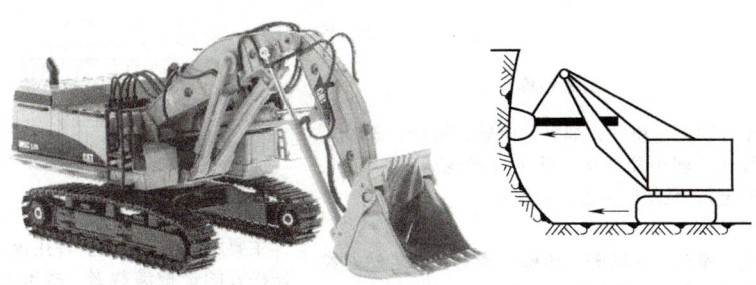

图 1-8 正铲挖掘机

挖掘力不比正铲挖掘机小,能开挖停机面以下的一至三类土,宜用于开挖深度不大于 4m 的基坑、基槽、管沟,也适用于湿土、含水量较大或地下水位以下的土壤、地下水位较高处的土壤开挖。

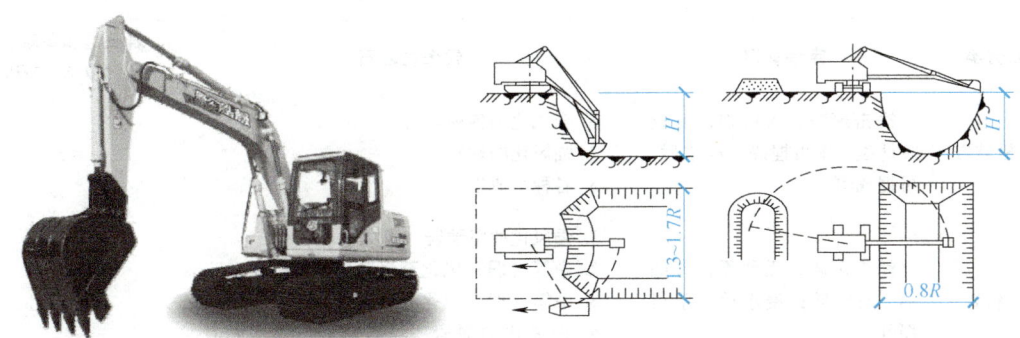

图 1-9 反铲挖掘机

(3)抓铲挖掘机 抓铲挖掘机如图 1-10 所示,它是在挖掘机臂端用钢丝绳吊装一个抓斗,特点是"直上直下,自重切土"。抓铲挖掘机可用于开挖基坑、沉井,疏通旧有渠道以及挖掘水中淤泥,或用于装卸碎石、矿渣等松散材料。

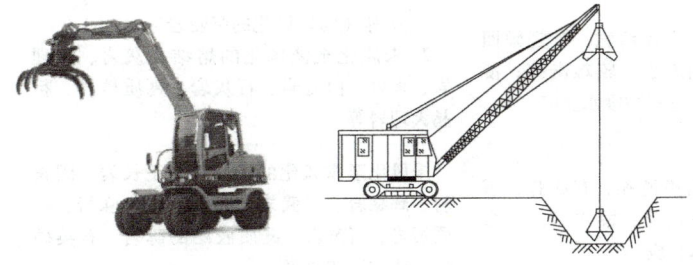

图 1-10 抓铲挖掘机

四、土壤类别的划分

土壤分一、二类土、三类土、四类土,岩石分极软岩、软岩、较软岩、较坚硬岩、坚硬岩,详见表 1-1 和表 1-2。同一工程的土石方类别不同,除另有规定外,应分别列项计算。

表 1-1　土壤分类表

土壤分类	土壤名称	开挖方法
一、二类土	粉土、砂土（粉砂、细砂、中砂、粗砂、砾砂）、粉质黏土、弱中盐渍土、软土（淤泥质土、泥炭、泥炭质土）、软塑红黏土、冲填土	用锹，少许用镐、条锄开挖。机械能全部直接铲挖满载者
三类土	黏土、碎石土（圆砾、角砾）混合土、可塑红黏土、硬塑红黏土、强盐渍土、素填土、压实填土	主要用镐、条锄，少许用锹开挖。机械须部分刨松方能铲挖满载者，或可直接铲挖但不能满载者
四类土	碎石土（卵石、碎石、漂石、块石）、坚硬红黏土、超盐渍土、杂填土	全部用镐、条锄挖掘，少许用撬棍挖掘。机械须普遍刨松方能铲挖满载者

注：本表土的名称及其含义按国家标准《岩土工程勘察规范》（GB 50021—2001）（2009 年版）定义。

表 1-2　岩石分类表

岩石分类		定性鉴定	代表性岩石	岩石饱和单轴抗压强度 R_r/MPa
软质岩	极软岩	锤击声哑，无回弹，有较深凹痕，手可捏碎；浸水后，可捏成团	1. 全风化的各种岩石 2. 强风化的软岩 3. 各种半成岩	≤5
软质岩	软岩	锤击声哑，无回弹，有凹痕，易击碎；浸水后，手可掰开	1. 强风化的坚硬岩 2. 中等（弱）风化至强风化的较坚硬岩 3. 中等（弱）风化的较软岩 4. 未风化的泥岩、泥质页岩、绿泥石片岩、绢云母片岩等	5~15
硬质岩	较软岩	锤击声不清脆，无回弹，较易击碎；浸水后，指甲可刻出印痕	1. 强风化的坚硬岩 2. 中等（弱）风化的较坚硬岩 3. 未风化至微风化的凝灰岩、千枚岩、砂质泥岩、泥灰岩、泥质砂岩、粉砂岩、砂质页岩等	15~30
硬质岩	较坚硬岩	锤击声较清脆，有轻微回弹，稍震手，较难击碎；浸水后，有轻微吸水反应	1. 中等（弱）风化的坚硬岩 2. 未风化至微风化的熔结凝灰岩、大理岩、板岩、白云岩、石灰岩、钙质砂岩、粗晶大理岩等	30~60
硬质岩	坚硬岩	锤击声清脆，有回弹，震手，难击碎；浸水后，大多无吸水反应	未风化至微风化的花岗岩、正长岩、闪长岩、辉绿岩、玄武岩、安山岩、片麻岩、硅质板岩、石英岩、硅质胶结的砾岩、石英砂岩、硅质石灰岩等	>60

注：本表依据《工程岩体分级标准》（GB/T 50218—2014）进行分类。

五、土方体积折算

天然密实土是指未经扰动的天然土，夯实土是指按规范要求经过分层碾压夯实的土，松填土是指天然密实土挖出后用于回填但未经夯实自然堆放的土。虚方是指未经碾压，堆积时间不大于一年的土壤。定额中挖土、运土工程量均按自然方（即天然密实体积）计算，夯填工程量按夯实土体积计算，松填工程量按松填土体积计算。一般情况下土方开挖、回填、外运工程量均不需考虑折算系数；当现场回填需要场外取土的情况下，应按回填工程量乘以表1-3中的折算系数计算场内土方工程量和场外土方工程量。

表1-3 土石方体积折算系数表

名称	虚方	松填	天然密实	夯实
土方	1.00 1.20 1.30 1.50	0.83 1.00 1.08 1.25	0.77 0.92 1.00 1.15	0.67 0.80 0.87 1.00
石方	1.00 1.18 1.54	0.85 1.00 1.31	0.65 0.76 1.00	— — —
块石	1.75	1.43	1.00	（码方）1.67
砂夹石	1.07	0.94	1.00	—

注：块石码方孔隙率不得大于25%。

【例1-1】 挖土15000m³，填土3000m³，求外运土方。

【解答】 （15000-3000×1.15）m³ = 11550m³

六、工作面

根据基础施工的需要，挖土时按基础垫层的双向尺寸向周边放出一定范围的操作面积，作为工人施工时的操作空间，这个单边放出的宽度就是工作面（图1-11）。

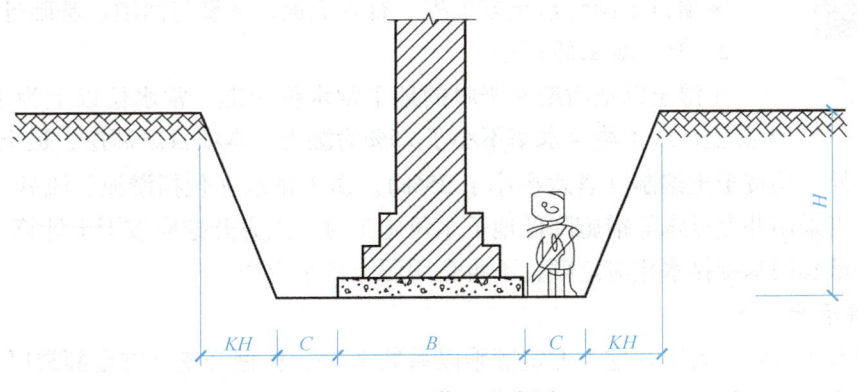

图1-11 工作面示意图
B—垫层底宽　C—工作面宽度　K—放坡系数　H—挖土深度

七、淤泥和流砂

（1）淤泥　淤泥是指含水率大于液限值，不易成形而呈稀软流动状的灰黑色，有臭味，含有半腐朽的动、植物残骸，置于水中有动、植物残体浮于水面上，并会有气泡从水中冒出的泥土。

（2）流砂　流砂是指受动力水扰动，坑底的土会成流动状态，随地下水涌出的砂土。

八、爆破

（1）预裂爆破　预裂爆破是指为降低爆震波对周围已有建筑物、构筑物的影响，按照设计的开挖边线，钻一排预裂炮眼，并按设计规定药量装炸药，在开挖区爆破前预先炸裂一条缝，以反射、阻隔开挖区爆破时产生较强的爆震波。

（2）减震孔　减震孔是指在设计开挖边线处加密炮眼，缩小排间距离，不装炸药也可起到与预裂爆破相同作用的孔洞。

（3）光面爆破　光面爆破是指通过正确选择爆破参数和施工方法，分区分段微差爆破，使爆破后轮廓线符合设计要求，临空面平整规则的一种控制爆破技术。

（4）基底摊座　基底摊座是指开挖爆破后，在需要设置的基底进行凿石找平，使基底达到设计标高要求，便于基础及垫层的施工。

（5）解小　解小又称二次爆破，是指在石方爆破工程中，对超过设计规定的最大粒径的石块或不便于装车运输的石块，进行再爆破处理的过程。

任务 2　土石方工程定额清单编制与计价

土石方工程
定额应用

一、定额使用说明

1. 定额内容

本项目定额包括土方工程、石方工程、平整与回填、基础排水等。

2. 干、湿土的划分

干湿土以地质勘察资料的地下常水位为准。常水位以上为干土，以下为湿土；或土壤含水率不小于25%为湿土。本项目定额挖、运土方除淤泥、流砂为湿土外，均按干土编制（含水率小于25%）。湿土排水（包括淤泥、流砂）均应另列项目计算；当采用井点排水等措施降低地下水位施工时，土方开挖应按干土计算，并按施工组织设计要求套用基础排水相应定额，不再套用湿土排水定额。

3. 挖桩承台土方

挖桩承台土方时，人工开挖土方定额乘以系数1.25；机械开挖土方定额乘以系数1.1。

【例1-2】　人工挖沟槽土方（有桩基），三类土，深2.8m，请确定定额人工费、材料费、机械费。

【解答】

定额编号：1-8H

计量单位：100m³

人工费 = 3770 元 × 1.25 = 4712.5 元

材料费 = 0 元

机械费 = 0 元

4. 在强夯后的地基上挖土方

在强夯后的地基上挖土方，相应子目人工费、机械费乘以系数1.15。

5. 外运

土石方、淤泥、流砂如发生外运（弃土外运或回填土运输），各市有规定的，从其规定，无规定的按本项目相关定额执行；弃土外运的处置费等其他费用，按各市的有关规定执行。

6. 人工土方

1）人工开挖土方深度超过3m时，应按机械挖土方考虑。如局部超过3m且仍采用人工开挖土的，超过3m部分土方，每增加1m按相应定额乘以系数1.15计算。

2）人工开挖、运湿土时，相应定额人工乘以系数1.18。

【例1-3】 人工挖一般土方，一、二类土，局部深度4.6m，请确定定额人工费、材料费、机械费。

【解答】

定额编号：1-1H

计量单位：100m³

人工费 = 1094.13 元×1.15×1.15 = 1446.99 元

材料费 = 0 元

机械费 = 0 元

【例1-4】 人工开挖地坑土方，坑底面积130m²，三类土，湿土，挖土深度1.2m，有桩基，请确定定额人工费、材料费、机械费。

【解答】

定额编号：1-5H

计量单位：100m³

人工费 = 3150.00 元×1.18×1.25 = 4646.25 元

材料费 = 0 元

机械费 = 0 元

7. 机械土方

1）机械挖土方定额已综合了挖掘机挖土后遗留厚度在30cm以内的基底清理和边坡修整所需的人工，不再另行计算。地下室地板等下翻构件部位开挖过程中，下翻部分为沟槽、基坑时，执行槽坑规则计算工程量，套用机械挖槽坑相应定额乘以系数1.25；当下翻部分采用人工开挖时，套用人工挖槽坑相应定额。

2）汽车（包括人力车）的负载上坡降效因素，已综合在相应运输项目中，不另行计算。推土机、装载机负载上坡时，其降效因素按坡道斜长乘以表1-4中相应系数计算。

表1-4 重车上坡降效系数表

坡度（%）	5~10	10~15	15~20	20~25
系数	1.75	2.00	2.25	2.50

3）推土机推土，当土层平均厚度小于30cm时，相应项目人工费、机械费乘以系数1.25。

4）挖掘机在有支撑的基坑内挖土，挖土深度在6m以内时，套用相应定额乘以系数1.2；

挖土深度在 6m 以上时，套用相应定额乘以系数 1.4；如发生土方翻运，不再另行计算。

5) 挖掘机在垫板上作业时，相应定额乘以系数 1.25，铺设垫板所增加的材料使用费按每 100m³ 增加 14 元计算。

6) 挖掘机挖含石子的黏质砂土按一、二类土定额计算，挖砂石按三类土定额计算，挖极软岩按四类土定额计算；推土机推运未经压实的堆积土，或土方集中堆放发生二次翻挖时，按一、二类土乘以系数 0.77。

7) 本项目中的机械土方作业均以天然湿度土壤为准，定额中已包括含水率在 25% 以内的土方所需增加的人工费和机械费。当含水率超过 25% 时，挖土定额乘以系数 1.15，机械运湿土定额不乘以系数；当含水率超过 40% 时，应另行处理。

8. 石方

1) 同一石方，当其中一种类别岩石的最厚一层大于设计横断面的 75% 时，按最厚一层岩石类别计算。

2) 基坑开挖深度以 5m 为准，深度超过 5m，定额乘以系数 1.09，工程量包括 5m 以内部分。

3) 石方爆破定额按机械凿眼编制；如用人工凿眼，费用仍按定额计算。

4) 爆破定额已综合了不同阶段的高度、坡面、改炮、找平等因素。当设计规定爆破有粒径要求时，需增加的人工费、材料费和机械费用应按实计算。

5) 爆破定额按火雷管爆破编制；如使用其他炸药或其他引爆方法，费用按实计算。

6) 定额中的爆破材料按炮孔中无地下渗水、积水（雨积水除外）计算；如带水爆破，所需增加的材料费用另行按实计算。

7) 爆破工作面所需的架子，爆破覆盖用的安全网和草袋，爆破区所需的防护费用以及申请爆破的手续费、安全保证费等，定额均未考虑，如发生时另行按实计算。

8) 石方爆破，基坑开挖上口面积大于 150m² 时，按爆破沟槽、坑开挖相应定额乘以系数 0.5。

9) 石方爆破现场必须采用集中供风时，所需增加的临时管道材料及机械安拆费用应另行计算，但发生的风量损失不另计算。

10) 液压锤破碎槽坑石方，按相应定额乘以系数 1.3。

11) 填石碴定额适用于现场开挖岩石的利用回填。

9. 基础排水

1) 轻型井点、喷射井点排水的井管安装、拆除以根为单位计算，使用以套·天计算；真空深井、自流深井排水的安装、拆除以每座井计算，使用以每座井·天计算。

2) 井管间距应根据地质条件和施工降水要求，按施工组织设计确定；施工组织设计未考虑时，可按轻型井点管距 1.2m、喷射井点管距 2.5m 确定。

3) 湿土排水定额按正常施工条件编制，排水期至基础（含地下室周边）回填结束。回填后如遇后浇带施工需要排水，发生时另行按实计算。

二、土石方工程定额清单编制

1. 平整场地

按设计图示尺寸以建筑物首层建筑面积（或架空层结构外围面积）的外边线每边各放

2m 计算，建筑物地下室结构外边线凸出首层结构外边线时，其凸出部分的面积合并计算。

【例 1-5】 人工平整场地，三类土，弃土运距 2km，计算图 1-12 的平整场地定额清单工程量，并编制定额清单。

平整场地定额清单编制

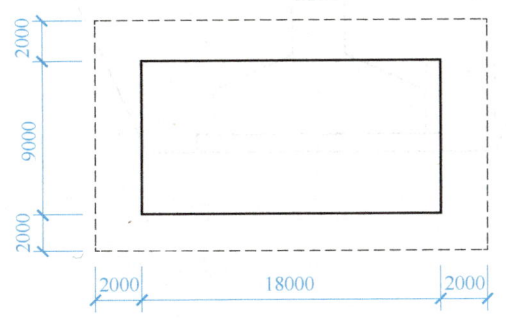

图 1-12 人工平整场地

【解答】 $S = (9+2\times2)\times(18+2\times2)\,\text{m}^2 = 286\,\text{m}^2$

该平整场地定额工程量清单见表 1-5。

表 1-5 分部分项工程量清单（定额清单）

序号	定额编号	项目名称	项目特征	计量单位	工程量
1	1-75	平整场地	人工平整场地，三类土，弃土运距 2km	m²	286

2. 沟槽土方

$$V = (B+2C+KH)HL$$

式中　V——挖土体积（m³）；
　　　K——放坡系数；
　　　B——槽坑底宽度（m）；
　　　C——工作面宽度（m）；
　　　H——挖土深度（m）；
　　　L——沟槽长度（m）。

沟槽土方工程量计算

(1) 槽坑底宽度 B 的确定

如图 1-13 所示，当使用碎石垫层时，B 表示的是基础底的宽度；当使用混凝土垫层时，B 表示的是混凝土垫层底的宽度。

(2) 工作面宽度 C 的确定

基础施工的工作面宽度应按设计文件规定尺寸计算，设计文件未明确时按经批准的施工组织设计要求计算，两者均未规定时按下列规定计算。

1) 当组成基础的材料不同或施工方法不同时，基础施工单面工作面宽度按表 1-6 计算。

2) 挖地下室、半地下室土方按垫层底宽每边增加工作面 1m（烟囱、水、油池、水塔埋入地下的基础，挖土方按地下室放工作面）。地下构件设有砖模的，挖土工程量按砖模下设计垫层面积乘以下翻深度，不另增加工作面和放坡。

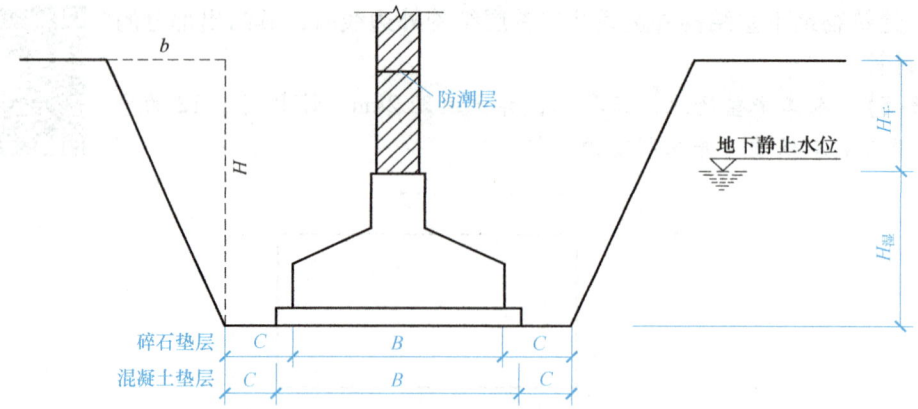

图 1-13 沟槽土方示意图

表 1-6 基础施工单面工作面宽度计算表

基础材料	每面增加工作面宽度/mm
砖基础	200
浆砌毛石、条石基础	150
混凝土基础（支模板）	300
混凝土基础垫层（支模板）	300
基础垂直面做砂浆防潮层、防水层或防腐层	1000（自防潮层面、防水层或防腐层面）

3）挖管道沟槽土方，沟底宽度按管道宽度计算；当遇有管道垫层或基础管座时，按其中较大宽度加 0.40m 计算。

4）同一槽、坑如遇有多个增加工作面条件时，按其中较大的一个计算。

（3）放坡系数 K 的确定

1）土方放坡的起点深度和放坡系数按表 1-7 计算。

表 1-7 土方放坡的起点深度和放坡系数表

土类	起点深度（>m）	放坡系数			
		人工挖土	机械挖土		
			基坑内作业	基坑上作业	沟槽上作业
一、二类土	1.20	1：0.50	1：0.33	1：0.75	1：0.50
三类土	1.50	1：0.33	1：0.25	1：0.67	1：0.33
四类土	2.00	1：0.25	1：0.10	1：0.33	1：0.25

沟槽土方定额清单编制与计价

2）放坡起点均自槽、坑底开始。

3）同一槽、坑内土类不同时，分别按其放坡起点、放坡系数，依不同土类别厚度加权平均计算。

【例 1-6】 某工程基槽挖土深度为 1.6m，人力开挖，根据地质勘察资料，该深度范围分布的土方自上而下分别是：二类土厚 1.0m，三类土厚 0.6m。求按该基槽挖土工程量时的放坡系数 K。

【解答】 $K=(1.0×0.5+0.6×0.33)/1.6=0.44$

4）基础土方支挡土板时，土方放坡系数不另行计算。

5）基槽、坑土方开挖，不扣除放坡交叉处的重复工程量，但因工作面、放坡重叠造成槽、坑计算体积之和大于实际大开口挖土体积时，按大开口挖土体积计算。

(4) 挖土深度 H 的确定

基础土石方的深度按基础（含垫层）底标高至交付施工场地标高确定；交付施工场地标高不明确时，应按自然地面标高确定。挖地下室等下翻构件土石方，深度按下翻构件基础（含垫层）底至地下室基础（含垫层）底标高确定。

挖湿土的深度为地下水位到垫层底的深度。

(5) 沟槽长度 L 的确定

外墙按外墙中心线长度计算，内墙按基础（含垫层）底净长计算，如图 1-14 所示，不扣除工作面及放坡重叠部分的长度。

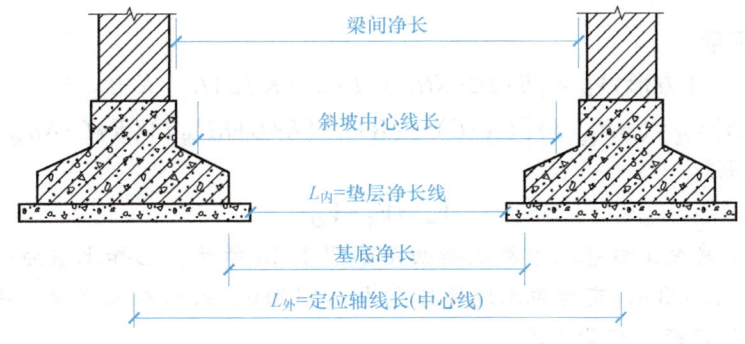

图 1-14 沟槽土方长度

附墙垛凸出部分按砌筑工程规定的砖垛折加长度合并计算，不扣除搭接重叠部分的长度，垛的加深部分也不增加，如图 1-15 所示。

折加长度

$$L=\frac{ab}{c}$$

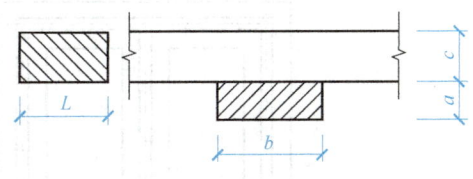

图 1-15 砖垛折加长度

(6) 湿土

当挖土深度超过地下常水位高度时，挖土方工程量应分为湿土工程量和干土工程量两部分计算。

1）湿土工程量

$$V_{湿}=(B+2C+KH_{湿})H_{湿}L$$

2）干土工程量

$$V_{干}=V_{全}-V_{湿}$$

3. 地坑土方

如图 1-16 所示，方形地坑的体积

$$V=(B+2C+KH)(L+2C+KH)H+K^2H^3/3$$

如图 1-17 所示，圆形地坑的体积

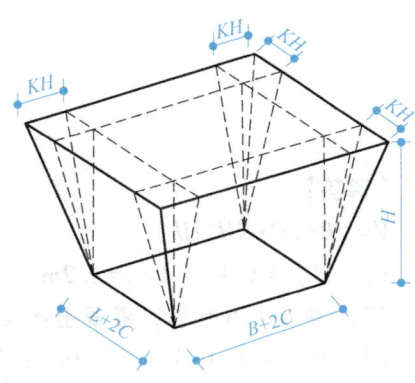

图 1-16 方形地坑示意图

$$V=(\pi H/3)[(R+C)^2+(R+C)(R+C+KH)+(R+C+KH)^2]$$

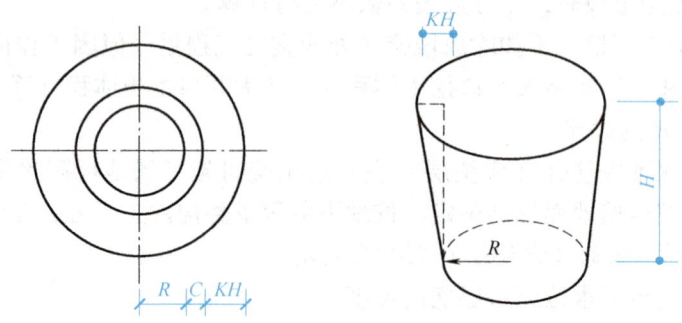

图 1-17 圆形地坑示意图

当挖土深度超过地下常水位高度时，挖土方工程量应分为湿土工程量和干土工程量两部分计算。

1) 湿土工程量

（方形）$V_{湿}=(B+2C+KH_{湿})(L+2C+KH_{湿})H_{湿}+K^2H_{湿}^3/3$

（圆形）$V_{湿}=(\pi H_{湿}/3)[(R+C)^2+(R+C)(R+C+KH_{湿})+(R+C+KH_{湿})^2]$

2) 干土工程量

$$V_{干}=V_{全}-V_{湿}$$

【例 1-7】 某房屋工程基础平面及断面图如图 1-18 所示，已知土质为一、二类土，地下常水位标高为 -1.000m，交付施工地坪标高为 -0.300m，采用人工开挖，明排水，试编制该房屋土方工程的定额工程量清单。

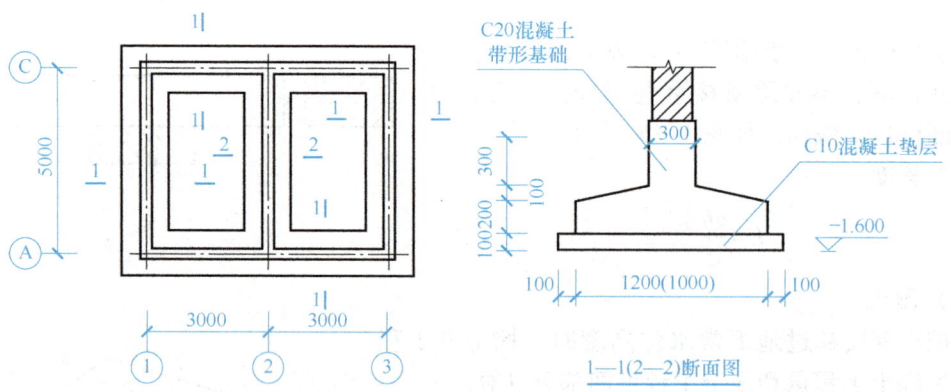

图 1-18 某房屋工程基础平面及断面图

【解答】

$V=(B+2C+KH)HL$

(1) $B_{1-1}=1.4$m，$B_{2-2}=1.2$m

(2) 查表 1-6 可知，混凝土垫层 $C=0.3$m

(3) $H=(1.6-0.3)$m$=1.3$m>1.2m，查表 1-7 可知，$K=0.5$

$H_{湿}=(1.6-1)$m$=0.6$m

(4) 沟槽长度

$L_{1-1} = (5+6) \times 2\mathrm{m} = 22\mathrm{m}$

$L_{2-2} = (5-0.7-0.7)\mathrm{m} = 3.6\mathrm{m}$

(5) 挖土工程量

$V_{1-1} = (1.4+2\times0.3+0.5\times1.3)\times1.3\times22\mathrm{m}^3 = 75.79\mathrm{m}^3$

$V_{1-1湿} = (1.4+2\times0.3+0.5\times0.6)\times0.6\times22\mathrm{m}^3 = 30.36\mathrm{m}^3$

$V_{1-1干} = (75.79-30.36)\mathrm{m}^3 = 45.43\mathrm{m}^3$

$V_{2-2} = (1.2+2\times0.3+0.5\times1.3)\times1.3\times3.6\mathrm{m}^3 = 11.47\mathrm{m}^3$

$V_{2-2湿} = (1.2+2\times0.3+0.5\times0.6)\times0.6\times3.6\mathrm{m}^3 = 4.54\mathrm{m}^3$

$V_{2-2干} = (11.47-4.54)\mathrm{m}^3 = 6.93\mathrm{m}^3$

合计：$V_{干} = (45.43+6.93)\mathrm{m}^3 = 52.36\mathrm{m}^3$

$V_{湿} = (30.36+4.54)\mathrm{m}^3 = 34.90\mathrm{m}^3$

该房屋土石方工程定额工程量清单见表1-8。

表1-8 分部分项工程量清单（定额清单）

序号	定额编号	项目名称	项目特征	计量单位	工程量
1	1-4	挖沟槽土方	人工开挖一、二类干土	m³	52.36
2	1-4	挖沟槽土方	人工开挖一、二类湿土	m³	34.90
3	1-96	湿土排水	湿土排水	m³	34.90

注：换算符号在计价时体现，编制清单时使用定额编号。

【例1-8】 某房屋工程基础平面及断面图如图1-19所示。已知土质为一、二类，人工开挖，交付施工标高为-0.300m，垫层采用C10素混凝土，基础及基础梁为C25现拌混凝土，地下水位-1.000m，明排水，编制该房屋工程土石方定额清单（计算结果保留2位小数）。

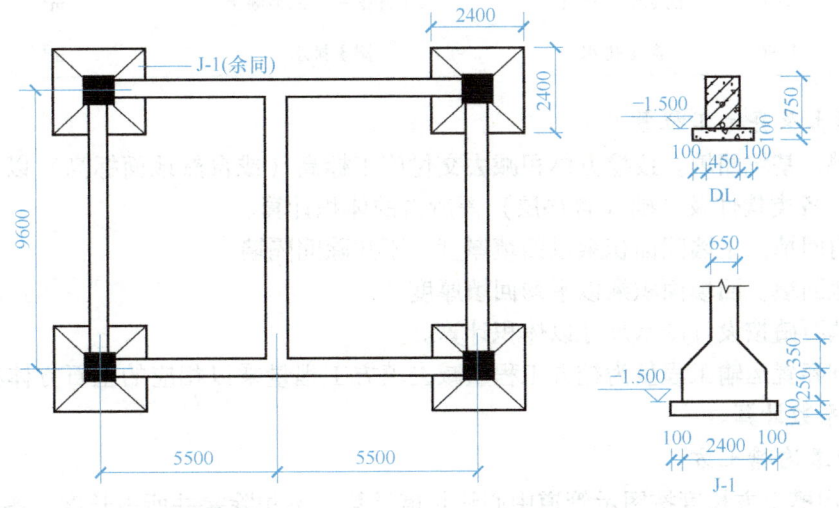

图1-19 某房屋工程基础平面及断面图

【解答】

(1) 地槽土方

$V = (B+2C+KH)HL$

$B = 0.65\text{m}$, $H = (1.6-0.3)\text{m} = 1.3\text{m}$, $H_{湿} = (1.6-1)\text{m} = 0.6\text{m}$, $C = 0.3\text{m}$

$H = 1.3\text{m} > 1.2\text{m}$, 查表1-7可知, $K = 0.5$

$L_{外} = [(9.6+11) \times 2 - 1.3 \times 8]\text{m} = 30.8\text{m}$

$L_{内} = (9.6-0.65)\text{m} = 8.95\text{m}$

$L = (30.8+8.95)\text{m} = 39.75\text{m}$

$V_{总} = (0.65+0.3 \times 2+0.5 \times 1.3) \times 1.3 \times 39.75\text{m}^3 = 98.18\text{m}^3$

$V_{湿} = (0.65+0.3 \times 2+0.5 \times 0.6) \times 0.6 \times 39.75\text{m}^3 = 36.97\text{m}^3$

$V_{干} = (V_{总} - V_{湿})(98.18-36.97)\text{m}^3 = 61.21\text{m}^3$

(2) 地坑土方

$V = (B+2C+KH)(L+2C+KH)H + K^2H^3/3$

$H = (1.6-0.3)\text{m} = 1.3\text{m}$, $H_{湿} = (1.6-1)\text{m} = 0.6\text{m}$, $B = 2.6\text{m}$, $C = 0.3\text{m}$, $K = 0.5$

$V_{总} = [(2.6+2 \times 0.3+0.5 \times 1.3)^2 \times 1.3 + 0.5^2 \times 1.3^3/3] \times 4\text{m}^3 = 19.452 \times 4\text{m}^3 = 77.81\text{m}^3$

$V_{湿} = [(2.6+2 \times 0.3+0.5 \times 0.6)^2 \times 0.6 + 0.5^2 \times 0.6^3/3] \times 4\text{m}^3 = 7.368 \times 4\text{m}^3 = 29.47\text{m}^3$

$V_{干} = V_{总} - V_{湿} = (77.81-29.47)\text{m}^3 = 48.34\text{m}^3$

(3) 体积汇总

$V_{干} = (61.21+48.34)\text{m}^3 = 109.55\text{m}^3$

$V_{湿} = (36.97+29.47)\text{m}^3 = 66.44\text{m}^3$

该房屋土石方工程定额工程量清单见表1-9。

表1-9 分部分项工程量清单（定额清单）

序号	定额编号	项目名称	项目特征	计量单位	工程量
1	1-4	挖地槽、地坑	人工开挖一、二类干土	m³	109.55
2	1-4	挖地槽、地坑	人工开挖一、二类湿土	m³	66.44
3	1-96	湿土排水	湿土排水	m³	66.44

4. 回填土及弃土工程量

1) 沟槽、基坑回填。按挖方体积减去交付施工标高（或自然地面标高）以下埋设的建（构）筑物、各类构件及基础（含垫层）等所占的体积计算。

2) 室内回填。主墙间面积乘以回填厚度，不扣除间隔墙。

3) 场地回填。回填面积乘以平均回填厚度。

4) 回填石碴按设计图示尺寸以体积计算。

5) 余方弃置运输工程量为挖方工程量减去填方工程量乘以相应的土石方体积折算系数表中的折算系数计算。

5. 挖管道沟槽土方

挖管道沟槽土方长度按图示管道中心线长度计算，不扣除窨井所占长度，各种井类及管道接口处需增加的土方量不另行计算。管沟回填工程量，按挖方体积减去管道及基础等埋入物的体积计算。

6. 石方

1）一般石方、人工凿石、机械凿石，均按图示尺寸以 m³ 计算。

2）槽坑爆破开挖，按图示尺寸另加允许超挖厚度：极软岩、软岩为 0.2m，较软岩、较坚硬岩、坚硬岩为 0.15m。石方超挖量与工作面宽度不得重复计算。

3）人工岩石表面找平按岩石爆破的规定尺寸以面积计算。

7. 土石方

土石方运距，按挖方区重心至填方区（或堆放区）重心间的最短距离计算。

8. 基础排水

1）湿土排水工程量同湿土工程量（含地下常水位以下的岩石开挖体积）。

2）轻型井点以 50 根为一套，喷射井点以 30 根为一套，使用时累计根数，轻型井点少于 25 根，喷射井点少于 15 根，使用费按相应定额乘以系数 0.7。

3）使用天数以每昼夜（24h）为一天，并按施工组织设计要求的使用天数计算。

【例 1-9】 如前述例 1-8 土方工程实际需采用轻型井点降水，施工组织设计井点竖管根数 65 根，集水总管 $D100$，吸水管 $\phi40mm$，橡胶管 $D50$；采用 100mm 污水泵，电动多级离心清水泵 $\phi150mm$，抽水设备 $h \leqslant 180m$，使用天数 15 天。试编制该工程轻型井点降水措施项目定额清单。

【解答】

安拆工程量 = 65 根

使用工程量共 2 套，一套竖管 50 根，另一套竖管 15 根，不足 25 根，定额需换算。

使用天数均为 15 天，即 15 套·天。

该房屋土石方工程定额工程量清单见表 1-10。

表 1-10 轻型井点降水措施项目清单（定额清单）

序号	定额编号	项目名称	项目特征	计量单位	工程量
1	1-85	轻型井点安拆	轻型井点集水总管 $D100$，吸水管 $\phi40$，橡胶管 $D50$	根	65
2	1-86	轻型井点使用	100mm 污水泵、电动多级离心清水泵 $\phi150$，抽水设备 $h \leqslant 180m$	套·天	15
3	1-86	轻型井点使用	100mm 污水泵、电动多级离心清水泵 $\phi150$，抽水设备 $h \leqslant 180m$，累计根数少于 25 根	套·天	15

三、土石方工程定额清单计价

【例 1-10】 根据例 1-7 提供的工程条件和清单及拟订的施工方案，按照《浙江省房屋建筑与装饰工程预算定额》(2018 版) 计算定额清单项目的综合单价与合价（本题假设为编制招标控制价，属于房屋建筑工程，采用一般计税法，假定当时当地一类人工基准价格为 135 元/工日，其他按照《浙江省房屋建筑与装饰工程预算定额》(2018 版) 取定，计算结果保留 2 位小数）。

【解答】

根据例 1-7 编制的定额清单见表 1-8。

第一步：根据《浙江省房屋建筑与装饰工程预算定额》（2018 版）计算人工费、材料费、机械费用。《浙江省建设工程计价规则)（2018 版）规定：招标控制价的企业管理费和利润应以定额项目中的定额人工费和定额机械费之和计算，故本例需要分别求出清单（人工费+机械费）和定额（人工费+机械费）。

① 挖地槽土方，一、二类干土，定额编号 1-4

清单人工费 = 0.1416×135 元/m³ = 19.12 元/m³

定额人工费 = 17.70 元/m³

② 挖地槽土方，一、二类湿土，定额编号 1-4H

清单人工费 = 0.1416×1.18×135 元/m³ = 22.56 元/m³

定额人工费 = 17.70×1.18 元/m³ = 20.09 元/m³

③ 湿土排水，定额编号 1-96

清单人工费 = 0.021×135 元/m³ = 2.84 元/m³

清单机械费 = 4.47 元/m³

定额人工费 = 2.63 元/m³

定额机械费 = 4.47 元/m³

第二步：费率确定。《浙江省建设工程计价规则》(2018 版) 规定：招标控制价的企业管理费和利润按照中值计取，企业管理费为 16.57%，利润为 8.1%。

第三步：管理费和利润计算。

管理费 =（定额人工费+定额机械费）×管理费费率

利润 =（定额人工费+定额机械费）×利润费率

第四步：计算定额清单综合单价与合价，见表 1-11。

表 1-11 综合单价计算表（定额清单）

序号	定额编号	项目名称	计量单位	数量	综合单价/元						合计/元
					人工费	材料费	机械费	管理费	利润	小计	
1	1-4	人工挖地槽，一、二类干土	m³	52.36	19.12	0	0	2.93	1.43	23.48	1229
2	1-4H	人工挖地槽，一、二类湿土	m³	34.90	22.56	0	0	3.46	1.69	27.71	967
3	1-96	湿土排水	m³	34.90	2.84	0	4.47	1.18	0.58	9.06	316

任务 3　土石方工程国标清单编制与计价

一、国标工程量清单编制

本工程项目按《房屋建筑与装饰工程工程量计算规范》(GB 50854—2013) 附录 A 列项，

包括土方工程、石方工程和回填。

土方工程包括：平整场地，挖一般土方，挖沟槽土方，挖基坑土方，冻土开挖，挖淤泥，流砂，管沟土方7个项目，项目编分别按010101001×××～010101007×××设置。

石方工程包括：挖一般石方，挖沟槽石方，挖基坑石方，挖管沟石方4个项目，项目编号分别按010102001×××～010102004×××设置。

回填包括：回填方和余方弃置2项，编号为010103001×××和010103002×××。

（一）土方工程

1. 平整场地

平整场地适用于建筑场地在±0.300m以内的挖、填找平及其运输项目。

平整场地国标
清单编制

1）工作内容包括：土方挖填，场地找平，运输。在项目列项时，应描述场地现有及平整以后须达到的要求特征，如：挖填范围、土壤类别、弃土或取土的运输距离（或地点）。

2）现场土方平整时，可能会遇到±0.300m以内全部是挖方或填方的情况，这时就应在清单项目中描述弃土或取土的内容和特征。

3）工程量计算规则：按设计图示尺寸以建筑物首层建筑面积计算。

4）首层面积应按建筑物外墙外边线计算。落地阳台计算全面积；悬挑阳台不计算面积。设地下室和半地下室的采光井等不计算建筑面积的部位，也应计入平整场地的工程量内。地上无建筑物的地下停车场，按地下停车场外墙外边线外围面积计算，包括出入口、通风竖井和采光井。

【例1-11】某住宅工程首层的外墙外边尺寸如图1-20所示，带2个落地阳台，该场地在±0.300m内挖填找平，三类土，经计算弃土7.5m³，距离150m，试计算人工平整场地清单工程量并编制清单。

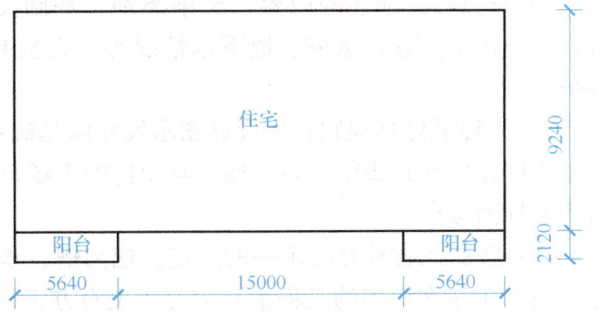

图1-20 某住宅工程首层示意图

【解答】

① 人工平整场地清单工程量：

$$S=[(5.64\times2+15.0)\times9.24+5.64\times2.12\times2]m^2=266.74m^2$$

② 根据工程量清单格式，编制该项目清单，见表1-12。

表1-12 分部分项工程量清单（国标清单）

序号	项目编码	项目名称	项目特征	计量单位	工程量
1	010101001001	平整场地	人工平整场地，三类土，弃土7.5m³，距离150m	m²	266.74

2. 挖一般土方

挖一般土方适用于建筑场地在±0.300m以上的场地挖土或山坡切土，包括在指定范围内的土方运输。

1) 工作内容包括：排地表水，土方开挖，围护（挡土板）及拆除，基底钎探，运输。在项目列项时，应描述土方开挖时涉及的有关特征，如：土壤类别、挖土方平均厚度、弃土运距。

2) 工程量计算规则：按设计图示尺寸以体积计算。

3) 图示尺寸也包括勘察设计图和招标人在地形起伏变化较大、不能明确提供平均挖土厚度时需要提供的方格网或土方平面图、断面图所示尺寸。

4) 挖土方平均厚度应按自然地面测量标高至设计地坪标高间的平均厚度确定。场地设计标高以下的填土应按土石方回填项目编码列项。

3. 挖沟槽土方和挖基坑土方

挖沟槽土方和挖基坑土方适用于建筑物、构筑物工程的基础沟槽、基坑的土方开挖项目，也适用于人工单独挖孔桩土方项目。

1) 挖基础土方包括带形基础、独立基础、满堂基础（包括地下室基础）及设备基础、人工单独挖孔桩等土方开挖工程。沟槽、基坑和一般土方的划分和定额的规定相同，挖沟槽土方主要指带形基础，挖基坑土方包括独立基础、满堂基础（包括地下室基础）及设备基础等。其工作内容包括：排地表水、土方开挖、挡土板支拆（设计或招标人对现场有具体要求时）、基底钎探、截桩头、土方运输（场内或场外）等。

2) 项目特征描述的内容：土壤类别、基础类型、垫层底尺寸、挖土深度、弃土运距等，且应包括土方含水率、地下水情况等。有桩基础的工程，应描述桩头截桩要求和有关特征。

3) 工程量计算规则：按设计图示尺寸以基础垫层底面积乘以挖土深度计算。基础土方开挖深度应按基础垫层底表面标高至交付施工场地标高确定；无交付施工场地标高时，应按自然面标高确定。

注：按浙江省补充清单一的规定，挖沟槽、基坑、一般土方因工作面和放坡增加的工程量（管沟工作面增加的工程量）应并入土石方工程量内。

4) 桩间挖土方工程量不扣除桩所占体积。

沟槽土方国标
清单的编制与计价

【例1-12】某房屋工程基础平面及断面图如图1-21所示，已知土质为一、二类土，地下常水位标高为－1.000m，交付施工地坪标高为－0.300m，自然地坪标高为－0.450m。试计算该基础土方开挖清单工程量，并编制工程量清单。

【解答】

计算方法与前述例题一致，$V=87.26m^3$

编制该项目清单见表1-13。

表1-13　分部分项工程量清单（国标清单）

序号	项目编码	项目名称	项目特征	计量单位	工程量
1	010101003001	挖沟槽土方	人工开挖沟槽土方，一二类土，挖土深度$H=1.3m$，湿土深度0.6m	m^3	87.26

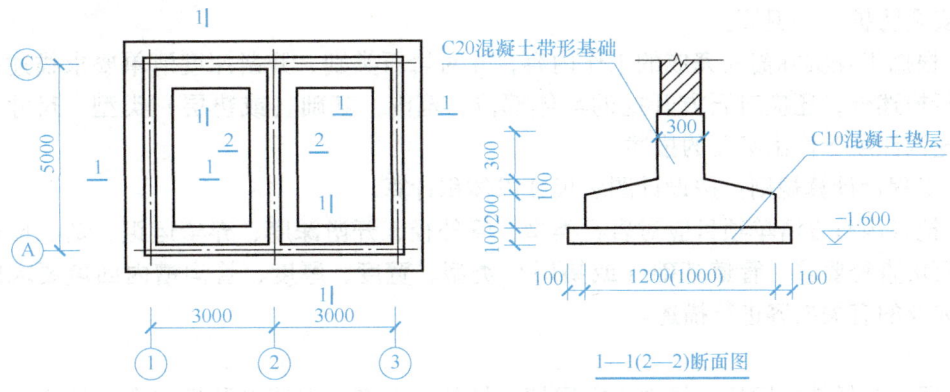

图 1-21　某房屋基础平面及断面图

4. 冻土开挖

1）工程勘探有一定深度的冻土开挖，应予以单独列项。

2）冻土开挖项目特征应对冻土厚度、范围、弃土运距等应予以描述。

3）工程量计算规则：冻土开挖按设计图示尺寸开挖面积乘以厚度以体积计算。

5. 挖淤泥、流砂

1）在工程地质资料中标有淤泥、流砂时，应将淤泥、流砂单独列项。现场挖方出现淤泥、流砂时，可根据实际情况由发包人与承包人双方现场确定。

2）工作内容包括：开挖，运输。如按地质资料预先列项的，应在清单中描述挖掘深度，弃淤泥、流砂距离。在淤泥、流砂开挖过程中发生的相应措施，应在措施项目清单列项。

3）工程量计算规则：结合地质资料，按设计图示位置、界限以体积计算。如为挖方过程中出现的，应由承包人与发包人双方现场计量确定，作为工程计价依据资料。

6. 管沟土方

1）管沟土方除适用于建筑工程管道地沟土方开挖、回填以外，也适用于与安装工程有关管沟土方的列项。

2）工作内容包括：排地表水，土方开挖，围护（挡土板）、支撑，运输，回填。

3）管沟土方应对土壤类别、管外径、挖沟深度、弃土运距、回填要求及非直埋管道的基础（或垫层）的类型、宽度、厚度等予以描述。

4）工程量计算规则：管沟土方工程量应按设计图示管道中心线长度以 m 计算。

5）采用多管同一管沟埋设时，管间距离必须符合有关规范的要求，并在清单中予以描述。有管沟设计时，平均深度以沟垫层底表面标高至交付施工场地标高计算；无管沟设计时，直埋管道深度应按管外表面标高至交付施工场地标高计算。如有变坡时，应分段列项或加权平均计算管沟深度。

（二）石方工程

石方工程包括挖一般石方、挖沟槽石方、挖基坑石方、挖管沟石方。其适用于人工凿石、人工打眼爆破和机械打眼爆破等，并包括指定范围内的石方清除运输。在场地、基槽坑、人工单独挖孔桩开挖时遇有石方应予以单独列项。

1）工作内容包括：打眼、装药、放炮、处理渗水、积水、解小、凿石、摊座、清理、运输、安全防护、警卫等。

2) 根据工程实际需要完成的工作内容,除对岩石类别、开凿深度清单要求描述的项目特征进行描述外,还应对石方开挖的具体部位、范围,基础(或垫层)类型、尺寸,弃碴运距,挖沟深度等作出必要的描述。

3) 工程量计算规则:按设计图示尺寸以体积计算。

4) 挖管沟石方清单项目应对岩石类型、管外径、开凿深度、弃碴运距、基底摊座要求和爆破石块直径要求、管道基础(或垫层)类型、宽度、厚度、管沟槽内回填要求以及管沟开挖涉及的有关内容进行描述。

(三) 回填

1) 回填包括就地回填、场内土方回填、场外土方借土回填以及场内余土填弃。清单编制时,应结合工程现场情况,考虑适当内容予以列项。

2) 工作内容包括:挖土(石)方、装卸、运输、回填、压实。清单项目应对回填的土质要求,密实度要求,填方材料品种,填方粒径要求,废弃料品种,夯填(碾压),松填,运输距离等特征进行描述。

3) 土石方回填工程量按设计图示尺寸以 m³ 计算。

① 场地回填:回填面积乘以平均回填厚度。

② 室内回填:主墙间净面积乘以回填厚度。

③ 基础回填:挖方体积减去设计室外地坪以下埋设的基础体积(包括基础垫层及其他构筑物)。

4) 余方弃置工程量:$V=V_{挖方}-V_{回填}$

【例1-13】 根据图1-22某平房建筑平面图及有关数据,计算室内回填土清单工程量。有关数据:室内外地坪高差0.30m,C15混凝土地面垫层80mm厚,1∶2水泥砂浆面层25mm厚。

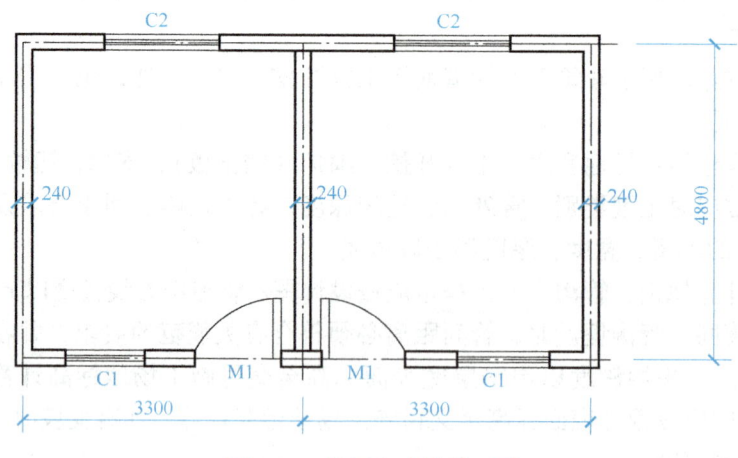

图1-22 某平房建筑平面图

【解答】

回填土厚=室内外地坪高差−垫层厚−面层厚=(0.30−0.08−0.025)m=0.195m

主墙间净面积=(3.30−0.24)×(4.80−0.24)×2m²=27.91m²

室内回填土体积=主墙间净面积×回填土厚=(27.91×0.195)m³=5.44m³

项目 1　土石方工程

（四）注意事项

1）土石方回填，适用于场地回填、室内回填和沟槽基坑回填，并包括指定范围内的运输、借土回填的土方开挖。

2）"指定范围内的运输"是指由招标人指定的弃土或取土地点的距离；如招标文件规定由投标人自行确定弃土或取土地点，此条件不必在清单中描述。

3）因地质情况变化或设计变更引起的土石方工程量的变更，由业主与承包人双方现场确认，并依据合同条件进行调整。

4）招标人在编制土石方开挖工程量清单时一般只确定工程数量而不列施工方法（有特殊要求的除外），招标人确定工程数量即可。如招标文件对土石方开挖有特殊要求的，在编制工程量清单时，可规定施工方法。

5）对于同类但不同基底尺寸、不同开挖深度的沟槽基坑土石方工程，虽然计价人可能套用同一个定额子目进行计价，但由于规格尺寸不同，其放坡、工作面增加开挖的含量也就不同，因而应将不同规格尺寸的沟槽基坑分别予以编码列项。

6）挡土板支拆如非设计人或招标人根据现场具体情况要求而属于投标人自行采用的施工方案，则清单项目特征中不予描述。

7）据地质资料确定有地下水的，清单编制时应在措施项目清单内考虑施工时沟槽基坑内的施工排水因素。

8）深基础土石方开挖，设计文件中可能提示或要求采用围护结构，但具体用哪种围护结构（如打预制混凝土桩、钢板桩、人工挖孔桩、地下连续墙），是否做水平支撑等，招标人应在措施项目清单中予以列项明示。

（五）土石方工程工程量清单项目及计算规则

1. 土方工程（编号：010101）（见表 1-14）

表 1-14　土方工程工程量清单项目及计算规则

项目编码	项目名称	项目特征	计量单位	工程量计算规则	工程内容
010101001	平整场地	1. 土壤类别 2. 弃土运距 3. 取土运距	m^2	按设计图示尺寸以建筑物首层建筑面积计算	1. 土方挖填 2. 场地找平 3. 运输
010101002	挖一般土方	1. 土壤类别 2. 挖土深度 3. 弃土运距	m^3	按设计图示尺寸以体积计算	1. 排地表水 2. 土方开挖 3. 围护（挡土板）及拆除 4. 基底钎探 5. 运输
010101003	挖沟槽土方			按设计图示尺寸以基础垫层底面积乘以挖土深度计算	
010101004	挖基坑土方				
010101005	冻土开挖	1. 冻土厚度 2. 弃土运距		按设计图示尺寸开挖面积乘以厚度以体积计算	1. 爆破 2. 开挖 3. 清理 4. 运输
010101006	挖淤泥、流砂	1. 挖掘深度 2. 挖淤泥、流砂距离		按设计图示位置、界限以体积计算	1. 开挖 2. 运输

(续)

项目编码	项目名称	项目特征	计量单位	工程量计算规则	工程内容
010101007	管沟土方	1. 土壤类别 2. 管外径 3. 挖沟深度 4. 回填要求	1. m 2. m^3	1. 以 m 计量，按设计图示以管道中心线长度计算 2. 以 m^3 计量，按设计图示管底垫层面积乘以挖土深度计算；无管底垫层按管外径的水平投影面积乘以挖土深度计算。不扣除各类井的长度，井的土方并入	1. 排地表水 2. 土方开挖 3. 围护（挡土板）、支撑 4. 运输 5. 回填

2. 石方工程（编号：010102）（见表1-15）

表1-15　石方工程工程量清单项目及计算规则

项目编码	项目名称	项目特征	计量单位	工程量计算规则	工程内容
010102001	挖一般石方	1. 岩石类别 2. 开凿深度 3. 弃碴运距	m^3	按设计图示尺寸以体积计算	1. 排地表水 2. 凿石 3. 运输
010102002	挖沟槽石方			按设计图示尺寸沟槽底面积乘以挖石深度以体积计算	
010102003	挖基坑石方			按设计图示尺寸基坑底面积乘以挖石深度以体积计算	
010102004	挖管沟石方	1. 岩石类别 2. 管外径 3. 挖沟深度	1. m 2. m^3	1. 以 m 计量，按设计图示以管道中心线长度计算 2. 以 m^3 计量，按设计图示截面积乘以长度计算	1. 排地表水 2. 凿石 3. 回填 4. 运输

3. 回填（编号：010103）（见表1-16）

表1-16　回填工程量清单项目及计算规则

项目编码	项目名称	项目特征	计量单位	工程量计算规则	工程内容
010103001	回填方	1. 密实度要求 2. 填方材料品种 3. 填方粒径要求 4. 填方来源、运距	m^3	按设计尺寸以体积计算 1. 场地回填：回填面积乘以平均回填厚度 2. 室内回填：主墙间净面积乘以回填厚度，不扣除间隔墙 3. 基础回填：按挖方清单项目工程量减去自然地坪以下埋设的基础体积（包括基础垫层及其他构筑物）	1. 运输 2. 回填 3. 压实
010103002	余方弃置	1. 废弃料品种 2. 运距		按挖方清单项目工程量减去利用回填方体积（正数）计算	余方点装料运输至弃置点

二、国标工程量清单计价

（一）清单计价可组合的内容

1）可组合的主要内容可参照《浙江省建设工程工程量清单计价指引》第一篇"建筑工

项目 1　土石方工程

程"A.1.1 土方工程，并结合《浙江省建筑工程预算定额》(2018 版) 制定。例如，挖基础土方的可组合内容见表 1-17。

表 1-17　挖基础土方可组合内容

清单项目	可组合主要内容	定额项目	定额编号
挖基础土方	挖土	人工	1-1~1-9
		机械	1-14~1-25
	凿桩头	截桩	3-125~3-126
		凿桩	3-127~3-128
	土方场内外运输	人力车运土	1-12~1-13
		机械运土	1-39~1-40

2) 清单计价时，应对清单项目的描述作出仔细分析，并结合工程有关资料、施工组织设计拟订的方案，根据工程具体情况确定组合内容和套用定额进行计价。

(二) 清单项目计价

1. 平整场地

按照清单项目工程内容，可以根据施工方案，将场地找平、土方挖填、土方运输以人工原土找平、打夯、人工平基土方、就地回填和借土回填、运土、机械平整、碾压、运土等予以选择组合，作为清单项目的计价子目。

【例 1-14】　根据例 1-11 提供的工程条件和清单工程量（表 1-12），假设该工程采用人工场地平整，弃土 7.5m³，人力车运土运距 150m，管理费取 20%，利润 5%。采用《浙江省建筑工程预算定额》(2018 版) 的单价，对该平整场地的清单进行报价（计算结果保留 2 位小数）。

【解答】
① 平整场地
定额工程量 = $(5.64×2+15.0+4)×(9.24+4)$ m² = 400.91m²
套定额 1-75
人工费 = 3.76 元/m²
管理费 = 3.76 元/m² × 20% = 0.75 元/m²
利润 = 3.76 元/m² × 5% = 0.19 元/m²
② 运土（人力车）
定额工程量 = 7.5m³
套定额 1-12+1-13×2
人工费 = (15.1875+2.9×2) 元/m³ = 20.99 元/m³
管理费 = 20.99 元/m³ × 20% = 4.20 元/m³
利润 = 20.99 元/m³ × 5% = 1.05 元/m³
③ 清单综合单价计算
综合单价 = [(1884+197)/266.74] 元/m² = 7.80 元/m²
人工费 = [(400.91×3.76+7.5×20.99)/266.74] 元/m² = 6.24 元/m²
管理费 = 57.15 元/m² × 20% = 11.43 元/m²

利润 = 57.15 元/m²×5% = 2.86 元/m²

编制国标清单综合单价计算表，见表 1-18。

表 1-18 综合单价计算表（国标清单）

序号	定额编号	项目名称	计量单位	数量	综合单价/元						合计/元
					人工费	材料费	机械费	管理费	利润	小计	
1	010101001001	平整场地，三类土，弃土 7.5m³，运距 150m	m²	266.74	6.24	0	0	1.25	0.31	7.80	2081
	1-75	人工平整场地	m²	400.91	3.76	0	0	0.75	0.19	4.70	1884
	1-12+1-13×2	人力车运土运距 150m	m³	7.50	20.99	0	0	4.20	1.05	26.24	197

2. 挖一般土方

1）挖土方工程计价主要应考虑的因素是工程的现场条件、地基土质、施工方案。

2）根据清单工程内容结合现场条件、施工方案确定土方的平衡、调配，根据土方的平衡情况和地基土质（包括地下水）情况及施工方案确定清单项目的具体组合内容并套用定额进行计价。

3. 挖沟槽土方和挖基坑土方

1）根据施工方案确定的沟槽基坑放坡、操作工作面和机械挖土进出施工工作面的坡道等增加的施工量，应包括在挖基础土方综合单价中。

2）工程量计算时，挖土深度按设计室外地坪标高界定，平面按基底尺寸需考虑增加工作面，沟槽卷扣垫层搭接长度。

【例 1-15】 根据例 1-7 提供的工程条件和清单工程量（表 1-19），企业施工方案为：采用人工挖土，坑回填后余土装载机装土、自卸汽车运土，运距 5km。假设：1-1 余土 15m³，2-2 余土 2m³，当时当地人工单价 135 元/工日，自卸汽车 890 元/台班，其余价格按照《浙江省建筑工程预算定额》（2018 版）取定，企业管理费为 15%，利润为 15%，试计算该工程基础土方的综合单价。

表 1-19 分部分项工程量清单（国标清单）

序号	项目编码	项目名称	项目特征	计量单位	工程数量	综合单价	合计（元）
1	010101003001	挖沟槽土方	人工挖沟槽土方，一、二类土，挖土深度 $H=1.3m$，湿土深度 0.6m	m²	87.26		

【解答】

① 人工挖一、二类干土

人工费 = 0.1416×135 元/m³ = 19.12 元/m³

管理费 = 19.12 元/m³×15% = 2.87 元/m³

利润 = 19.12 元/m³×15% = 2.87 元/m³

② 人工挖一、二类湿土

人工费 = 0.1416×1.18×135 元/m³ = 22.56 元/m³
管理费 = 22.56 元/m³×15% = 3.38 元/m³
利润 = 22.56 元/m³×15% = 3.38 元/m³
③ 装载机装土
人工费 = 0.00384×135 元/m³ = 0.52 元/m³
机械费 = 1.36 元/m³
管理费 = (0.52+1.36) 元/m³×15% = 0.28 元/m³
利润 = (0.52+1.36) 元/m³×15% = 0.28 元/m³
④ 自卸汽车运土，运距 5km
人工费 = 0.0026×135 元/m³ = 0.35 元/m³
机械费 = (0.00776+0.00166×4)×890 元/m³ = 12.82 元/m³
管理费 = (0.35+12.82) 元/m³×15% = 1.98 元/m³
利润 = (0.35+12.82) 元/m³×15% = 1.98 元/m³
编制国标清单综合单价计算表，见表 1-20。

表 1-20 综合单价计算表（国标清单）

| 序号 | 定额编号 | 项目名称 | 计量单位 | 数量 | 综合单价/元 | | | | | | 合计/元 |
					人工费	材料费	机械费	管理费	利润	小计	
1	010101003001	人工挖一、二类土，挖土深度 1.3m，湿土深度 0.6m，弃土 17m³，装载机装土，自卸汽车运土 5km	m³	87.26	20.67	0.00	2.76	3.51	3.51	30.45	2657
	1-4	人工挖沟槽，一、二类干土	m³	52.36	19.12	0.00	0.00	2.87	2.87	24.86	1302
	1-4H	人工挖沟槽，一、二类湿土	m³	34.90	22.56	0.00	0.00	3.38	3.38	29.32	1023
	1-35	装载机装土	m³	17	0.52	0.00	1.36	0.28	0.28	2.44	41
	1-39+1-40×4	自卸汽车运土 5km	m³	17	0.35	0.00	12.82	1.98	1.98	17.13	291

4. 挖淤泥、流砂

挖淤泥、流砂的计价可组合的主要内容包括：人工挖淤泥、流砂和人工、机械运输，遇有淤泥、流砂的工程，其开挖时的施工排水另行计算。

5. 管沟土方

管沟土方清单计价同基础地槽开挖计价相近，但管沟土方的工程内容与基础土方相比，还包括了管沟内土方回填，且使用范围不仅限于建筑工程。

计价工程量根据设计管道基础、施工组织设计及定额工程量计算规则，管沟开挖及接口处加宽的工作面、放坡等因素应包括在管沟土方计价内。

6. 石方工程

工程量清单计价包括的项目有：石方一般开挖；石方炮带、基坑开挖；人工岩石表面找平；人工、机械凿石；人工运石碴、机械出碴等。

1）工程量清单计价时，除清单项目工程内容及特征描述的计价因素以外，应结合采用的计价定额规则，考虑一些必要费用成本，如设计规定爆破有粒径要求、带水爆破、现场必须采用集中供风等情况下的费用。

2）爆破工作面所需的架子及有关安全、防护费等，定额均未考虑，如发生时另行计算列入施工措施项目内计价。

3）石方爆破定额既适用于机械凿眼，又适用于人工凿眼；爆破定额已综合考虑了不同阶段的高度、坡面、改炮、找平等因素。

4）爆破定额按火雷管爆破编制，如使用其他炸药或其他引爆方法，费用按实计算。

5）石方工程的施工工程量计算，按开挖内容及施工工艺等有所不同。一般爆破开挖和人工凿石、机械凿石按图示尺寸以 m^3 计算；槽坑爆破开挖，按图示尺寸另加允许超挖厚度：软石、次坚石 20cm；普坚石、特坚石 15cm；人工岩石表面找平按找平面积计算。

7. 土石方回填

按照《浙江省建设工程工程量清单计价指引》，土石方回填项目计价时，可组合的主要内容包括：挖运土石方、人工回填夯实、机械碾压、夯实等内容。

1）土方回填计价应按照设计要求和现场施工场地情况选定相应的组合工程内容；当工程现场土方堆放受限制或土方不能平衡时，应考虑土方的场外堆放以及需要向场外取土回填等因素。

2）就地回填土运输距离超过 5m 的，应按运土相应定额计算；借土回填是指场内土方量不足，需从场外取土回填的情况，该定额不包括挖运土方。

3）回填土石方施工工程量，要按照不同回填范围分别计算。室内回填土工程量以主墙间的净面积乘以设计规定的室内填土厚度计算。

（三）注意事项

1）土石方清单项目计价应包括指定范围内的土石方一次或多次运输、装卸以及基底夯实、修理边坡、清理现场等全部施工工序。

2）人工挖房屋基础综合土方只适用于工料单价法计价，且最大深度按 3m 计算；超过 3m 时（不包括局部加深），应考虑机械挖土方。

3）定额挖土方除淤泥、流砂为湿土外，均以干土为准；发生湿土排水（包括淤泥、流砂）应另行列入措施项目计算。

① 湿土排水是指基槽坑开挖时，在槽坑一侧或两侧设置明沟，间隔设置集水坑，用水泵抽排水的措施，工程量计算同湿土工程量。如采用集中集水井抽水，井的开挖、砌筑、抽水台班费用按实计算，不再套用湿土排水定额。

②《浙江省建筑工程预算定额》（2018 版）土石方工程第四节列入了基础排水子目，包括轻型井点、喷射井点、真空深井降水和湿土排水。

③ 采用井点排水时，应按施工组织设计规定套用井点排水相应定额。井点管的场外运输按照实际发生费用另行计算。

④ 湿土排水、降水工程列入措施项目清单内计价。

4）采用机械施工时，土方机械应计算的进退场费用在施工措施项目清单内计价。

5）深基础开挖需要围护时，设计文件中可能提示需要采用围护结构；如果围护构件构成建筑物或构筑物实体，必然在设计中有具体要求，如坡地建筑采用的抗滑桩、挡土墙、土钉围护、锚杆围护等，应按相应清单规范附录列项。如属于施工中采取的技术措施，招标人在分部分项工程量清单中不需列项，投标人编制施工组织设计或施工方案，反映在投标人报价的措施项目费内。

【小 结】

本项目主要介绍了土石方工程的定额使用规定、工程量计算规则以及清单编制与综合单价的计算。重点是把握人工土方的定额套用和人工挖地槽土方的工程量计算，包括工作面、放坡、地槽长度的计算，掌握土石方工程的清单列项与项目特征描述，同时要注意清单工程量计算规则与定额的区别。

【思考与练习题】

1. 党的二十大报告指出"提高城市规划、建设、治理水平"，请谈谈你对此的看法。
2. 什么是放坡系数？它与哪些因素有关系？同一地槽、地坑有两种不同类别土方，放坡系数如何计取？
3. 简述人工土方定额的适用条件。
4. 土方工程计算时，工作面如何取定？同一基槽遇到多个工作面时应如何处理？
5. 土石方工程量清单项目的工程内容和特征描述应考虑哪些因素？
6. 清单编制和计价在工程量的计算上有什么不同？
7. 写出下列项目的定额编号、计量单位、基价（如需换算，应列出换算式）。
（1）厂房人力挖土方，三类湿土，深度3m，桩基础。
（2）烟囱基础人力挖二类湿土，局部深度4m。
（3）人工挖地坑，四类土方深4.2m，坑长35m，坑宽10m，全部为湿土。
（4）人力车运湿土，运距500m。
（5）反铲挖掘机挖三类湿土，挖土深度4m，有桩基础（不装车）。
（6）挖掘机装土，自卸汽车运湿土5km。
（7）喷射井点降水（使用），施工组织设计井点竖管根数40根，使用天数10天。
8. 某传达室基础平面及断面图如图1-23所示。已知土质为二类土，地下常水位-1.000m，施工采用人力挖土，明排水，C20混凝土垫层。试计算挖土方定额工程量，并编制定额工程量清单（计算结果保留2位小数）。
9. 某房屋基础工程平面图和断面图如图1-24所示。已知本工程基础土为三类土，设计室外地坪标高为-0.450m，地下常水位标高-1.200m，垫层为C10素混凝土垫层，J-1基础、1—1断面基础均采用C30混凝土，砖基础为M5.0水泥砂浆砌筑标准砖基础，墙体厚度为240mm，C25混凝土柱断面尺寸为300mm×300mm。企业施工方案为：采用人工挖土，基坑回填后余土10m³，用装载机装土、自卸汽车运土，运距5km（计算结果保留2位小数）。

(1) 试编制该建筑物 J-1 和 1—1 基础土方国标工程量清单。

(2) 计算 J-1 基础土方的国标清单综合单价（管理费 10%，利润 5%）。

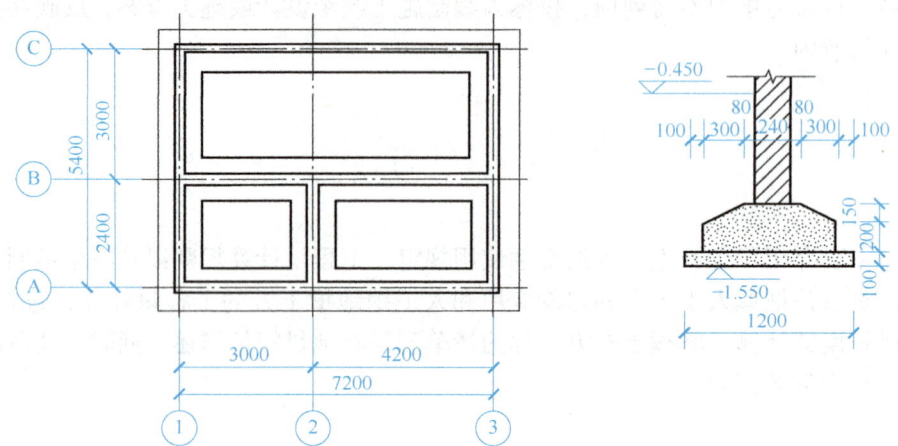

图 1-23 某传达室基础平面及断面图

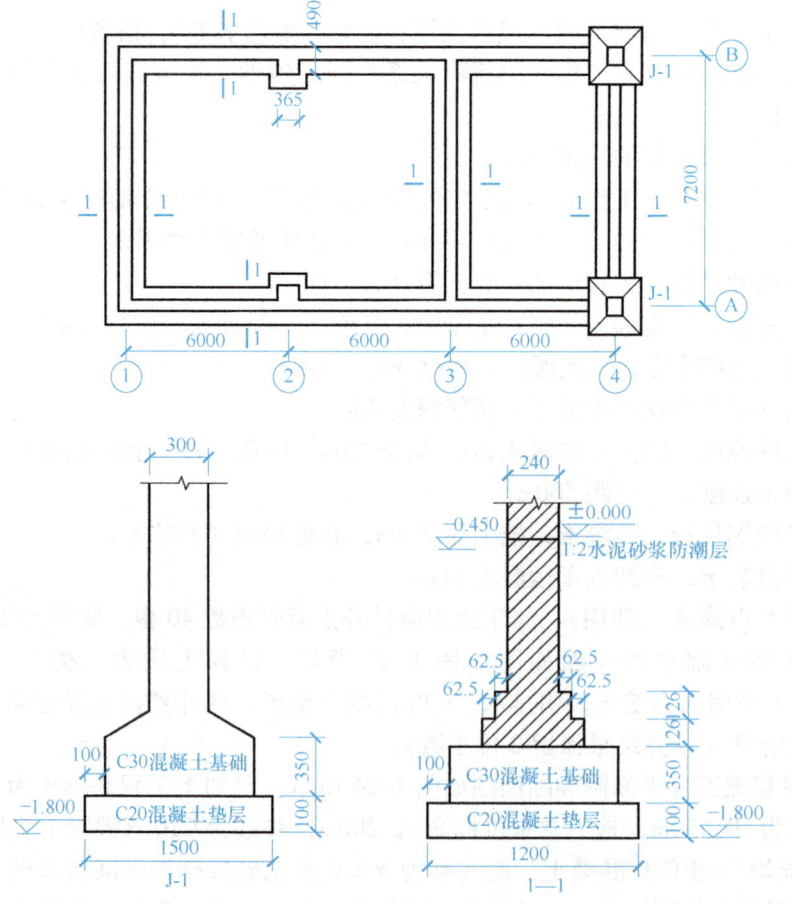

图 1-24 某房屋基础工程平面及断面图

项目2
地基处理与边坡支护工程

任务1　地基处理与边坡支护工程基础知识

地基处理与边坡支护工程基础知识

支护结构是由承受土压力与水压力的围护墙体系、保持结构整体稳定的支撑体系，二者共同搭建的一个空间整体结构。其中，围护墙体系可选择挡板、排桩、土钉墙、地下钢筋混凝土连续墙等形式；支撑体系常用钢支撑、钢筋混凝土支撑、钢锚杆等，按结构又分水平支撑体系与垂直斜支撑体系。实施的基本程序是先围护、随开挖随支撑，基础完工后拆除。

一、挡板支撑支护措施

挡板支撑支护是用木质或钢板材质作土壁挡板配以木或钢支撑，起防止塌方作用。该措施适用于基槽基坑深挖软土3m以内，其他6m以内，且无地下水的土方工程。挡板支撑按挡土板排列方式，分横撑式与竖撑式两种，按是否连续又分连续式和断续式。连续式适合松散、湿度大的土，断续式适合湿度较小的黏土，施工时随挖随撑、随拆随填。

二、钢板桩支护措施

钢板桩支护是在土方开挖前将钢桩体（排桩）通过锤击式或电力静压式桩机打入土层。钢板桩围护好后，进行开挖土方，一边开挖，一边安装支撑，起到挡土的作用。常用钢板桩类型有锁口（也称为组合）钢板桩与型钢钢板桩。

锁口钢板桩是工厂流水生产的一种定型产品。挡板按形状分有U形、一字形、L形、H形和组合形。建筑工程中常用U形和L形。锁口钢板桩在软土地区打设方便，施工速度快且简便；除挡土外还有一定的挡水能力，可多次重复使用；但其拆除时有一定难度，拔除钢板时易带出土壤，如处理不当会引起土层移动，可能危害周围的环境。

型钢钢板桩围护墙由工字钢（或H型钢）桩和横挡板（也称为衬板）组成，再加上围栏、支撑等形成的支护体系。该体系多用于土质较好、地下水位较低的地区。土方开挖前按一定间距打设工字钢或H型钢桩，然后边挖边设置支撑系统，垫层与基础工程完工后，拆除钢板桩支撑系统。

钢板桩支护的施工会涉及的人工有架子工、焊工、机械操作工及普工等，相关主要钢板桩体及配套辅助材料、机械与工具主要包括桩机、吊装机械、电焊机、定位器材等。

钢板桩支护施工工艺流程为：施工准备→桩机吊装、机械安装→打或压钢板桩→土方开挖→搭设支撑体系→垫层与基础工程完成后拆除。

三、搅拌桩支护措施

（一）深层水泥搅拌桩

深层水泥搅拌桩是利用水泥作为固化剂，通过深层搅拌机械在地基将软土或沙等与固化剂强制拌和，使软基硬结而提高地基强度，是排桩的一种形式。该方法适用于软基处理，如淤泥、砂土、淤泥质土、泥炭土和粉土等，效果显著。

深层水泥搅拌桩施工工艺流程为：施工准备→桩机定位→预搅下沉、配制水泥浆（或砂浆）→喷浆搅拌→提升→重复搅拌下沉→重复搅拌提升直至孔口、关闭搅拌机→清洗→移至下一根桩。

（二）SMW 工法桩

SMW（Soil Mixing Wall）工法桩又称新型水泥搅拌桩墙。目前最常用的是三轴型钻掘搅拌机，广泛用于房屋工程土方围护措施中。

SMW 工法是以多轴型钻头搅拌机按施工单元向一定深度进行钻掘，同时在钻头处喷出水泥系列的强化剂，与地基土反复混合搅拌，在混合体未硬结前插入 H 型钢或钢板，至水泥结硬，便形成一道具有一定强度和刚度、连续完整、无接缝的地下墙体，它也是排桩的一种形式。

SMW 工法桩施工工艺流程为：施工准备→放样定位→导沟开挖→安放定位型钢→SMW 搅拌机搭设就位→套打成桩→插入型钢→废土外运→型钢顶端连接梁混凝土浇捣和桩机拆除。

四、钢筋混凝土地下连续墙

地下连续墙是沿未开挖的基坑周围设置导墙，安置挖槽机，逐节开挖单元槽段，槽段护壁清渣后，安放钢筋笼，浇筑混凝土形成的地下混凝土连续墙体，多用于地下 12m 以下的深基坑。钢筋混凝土地下连续墙施工时对周围环境影响小，能紧邻建（构）筑物等进行施工；达到强度后，刚度大、强度高，可以挡土、承重、截水、抗渗，因此广泛用于有地下室的房屋工程中。

钢筋混凝土地下连续墙的施工工艺流程为：施工准备→修筑导墙（含支撑）→安放挖槽机→开挖单元槽段→泥浆护壁→钢筋笼加工→清渣→安放接头管、浇捣混凝土→初凝拔除接头管→安放钢筋笼→安放支架与导管→完成混凝土墙体浇筑→拆除支架与导管→转移下个单元槽段。

任务 2　地基处理与边坡支护工程定额清单编制与计价

一、定额使用说明

1. 地基处理和基坑与边坡支护

本项目定额包括地基处理和基坑与边坡支护等。

2. 施工前的工作

本项目定额均未考虑施工前的场地平整、地表压实、地下障碍物处理等，发生时另行计算。

地基处理定额说明

3. 探桩位

探桩位已综合考虑在各类桩基定额内，不另行计算。

4. 地基处理

（1）换填加固

① 定额适用于基坑开挖后对软弱土层或不均匀土层地基的加固处理，按不同换填材料

分别套用定额子目。定额未包括软弱土层挖除，发生时套用土石方工程的相应定额。

② 填筑毛石混凝土子目中毛石投入量按 24% 考虑，设计不同时混凝土及毛石按比例调整。

（2）强夯地基加固

① 强夯地基加固定额分为点夯和满夯。点夯按设计夯击能和夯点击数不同设置定额子目，满夯按设计夯击能和夯锤搭接量不同设置定额子目，按设计不同分段计算。

② 点夯定额已包含夯击完成后夯坑回填平整；如设计要求夯坑填充材料的，则材料费另行计算。

③ 满夯定额按一遍编制，设计遍数不同，每增一遍按相应定额乘以系数 0.75 计算。

④ 定额未考虑场地表层软弱土或地下水位较高时设计需要处理的情况，按具体处理方案套用相应定额。

（3）填料桩

① 定额按不同施工工艺、不同灌注填充材料编制。

② 空打部分按相应定额的人工费及机械费乘以系数 0.5 计算，其余不计。

③ 振冲碎石桩泥浆池建拆、泥浆外运工程量按成桩工程量乘以系数 0.2 计算，套用桩基工程中泥浆处理定额子目。

④ 沉管桩中的钢筋混凝土桩尖，定额已包括埋设费用，但不包括桩尖本身，发生时按成品购入构件另计材料费。遇不埋设桩尖时，每 10 个桩尖扣除人工 0.40 工日。

（4）水泥搅拌桩

① 水泥搅拌桩的水泥掺入量定额按加固土重（1800kg/m³）的 13% 考虑；如设计不同时，水泥掺量按比例调整，其余不变。

【例 2-1】 TRD 工法水泥土连续搅拌墙，P·O 42.5 级普通硅酸盐水泥，水泥掺入量按加固土重（1800kg/m³）的 25% 考虑，请确定定额人工费、材料费、机械费。

【解答】

定额编号：2-59H

计量单位：10m³

人工费 = 667.44 元

材料费 = [2140.44+0.34×3272×(25%/18%−1)] 元 = 2573.07 元

机械费 = 3356.82 元

② 定额按不掺添加剂（如石膏粉、三乙醇胺、硅酸钙等）编制；如设计有要求，按设计要求增加添加剂材料费。

③ 空搅（设计不掺水泥部分）按相应定额的人工及搅拌桩机台班乘以系数 0.5 计算，其余不计。

④ 桩顶凿除套用桩基工程中的凿灌注桩定额子目乘以系数 0.10 计算。

⑤ 施工产生涌土、浮浆的清除，按成桩工程量乘以系数 0.20 计算，套用土石方工程中土方汽车运输定额子目。

（5）旋喷桩

① 旋喷桩的水泥掺入量统一按加固土重（1800kg/m³）的 21% 考虑；如设计不同时，水泥掺量按比例调整，其余不变。

② 定额按不掺添加剂（如石膏粉、三乙醇胺、硅酸钙等）编制；如设计有要求，按设计要求增加添加剂材料费。

③ 定额已综合了常规施工的引孔，当设计桩顶标高到交付地坪标高深度大于 2.0m 时，超过部分的引孔按每 10m 增加人工 0.667 工日、旋喷桩机 0.285 台班计算。

④ 施工产生涌土、浮浆的清除，按成桩工程量乘以系数 0.25 计算，套用土石方工程中土方汽车运输定额子目。

（6）其他

若单位工程的填料桩、水泥搅拌桩、旋喷桩的工程量小于 100m^3，则相应项目的人工费、机械费乘以系数 1.25。

（7）注浆地基

① 定额所列的浆体材料用量应按设计要求的材料品种、含量进行调整，其他不变。

② 施工产生废浆的清除，按成桩工程量乘以系数 0.10 计算，套用土石方工程中土方汽车运输定额子目。

5. 基坑与边坡支护

（1）地下连续墙

① 导墙开挖定额已综合了土方挖、填。导墙浇灌定额已包含了模板安拆。

② 地下连续墙成槽土方运输按成槽工程量计算，套用土石方工程中的相应定额子目。成槽产生的泥浆按成槽工程量乘以系数 0.2 计算。泥浆池建拆、泥浆运输套用桩基工程中泥浆处理定额子目。

边坡支护定额说明

③ 钢筋笼、钢筋网片、十字钢板封口、预埋铁件及导墙的钢筋制作、安装，套用混凝土及钢筋混凝土工程中的相应定额子目。

④ 地下连续墙墙底注浆管埋设及注浆定额执行桩基工程中灌注桩相应子目。

⑤ 地下连续墙墙顶凿除，套用桩基工程中的凿灌注桩定额子目。

⑥ 成槽机、地下连续墙钢筋笼吊装机械不能利用原有场地内路基，需单独加固处理的，应另列项目计算。

（2）水泥土连续墙

① 水泥土连续墙水泥掺入量按加固土重（1800kg/m^3）的 18% 考虑；如设计不同时，水泥掺量按比例调整，其余不变。

② 三轴水泥土搅拌墙设计要求全截面套打时，相应定额的人工费及机械费乘以系数 1.5 计算，其余不变。

③ 空搅（设计不掺水泥部分）按相应定额的人工费及搅拌桩机台班费乘以系数 0.5 计算，其余不计。

④ 墙顶凿除，套用桩基工程中的凿灌注桩定额子目乘以系数 0.10 计算。水泥土连续墙压顶梁执行混凝土及钢筋混凝土工程相应定额子目。

⑤ 施工产生涌土、浮浆的清除，按成桩工程量乘以系数 0.25 计算，套用土石方工程中土方汽车运输定额子目。

⑥ 插、拔型钢定额仅考虑施工费用和施工损耗，定额未包括型钢的使用费。遇设计（或场地原因）要求只插不拔时，每吨定额扣除：人工 0.292 工日、50t 履带式起重机 0.057

台班、液压泵车 0.214 台班、200t 立式油压千斤顶 0.428 台班,并增加型钢桩摊销 950.0kg。

(3) 混凝土预制板桩

① 定额按成品桩以购入成品构件考虑,已包含了场内必须的就位供桩和开挖导向沟、送桩,发生时不再另行计算。

② 若单位工程的混凝土预制板桩工程量小于 100m^3,则相应项目的人工费、机械费乘以系数 1.25。

(4) 钢板桩

① 定额按拉森钢板桩编制,仅考虑打、拔施工费用和施工损耗,定额未包括钢板桩的使用费。

② 打、拔其他钢板桩(如槽钢或钢轨等)的,定额机械费乘以系数 0.75,其余不变。

③ 若单位工程的钢板桩工程量小于 30t,则其人工费及机械费乘以系数 1.25。

(5) 土钉、锚杆与喷射联合支护

① 土钉支护按钻孔注浆和打入注浆施工工艺综合考虑。注浆材料定额按水泥浆编制;如设计不同时,价格换算,其余不变。

② 锚杆定额按水平施工编制,当设计为(≥75°)垂直锚杆时钻孔定额人工费及机械费乘以系数 0.85,其余不变。

③ 锚杆、锚索支护注浆材料定额按水泥砂浆编制;如设计不同时,价格换算,其余不变。

④ 定额未包括钢绞线锚索回收,发生时另行计算。

⑤ 喷射混凝土按喷射厚度及边坡坡度不同分别设置子目。其中钢筋制作、安装套用混凝土及钢筋混凝土工程中相应定额子目。

(6) 钢支撑

钢支撑、预应力型钢组合支撑定额仅考虑施工费和施工损耗,定额不包括钢支撑、预应力型钢组合支撑的使用费。

二、地基处理与边坡支护工程定额清单编制

(一) 地基加固

1. 换填加固

换填加固按设计图示尺寸或经设计验槽确认工程量,以体积计算。

2. 强夯地基加固

强夯地基加固按设计的不同夯击能、夯点击数和夯锤搭接量分别计算,点夯按设计图示布置以点数计算;满夯按设计图示范围以面积计算。

3. 填料桩

1) 振冲碎石桩按设计桩长(包括桩尖)另加加灌长度乘以设计桩径截面积,以体积计算。

2) 沉管桩(砂、砂石、碎石填料)不分沉管方法均按钢管外径截面积(不包括桩箍)乘以设计桩长(不包括预制桩尖)另加加灌长度,以体积计算。

3) 填料桩的加灌长度,设计有规定者,按设计要求计算;设计无规定者,按 0.50m 计算。若设计桩顶标高至交付地坪标高差小于 0.50m,则加灌长度计算至交付地坪标高。

4) 空打部分按交付地坪标高至设计桩顶标高的长度减去加灌长度后乘以桩截面积

计算。

4. 水泥搅拌桩

1）按桩长乘以桩单个圆形截面积以体积计算，不扣除重叠部分的面积。桩长按设计桩顶标高至桩底长度另加 0.50m 计算。当发生单桩内设计有不同水泥掺量时应分段计算。

2）加灌长度，设计有规定时按设计要求计算；设计无规定时按 0.50m 计算。若设计桩顶标高至交付地坪标高差小于 0.50m，则加灌长度计算至交付地坪标高。

3）空搅（设计不掺水泥，下同）部分的长度按设计桩顶标高至交付地坪标高减去加灌长度计算。

4）桩顶凿除按加灌体积计算。

5. 旋喷桩

旋喷桩按设计桩长乘以桩径截面积，以体积计算，不扣除桩与桩之间的搭接。当发生单桩内设计有不同水泥掺量时应分段计算。

6. 注浆地基

钻孔按交付地坪至设计桩底的长度计算，注浆按下列规定计算。

1）设计图明确加固土体体积的，按设计图注明的体积计算。

2）设计图以布点形式图示土体加固范围的，则按两孔间距的一半作为扩散半径，以布点边线各加扩散半径，形成计算平面，计算注浆体积。

3）如果设计图注浆点在钻孔灌注桩之间，按两注浆孔的一半作为每孔的扩散半径，以此圆柱体积计算注浆体积。

7. 树根桩

树根桩按设计桩长乘以桩外径截面积，以体积计算。

8. 圆木桩

圆木桩按设计桩长（包括接桩）及梢径，按木材体积表计算，其预留长度的体积已考虑在定额内。送桩深度按设计桩顶标高至打桩前的交付地坪标高另加 0.50m 计算。

（二）基坑与边坡支护

1. 地下连续墙

1）导墙开挖按设计中心线长度乘以开挖宽度及深度以体积计算；现浇导墙混凝土按设计图示以体积计算。

2）成槽按设计图示墙中心线长乘以墙厚和成槽深度（交付地坪至连续墙底深度），以体积计算。入岩增加费按设计图示墙中心线长乘以墙厚和入岩深度，以体积计算。

3）锁口管安、拔按连续墙设计施工图划分的槽段数计算，定额已包括锁口管的摊销费用。

4）清底置换以段为单位（段指槽壁单元槽段）。

5）浇筑连续墙混凝土，按设计图示墙中心线长乘以墙厚及墙深另加加灌高度，以体积计算。加灌高度：设计有规定时按设计规定计算；设计无规定时按 0.50m 计算。若设计墙顶标高至交付地坪标高差小于 0.50m，则加灌高度计算至交付地坪标高。

6）地下连续墙凿墙顶按加灌混凝土体积计算。

2. 水泥土连续墙

1）三轴水泥土搅拌墙按桩长乘以桩单个圆形截面积以体积计算，不扣除重叠部分的面积。桩长按设计桩顶标高至桩底长度另加 0.50m 计算；若设计桩顶标高至交付地坪标高小于 0.50m，则加灌长度计算至交付地坪标高。当发生单桩内设计有不同水泥掺量时应分段计算。

2）渠式切割水泥土连续墙，按设计图示中心线长度乘以墙厚及墙深另加加灌长度，以体积计算；加灌高度：设计有规定时按设计要求计算；设计无规定时按 0.50m 计算。若设计墙顶标高至交付地坪标高小于 0.50m，则加灌高度计算至交付地坪标高。

3）空搅部分的长度按设计桩顶标高至交付地坪标高减去加灌长度计算。

4）插、拔型钢工程量按设计图示型钢规格以质量计算。

5）水泥土连续墙凿墙顶按加灌体积计算。

地基处理与边坡支护工程定额清单编制

【例 2-2】 某工程基坑围护采用三轴水泥搅拌桩（见图 2-1 和图 2-2），桩径为 850mm，桩轴（圆心）矩为 600mm，设计有效桩长 15m，设计桩顶相对标高 -3.650m，设计桩底标高 -18.650m，交付地坪标高 -2.650m，采用 P·O 42.5 级普通硅酸盐水泥，土体重度按 1800kg/m³ 考虑，水泥掺入量 18%。按全截面套打施工方案，试计算该工程基坑围护三轴水泥搅拌桩定额清单工程量，并编制定额工程量清单。

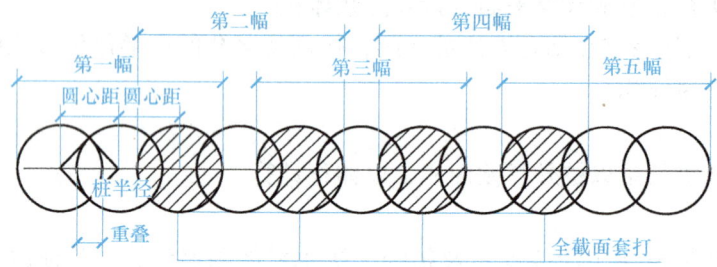

图 2-1 三轴水泥搅拌桩截面图

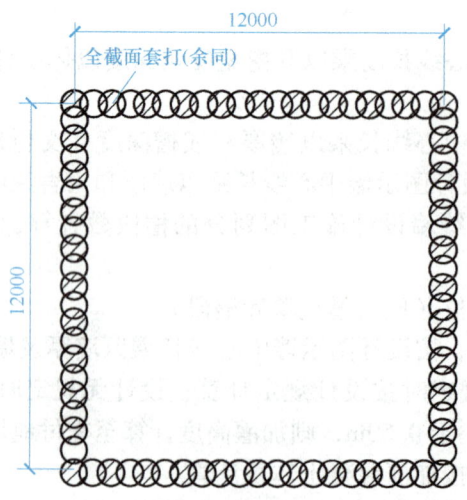

图 2-2 三轴水泥搅拌桩平面图

项目 2　地基处理与边坡支护工程

【解答】

（1）定额清单工程量计算如下。

实桩工程量 $V = S \times L_{桩长} = \pi \times \left(\dfrac{0.85}{2}\right)^2 \times (15+0.5) \times 80 \text{m}^3 = 703.73 \text{m}^3$

空搅工程量 $V = S \times L_{空搅} = \pi \times \left(\dfrac{0.85}{2}\right)^2 \times (3.65-2.65-0.5) \times 80 \text{m}^3 = 22.70 \text{m}^3$

（2）根据定额的项目划分，编列定额清单，见表 2-1。

表 2-1　分部分项工程量清单（定额清单）

序号	定额编号	项目名称	项目特征	计量单位	工程量
1	2-58	三轴水泥土搅拌墙	三轴水泥搅拌桩，桩径 850mm，桩轴（圆心）矩为 600mm；设计桩长 15m，设计桩顶相对标高 -3.650m，设计桩底标高 -18.650m，交付地坪标高 -2.650m；采用 P·O 42.5 级普通硅酸盐水泥，土体重度按 1800kg/m³ 考虑，水泥掺入量 18%；全截面套打施工；实桩体积	m³	703.73
2	2-58	三轴水泥土搅拌墙	三轴水泥搅拌桩，桩径 850mm，桩轴（圆心）矩为 600mm；设计桩长 15m，设计桩顶相对标高 -3.650m，设计桩底标高 -18.650m，交付地坪标高 -2.650m；采用 P·O 42.5 级普通硅酸盐水泥，土体重度按 1800kg/m³ 考虑，水泥掺入量 18%；全截面套打施工；空搅体积	m³	22.70

3. 混凝土预制板桩

混凝土预制板桩按设计桩长（包括桩尖）乘以桩截面积以体积计算。

4. 钢板桩

打、拔钢板桩按入土长度乘以单位理论质量计算。

5. 土钉、锚杆与喷射联合支护

1）土钉支护钻孔、注浆按设计图示入土长度以延长米计算。

2）土钉的制作、安装按设计长度乘以单位理论质量计算。

3）锚杆、锚索支护钻孔、注浆分不同孔径按设计图示入土长度以延长米计算。

4）锚杆制作、安装按设计长度乘以单位理论质量计算。

5）锚索制作、安装按张拉设计长度乘以单位理论质量计算。

6）锚墩、承压板制作、安装，按设计图示以"个"计算。

7）边坡喷射混凝土按不同坡度按设计图示尺寸，以面积计算。

6. 钢支撑

钢支撑、预应力型钢组合支撑按设计图示尺寸以质量计算，不扣除孔眼质量，不另增焊条、铆钉、螺栓等质量。

三、地基处理与边坡支护工程定额清单计价

【例 2-3】　利用例 2-2 的工程量清单，并按《浙江省房屋建筑与装饰工程预算定额》

(2018 版）计算该定额清单的综合单价及合价（本题假设为编制招标控制价，企业管理费、利润以定额人工费与定额机械费之和为取费基数，费率按中值分别为 16.57%、8.10%。本工程属于房屋建筑工程，采用一般计税法。假设当时当地人工、材料、机械除税信息价与定额取定价格相同）。

【解答】

1. 根据定额清单，套用《浙江省房屋建筑与装饰工程预算定额》(2018 版)，确定相应分部分项人工费、材料费和机械费。

（1）实桩，全截面套打，$V=703.73m^3$，套用 2-58H。

人工费 = 17.024×1.5 元/m^3 = 25.54 元/m^3

材料费 = 114.94 元/m^3

机械费 = 83.517×1.5 元/m^3 = 125.28 元/m^3

管理费 = (25.54+125.28) 元/m^3×16.57% = 24.99 元/m^3

利润 = (25.54+125.28) 元/m^3×8.1% = 12.22 元/m^3

（2）空搅，全截面套打，$V=22.70m^3$，套用 2-58H。

人工费 = 17.024×1.5×0.5 元/m^3 = 12.77 元/m^3

材料费 = 0 元/m^3

机械费 = 0.0201×2826.15×1.5×0.5 元/m^3 = 42.60 元/m^3

管理费 = (12.77+42.60) 元/m^3×16.57% = 9.17 元/m^3

利润 = (12.77+42.60) 元/m^3×8.10% = 4.48 元/m^3

2. 计算综合单价，填写综合单价计算表，见表 2-2。

表 2-2 综合单价计算表（定额清单）

序号	定额编号	项目名称	计量单位	数量	综合单价/元						合计/元
					人工费	材料费	机械费	管理费	利润	小计	
1	2-58H	三轴水泥土搅拌墙，实桩	m^3	703.73	25.54	114.94	125.28	24.99	12.22	302.97	213209
2	2-58H	三轴水泥土搅拌墙，空搅	m^3	22.70	12.77	0	42.60	9.17	4.48	69.02	1567

任务 3　地基处理与边坡支护工程国标清单编制与计价

一、国标工程量清单编制

本项目按《房屋建筑与装饰工程工程量计算规范》(GB 50854—2013)（简称《计量规范》）附录 B 编制，适用于地基处理与边坡支护工程。

（一）地基处理

地基处理包括换填垫层、铺设土工合成材料、预压地基、强夯地基、振冲密实（不填料）、振冲桩（填料）、砂石桩、水泥粉煤灰碎石桩、深层搅拌桩、粉喷桩、夯实水泥土桩、高压喷射注浆桩、石灰桩、灰土挤密桩、柱锤冲扩桩、注浆地基、褥垫层，共17个项目，分别按010201001×××～0102010017×××编码。

（1）换填垫层　换填垫层适合于挖去软弱土层或不均匀土层，回填坚硬、较粗粒径的材料，并夯压密实形成的垫层。

（2）铺设土工合成材料　铺设土工合成材料适用于在软弱地基中或边坡上埋设土工织物作为加筋，起到排水、反滤、隔离、加固和补强等方面的作用，以提高土体承载力，减少沉降和增加地基的稳定。

（3）预压地基　预压地基是对地基进行堆载预压和真空预压，或联合使用堆载预压和真空预压，形成的地基土固结压密后的地基。

（4）强夯地基　强夯地基适用于采用强夯机械对松软地基进行强力夯击以达到一定密实度要求的工程。

强夯地基按设计地基尺寸范围需要增加范围的，应予以明确要求。地基强夯涉及现场试验、障碍物处理等因素，应在措施项目清单中予以列项。

（5）振冲密实（不填料）　适用于处理粘粒含量不大于10%的中砂、粗砂地基。

（6）振冲桩（填料）　振冲桩适用于地基内振动方式成孔灌注碎石的地基加固。

（7）砂石桩　砂石桩适用于各种成孔方式（振动沉管、锤击沉管等）的砂桩、砂石灌注桩工程。砂石桩灌注的砂石密实系数设计有要求时，清单特征中应该予以明确。

（8）水泥粉煤灰碎石桩　由碎石、石屑、粉煤灰组成混合料，掺适量水进行拌和，采用各种成桩机械形成的桩体。

（9）深层搅拌桩　深层搅拌桩适用于饱和软黏土、淤泥质亚黏土、新吹填软土、沼泽地带炭土、沉积粉土等土层基础地基加固。

（10）粉喷桩　粉喷桩项目适用于水泥、生石灰粉等喷粉桩。

（11）夯实水泥土桩　夯实水泥土桩是用人工或机械成孔，选用相对单一的土质材料，与水泥按一定配比，在孔外充分拌和均匀制成水泥土，分层向孔内回填并强力夯实，制成均匀的水泥土桩。桩、桩间土和褥垫层一起形成复合地基。

（12）高压喷射注浆桩　高压喷射注浆桩适用于高压旋喷桩，注浆类型包括旋喷、摆喷、定喷，注浆方式包括单管法、双重管法、三重管法。喷射浆体的配合比应按设计要求予以明确。

（13）石灰桩　石灰桩适用于石灰砂桩，是指采用机械或人工在地基中成孔，然后灌入生石灰和掺合料，经振密或夯实而形成的桩体。

（14）灰土挤密桩　灰土挤密桩适用于各种成孔方式的灰土、石灰、水泥粉、煤灰、碎石等挤密桩。

（15）柱锤冲扩桩　柱锤冲扩桩是借用强夯的原理，采用桩的形式，与地基土体共同作用形成复合地基，可用于处理杂填土、粉土、黏性土、素填土和黄土等地基。

（16）注浆地基　注浆地基适用于将水泥浆或其他化学浆液注入地基土层中，增强土颗粒间的联结，使土体强度提高、变形减少、渗透性降低。

（17）褥垫层　褥垫层是CFG复合地基中解决地基不均匀的一种方法。褥垫层材料宜用中砂、粗砂、级配砂石和碎石，最大粒径不宜大于30mm，不宜采用卵石。

褥垫层不仅仅用于CFG桩，也用于碎石桩、管桩等，以形成复合地基，保证桩和桩间土的共同作用。

(二) 基坑与边坡支护

基坑与边坡支护包括：地下连续墙、咬合灌注桩、圆木桩、预制钢筋混凝土板桩、型钢桩、钢板桩、锚杆（锚索）、土钉、喷射混凝土（水泥砂浆）、钢筋混凝土支撑、钢支撑 11 个项目，分别按 010202001×××～010202011×××编码。

（1）地下连续墙　地下连续墙适用于各种导墙施工的复合型地下连续墙工程。

（2）咬合灌注桩　咬合灌注桩是桩与桩之间形成相互咬合排列的一种基坑围护结构，相邻混凝土排桩间部分圆周相嵌，并于后次序相间施工的桩内置入钢筋笼，使之形成具有良好防渗作用的整体连续防水、挡土围护结构。

（3）圆木桩　多用于复合地基中，造价低廉。

（4）预制钢筋混凝土板桩　预制钢筋混凝土板桩适用于低边坡、基坑等的防护。

（5）型钢桩　型钢桩适用于基坑支护，包括插拔型钢。

（6）钢板桩　钢板桩是一种边缘带有联动装置，且联动装置可以自由组合以便形成一种连续紧密的挡土或者挡水墙的钢结构体，常被用作垂直密封的挡土墙。

（7）锚杆（锚索）　锚杆（锚索）是一种将拉力传至稳定岩层或土层的结构体系，适用于边坡处治。

（8）土钉　土钉支护适用于土层的锚固。土钉置入方式包括钻孔置入、打入或射入等。

（9）喷射混凝土（水泥砂浆）　喷射混凝土（水泥砂浆）是借助喷射机械，利用压缩空气或其他动力，将按一定比例配合的拌合料通过管道输送，并以高速喷射到受喷面上凝结硬化而成的一种混凝土（砂浆）护坡（壁）层，适用于基坑边坡、隧道支护，也适用于地下工程、薄壁结构工程、维修加固工程、岩土工程、耐火防水工程等领域。

（10）钢筋混凝土支撑　钢筋混凝土支撑是深基坑支护体系的一种，采用钢筋混凝土构件作为支撑。钢筋混凝土支撑能有效地传递和平衡作用在挡墙上的水、土压力，与挡土墙共同增加围护结构的稳定性。

（11）钢支撑　钢支撑是深基坑支护体系的一种，采用钢结构作为支撑。钢结构支撑自重小、安拆方便，可以重复利用，可随挖随撑，但支撑整体刚度较差，安装节点多。

(三) 地基处理及边坡支护工程工程量清单项目及计算规则

1. 地基处理（见表 2-3）

表 2-3　地基处理工程工程量清单项目及计算规则

项目编码	项目名称	项目特征	计量单位	工程量计算规则	工作内容
010201001	换填垫层	1. 材料种类及配比 2. 压实系数 3. 掺加剂品种	m³	按设计图示尺寸以体积计算	1. 分层铺填 2. 碾压、振密或夯实 3. 材料运输
010201002	铺设土工合成材料	1. 部位 2. 品种 3. 规格	m²	按设计图示尺寸以面积计算	1. 挖填锚固沟 2. 铺设 3. 固定 4. 运输

（续）

项目编码	项目名称	项目特征	计量单位	工程量计算规则	工作内容
010201003	预压地基	1. 排水竖井种类、断面尺寸、排列方式、间距、深度 2. 预压方法 3. 预压荷载、时间 4. 砂垫层厚度	m^2	按设计图示处理范围以面积计算	1. 设置排水竖井、盲沟、滤水管 2. 铺设砂垫层、密封膜 3. 堆载、卸载或抽气设备安拆、抽真空 4. 材料运输
010201004	强夯地基	1. 夯击能量 2. 夯击遍数 3. 夯击点布置形式、间距 4. 地耐力要求 5. 夯填材料种类			1. 铺设夯填材料 2. 强夯 3. 夯填材料运输
010201005	振冲密实（不填料）	1. 地层情况 2. 振密深度 3. 孔距			1. 振冲加密 2. 泥浆运输
010201006	振冲桩（填料）	1. 地层情况 2. 空桩长度、桩长 3. 桩径 4. 填充材料种类	1. m 2. m^3	1. 以 m 计量，按设计图示尺寸以桩长计算 2. 以 m^3 计量，按设计桩截面乘以桩长以体积计算	1. 振冲成孔、填料、振实 2. 材料运输 3. 泥浆运输
010201007	砂石桩	1. 地层情况 2. 空桩长度、桩长 3. 桩径 4. 成孔方法 5. 材料种类、级配		1. 以 m 计量，按设计图示尺寸以桩长（包括桩尖）计算 2. 以 m^3 计量，按设计桩截面乘以桩长（包括桩尖）以体积计算	1. 成孔 2. 填充、夯实 3. 材料运输
010201008	水泥粉煤灰碎石桩	1. 地层情况 2. 空桩长度、桩长 3. 桩径 4. 成孔方法 5. 混合料强度等级		按设计图示尺寸以桩长（包括桩尖）计算	1. 成孔 2. 混合料制作、灌注、养护 3. 材料运输
010201009	深层搅拌桩	1. 地层情况 2. 空桩长度、桩长 3. 桩截面尺寸 4. 水泥强度等级、掺量	m	按设计图示尺寸以桩长计算	1. 预搅下钻、水泥浆制作、喷浆搅拌提升成桩 2. 材料运输
010201010	粉喷桩	1. 地层情况 2. 孔桩长度、桩长 3. 桩径 4. 粉体种类、掺量 5. 水泥强度等级、石灰粉要求			1. 预搅下钻、喷粉搅拌提升成桩 2. 材料运输

（续）

项目编码	项目名称	项目特征	计量单位	工程量计算规则	工作内容
010201011	夯实水泥土桩	1. 地层情况 2. 空桩长度、桩长 3. 桩径 4. 成孔方法 5. 水泥强度等级 6. 混合料配比	m	按设计图示尺寸以桩长（包括桩尖）计算	1. 成孔、夯底 2. 水泥土拌合、填料、夯实 3. 材料运输
010201012	高压喷射注浆桩	1. 地层情况 2. 空桩长度、桩长 3. 桩截面 4. 注浆类型、方法 5. 水泥强度等级		按设计图示尺寸以桩长计算	1. 成孔 2. 水泥浆制作、高压喷射注浆 3. 材料运输
010201013	石灰桩	1. 地层情况 2. 空桩长度、桩长 3. 桩径 4. 成孔方法 5. 掺和料种类、配合比		按设计图示尺寸以桩长（包括桩尖）计算	1. 成孔 2. 混合料制作、运输、夯填
010201014	灰土挤密桩	1. 地层情况 2. 空桩长度、桩长 3. 桩径 4. 成孔方法 5. 灰土级配		按设计图示尺寸以桩长（包括桩尖）计算	1. 成孔 2. 灰土拌和、运输、填充、夯实
010201015	柱锤冲扩桩	1. 地层情况 2. 空桩长度、桩长 3. 桩径 4. 成孔方法 5. 桩体材料种类、配合比			1. 安、拔套管 2. 冲孔、填料、夯实 3. 桩体材料制作、运输
010201016	注浆地基	1. 地层情况 2. 空钻深度、注浆深度 3. 注浆间距 4. 浆液种类及配比 5. 注浆方法 6. 水泥强度等级	1. m 2. m³	1. 以 m 计量，按设计图示尺寸以钻孔深度计算 2. 以 m³ 计量，按设计图示尺寸以加固体积计算	1. 成孔 2. 注浆导管制作、安装 3. 浆液制作、压浆 4. 材料运输
010201017	褥垫层	1. 厚度 2. 材料品种及比例	1. m² 2. m³	1. 以 m² 计量，按设计图示尺寸以铺设面积计算 2. 以 m³ 计量，按设计图示尺寸以体积计算	材料拌合、运输、铺设、压实

项目 2　地基处理与边坡支护工程

2. 基坑与边坡支护（见表2-4）

表2-4　基坑与边坡支护工程工程量清单项目及计算规则

项目编码	项目名称	项目特征	计量单位	工程量计算规则	工作内容
010202001	地下连续墙	1. 地层情况 2. 导墙类型、截面 3. 墙体厚度 4. 成槽深度 5. 混凝土种类、强度等级 6. 接头类型	m^3	按设计图示墙中心线长乘以厚度乘以槽深以体积计算	1. 导墙挖填、制作、安装、拆除 2. 挖土成槽、固壁、清底置换 3. 混凝土制作、运输、灌注、养护 4. 接头处理 5. 土方、废泥浆外运 6. 打桩场地硬化及泥浆池、泥浆沟
010202002	咬合灌注桩	1. 地层情况 2. 桩长 3. 桩径 4. 混凝土种类、强度等级 5. 部位		1. 以 m 计量，按设计图示尺寸以桩长计算 2. 以根计量，按设计图示数量计算	1. 成孔、固壁 2. 混凝土制作、运输、灌注、养护 3. 套管压拔 4. 土方、废泥浆外运 5. 打桩场地硬化及泥浆池、泥浆沟
010202003	圆木桩	1. 地层情况 2. 桩长 3. 材质 4. 尾径 5. 桩倾斜度	1. m 2. 根	1. 以 m 计量，按设计图示尺寸以桩长（包括桩尖）计算 2. 以根计量，按设计图示数量计算	1. 工作平台搭拆 2. 桩机移位 3. 桩靴安装 4. 沉桩
010202004	预制钢筋混凝土板桩	1. 地层情况 2. 送桩深度、桩长 3. 桩截面 4. 沉桩方法 5. 连接方式 6. 混凝土强度等级			1. 工作平台搭拆 2. 桩机移位 3. 沉桩 4. 板桩连接
010202005	型钢桩	1. 地层情况或部位 2. 送桩深度、桩长 3. 规格型号 4. 桩倾斜度 5. 防护材料种类 6. 是否拔出	1. t 2. 根	1. 以 t 计量，按设计图示尺寸以质量计算 2. 以根计量，按设计图示数量计算	1. 工作平台搭拆 2. 桩机移位 3. 打（拔）桩 4. 接桩 5. 刷防护材料
010202006	钢板桩	1. 地层情况 2. 桩长 3. 板桩厚度	1. t 2. m^2	1. 以 t 计量，按设计图示尺寸以质量计算 2. 以 m^2 计量，按设计图示墙中心线长乘以桩长以面积计算	1. 工作平台搭拆 2. 桩机移位 3. 打拔钢板桩

45

(续)

项目编码	项目名称	项目特征	计量单位	工程量计算规则	工作内容
010202007	锚杆（锚索）	1. 地层情况 2. 锚杆（索）类型、部位 3. 钻孔深度 4. 钻孔直径 5. 杆体材料品种、规格、数量 6. 预应力 7. 浆液种类、强度等级	1. m 2. 根	1. 以m计量，按设计图示尺寸以钻孔深度计算 2. 以根计量，按设计图示数量计算	1. 钻孔、浆液制作、运输、压浆 2. 锚杆（锚索）制作、安装 3. 张拉锚固 4. 锚杆（锚索）施工平台搭设、拆除
010202008	土钉	1. 地层情况 2. 钻孔深度 3. 钻孔直径 4. 置入方法 5. 杆体材料品种、规格、数量 6. 浆液种类、强度等级			1. 钻孔、浆液制作、运输、压浆 2. 土钉制作、安装 3. 土钉施工平台搭设、拆除
010202009	喷射混凝土（水泥砂浆）	1. 部位 2. 厚度 3. 材料种类 4. 混凝土（砂浆）类别、强度等级	m²	按设计图示尺寸以面积计算	1. 修整边坡 2. 混凝土（砂浆）制作、运输、喷射、养护 3. 钻排水孔、安装排水管 4. 喷射施工平台搭设、拆除
010202010	钢筋混凝土支撑	1. 部位 2. 混凝土种类 3. 混凝土强度等级	m³	按设计图示尺寸以体积计算	1. 模板（支架或支撑）制作、安装、拆除、堆放、运输及清理模内杂物、刷隔离剂等 2. 混凝土制作、运输、浇筑、振捣、养护
010202011	钢支撑	1. 部位 2. 钢材品种、规格 3. 探伤要求	t	按设计图示尺寸以质量计算。不扣除孔眼质量，焊条、铆钉、螺栓等不另增加质量	1. 支撑、铁件制作（摊销、租赁） 2. 支撑、铁件安装 3. 探伤 4. 刷漆 5. 拆除 6. 运输

【例 2-4】 根据例 2-2 条件，试计算该工程基坑围护三轴水泥搅拌桩国标清单工程量，并编制国标工程量清单。

项目 2　地基处理与边坡支护工程

【解答】

（1）国标清单工程量计算：

$L = 15 \times 80 \text{m} = 1200 \text{m}$

（2）根据清单规范的项目划分，编列清单见表 2-5。

表 2-5　分部分项工程量清单（国标清单）

序号	项目编码	项目名称	项目特征	计量单位	工程量
1	010201 009001	深层水泥搅拌桩	三轴水泥搅拌桩，桩径 $\phi 850$，桩轴（圆心）矩为 600mm；设计桩长 15m，设计桩顶相对标高 -3.65m，设计桩底标高 -18.65m，交付地坪标高 -2.65m；采用 P·O 42.5 普通硅酸盐水泥，土体重度按 1800kg/m³ 考虑，水泥掺入量 18%；全截面套打施工	m	1200

【例 2-5】　某地下室工程采用地下连续墙作基坑挡土和地下室外墙。设计墙身长度纵轴线 80m 两道，横轴线 60m 两道围成封闭状态，墙底标高 -12.000m，墙顶标高 -3.600m，自然地坪标高 -0.600m，墙厚 1000mm，C35 混凝土浇捣；设计要求导墙采用 C30 混凝土浇筑，具体方案由施工方自行确定（根据地质资料已知导沟范围为三类土）；现场余土及泥浆必须外运 5km 处弃置。试计算该连续墙国标工程量清单。

【解答】

（1）国标清单工程量计算：

连续墙长度 $= (80+60) \times 2 \text{m} = 280 \text{m}$

成槽深度 $= (12-0.6) \text{m} = 11.4 \text{m}$

墙高 $= (12-3.6) \text{m} = 8.4 \text{m}$

$V = 280 \times 11.4 \times 1 \text{m}^3 = 3192.00 \text{m}^3$

（2）根据清单规范的项目划分，编列清单见表 2-6。

表 2-6　分部分项工程量清单（国标清单）

序号	项目编码	项目名称	项目特征	计量单位	工程量
1	010202 001001	地下连续墙	C35 钢筋混凝土，成槽长度 280m，深度 11.4m，墙厚 1m，墙底标高 -12.000m，墙顶标高 -3.600m，自然地坪标高 -0.600m，C30 素混凝土导墙浇捣，余土及泥浆外运 5km	m³	3192

二、国标工程量清单计价

【例 2-6】　利用例 2-4 的工程量清单，并按《浙江省房屋建筑与装饰工程预算定额》(2018 版）计算该定额清单的综合单价及合价（本题假设为编制招标控制价，企业管理费、利润以定额人工费与定额机械费之和为取费基数，费率按中值分别为 16.57%、8.10%。本工程属于房屋建筑工程，采用一般计税法，假设当时当地人工、材料、机械除税信息价与定额取定价格相同）。

【解答】

1. 根据例2-4提供的工程条件及拟订的施工方案，本题清单项目可组合的定额子目见表2-7。

表2-7 深层水泥搅拌桩清单项目可组合的内容

序号	项目名称	可组合内容	定额编号
1	深层水泥搅拌桩	实桩	2-58H
		空搅	2-58H

2. 套用《浙江省房屋建筑与装饰工程预算定额》(2018版)，确定相应分部分项人工费、材料费和机械费。

(1) 实桩，全截面套打，$V=703.73m^3$，套用2-58H。

人工费 = 17.024×1.5 元/m^3 = 25.54 元/m^3

材料费 = 114.94 元/m^3

机械费 = 83.517×1.5 元/m^3 = 125.28 元/m^3

管理费 = (25.54+125.28) 元/m^3 ×16.57% = 24.99 元/m^3

利润 = (25.54+125.28) 元/m^3 ×8.1% = 12.22 元/m^3

(2) 空搅，全截面套打，$V=22.70m^3$，套用2-58H。

人工费 = 17.024×1.5×0.5 元/m^3 = 12.77 元/m^3

材料费 = 0 元/m^3

机械费 = 0.0201×2826.15×1.5×0.5 元/m^3 = 42.60 元/m^3

管理费 = (12.77+42.60) 元/m^3 ×16.57% = 9.17 元/m^3

利润 = (12.77+42.60) 元/m^3 ×8.10% = 4.48 元/m^3

3. 计算综合单价，填写综合单价计算表，见表2-8。

表2-8 综合单价计算表（国标清单）

序号	定额编号	项目名称	计量单位	数量	综合单价/元						合计/元
					人工费	材料费	机械费	管理费	利润	小计	
1	010201009001	深层水泥搅拌桩	m	1200	15.22	67.41	74.28	14.83	7.25	178.98	214776
	1-58H	三轴水泥土搅拌墙，实桩	m^3	703.73	25.54	114.94	125.28	24.99	12.22	302.97	213209
	1-58H	三轴水泥土搅拌墙，空搅	m^3	22.70	12.77	0	42.60	9.17	4.48	69.02	1567

【小 结】

本项目主要介绍了地基处理及边坡支护工程的定额使用规定、工程量计算规则以及地基处理及边坡支护工程的清单编制与综合单价的计算。重点是把握不同水泥掺量的定额换算以及工程量计算,掌握地基处理及边坡支护工程的清单列项与项目特征描述,同时要注意清单工程量计算规则与定额的区别。

【思考与练习题】

1. 定额清单综合单价计算:
(1) 打拔槽钢钢板桩,桩长12m,工程量25t。
(2) 强夯地基,满夯两遍,夯击能2000kN·m,1/2搭接。
2. 简述水泥土连续墙定额工作内容。
3. 简述《浙江省房屋建筑与装饰工程预算定额》(2018版)中,水泥搅拌桩、旋喷桩、水泥土连续墙的加固土重以及水泥掺入量。

项目3
桩基工程

任务 1　桩基工程基础知识

桩是置于岩土中的柱形构件。一般房屋基础中，桩基的主要作用是将承受的上部竖向荷载，通过较弱地层传至深部较坚硬的、压缩性小的土层或岩层。桩按桩基传递荷载的形式分为端承桩和摩擦桩。

钢筋混凝土桩按施工方法不同分为预制桩和现场灌注桩。预制桩是在工厂或施工现场制成品桩，再用相应桩设备将桩打（或压）入土中。现场灌注桩是在施工现场的桩位上直接成孔，灌筑混凝土而成的桩体。成孔施工方法有钻孔、冲孔、沉管、人工挖孔及爆扩等。

桩基础工程概述

一、预制混凝土桩

预制混凝土桩包括钢筋混凝土方桩、板桩与管桩，其中方桩、管桩应用较广。预制桩的施工包括制桩（或购成品桩）、运桩、沉桩三个过程；当单节桩不能满足设计要求时，应接桩；当桩顶标高要求在自然地坪以下时，则通过送桩把桩继续往下送到设计要求标高。

1. 方桩

预制方桩为钢筋混凝土桩（图3-1），由现场（或工厂）制作，根据设计桩长可以是单节桩或分段（2~3节）接桩而成，桩端部做成锥形，称为桩尖。

2. 板桩

板桩是指打（振）入地基内以抵抗水平方向的压力及水压力的板型桩。板桩在水利工程中多用于围堰或防渗。常用的板桩为木板桩及钢板桩。

3. 管桩

预制管桩（图3-2），一般为专业化工厂制作生产，按照设计桩长需要进行配桩，端部一节与钢板制成的桩尖连接。

图3-1　方桩

图3-2　管桩

预制混凝土管桩工程主要的沉桩方法有锤击沉桩、振动沉桩和静力沉桩等。通常采用人机配合完成，涉及起重工、混凝土工、电焊工、普工及对应各种机械操作工等工种；对应的材料有管桩、金属护筒、垫木、电焊条、辅助性材料等；涉及机具有桩机、起重机、电焊机、切割机、铲揪等。

二、灌注混凝土桩

灌注混凝土桩按照成孔方法划分有：沉管灌注桩、钻（冲）孔灌注桩和人工挖孔灌注桩。

1. 沉管灌注桩

沉管混凝土灌注桩是利用锤击或振动方式，先将一定直径的带桩尖钢管（或钢板靴）或带有活瓣式桩靴的钢管沉入土层，然后往钢管内放入钢筋笼并注入混凝土，同时从土层中逐步拔出钢管，未凝结混凝土与土壁结合形成桩体。

根据沉管方法和拔管时振动不同，沉管灌注桩可分为锤击沉管灌注桩和振动沉管灌注桩。前者多用于一般黏性土、淤泥质土、砂土和人工填土地基，后者除以上范围外，还可用于稍密及中密的碎石土地基，应用较广泛。但由于钢管直径、机械设备的限制，为了提高桩体的承载能力，沉管混凝土灌注桩在单打法（即单桩）基础上，会依据工程实际需求，设计采用复打法（也称扩大桩）或局部打法（也称夯扩桩）等施工工艺，以增强单桩的承载能力。复打是指在第一次混凝土灌注达到要求标高拔出桩管后，立即在原桩位作第二次沉管，使未凝固的混凝土向桩管四周挤压，然后再次灌注混凝土以扩大桩径。夯扩是指采用双管施工、通过内管夯击桩端混凝土形成扩大头，以提高单桩承载力的施工工艺（图3-3）。

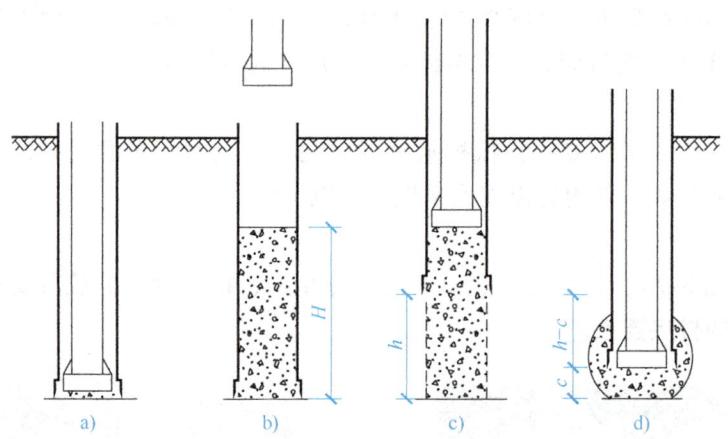

图 3-3 夯扩桩夯扩参数示意图

夯扩桩工艺按图3-3a~图3-3d顺序说明：内、外管沉管至设计要求深度；提升内管，按设计参数 H 第一次灌入混凝土；内管顶住混凝土面，提升外管至设计参数 h；内管放入，压出外管内的混凝土，内、外管同步夯击下沉尺寸以设计规定参数 $(h-c)$ 为准，形成桩端扩大头。通过夯打，扩大头比单桩增加了夯扩高度 $(H-c)$ 部分的体积。

2. 钻（冲）孔灌注桩

钻（冲）孔灌注桩是利用钻孔机在桩位成孔，然后在桩孔内放入钢筋骨架再灌混凝土而成的就地灌注桩。其主要特点：能在各种土质条件下施工，具有无振动、对土体无挤压等优点，一般情况下，比预制桩更经济。钻（冲）孔灌注桩根据施工方法不同可分为干作业成孔灌注桩和泥浆护壁成孔灌注桩。

（1）干作业成孔灌注桩　施工工艺流程：螺旋钻机就位对中→钻进成孔→排土→钻至预定深度→停钻→起钻→测孔深、孔斜、孔径→清理孔底虚土→钻机移位→安放钢筋笼→安放混凝土溜筒→灌注混凝土成桩→桩头养护。

（2）泥浆护壁成孔灌注桩　施工工艺流程：测定桩位→埋设护筒→桩机就位→钻孔（同时制备泥浆、泥浆循环排渣）→清孔→安放钢筋笼→安放混凝土溜筒→灌注混凝土成桩→桩头养护。

3. 人工挖孔灌注桩

人工挖孔灌注桩是指桩孔采用人工挖掘方法进行成孔，然后安放钢筋笼，浇注混凝土而成的桩。（图3-4）。人工挖孔桩一般直径较粗，最细的也在800mm以上，能够承载楼层较少且压力较大的结构主体，应用比较普遍。桩的上面设置承台，再用承台梁拉结、连系起来，使各个桩的受力均匀分布，用于支承整个建筑物。

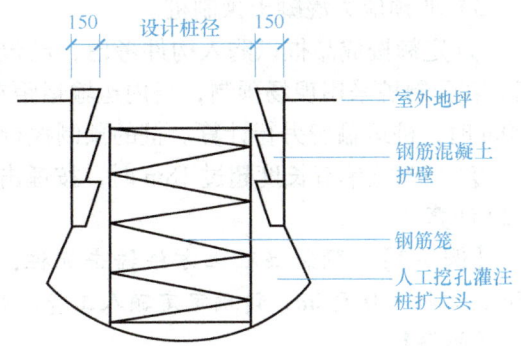

图3-4　人工挖孔灌注桩纵断面

任务2　桩基工程定额清单编制与计价

一、定额使用说明

1. 定额内容

本项目定额包括混凝土预制桩与钢管桩、灌注桩等。

2. 适用范围

本项目定额适用于陆地上桩基工程。所列打桩机械的规格、型号是按常规施工工艺和方法综合取定。

桩基定额说明

3. 砂、黏土层，碎、卵石层，岩石层

本项目定额所涉及砂、黏土层，碎、卵石层，岩石层，依据《工程岩体分级标准》（GB/T 50218—2014），按以下标准鉴别。

（1）砂、黏土层　粒径在2~20mm之间，颗粒质量不超过总质量50%的土层，包括黏土、粉质黏土、粉土、粉砂、细砂、中砂、粗砂、砾砂。

（2）碎、卵石层　粒径在2~20mm之间，颗粒质量超过总质量50%的土层，包括角砾、圆砾及粒径20~200mm的碎石、卵石、块石、漂石，此外也包括极软岩、软岩。

（3）岩石层　较软岩、较硬岩、坚硬岩。

4. 施工前的准备工作

桩基施工前的场地平整、压实地表、地下障碍物处理等定额均未考虑，发生时另行计算。

5. 探桩位

探桩位已综合考虑在各类桩基定额内，不另行计算。

6. 混凝土预制桩

1) 定额按非预应力混凝土预制桩（包含方桩、空心方桩、异形桩等非预应力预制桩）和预应力混凝土预制桩（包含管桩、空心方桩、竹节桩等预应力预制桩），分锤击、静压两种施工方法分别编制。

2) 定额已综合考虑了穿越砂、黏土层，碎、卵石层的因素。

3) 非预应力混凝土预制桩。

① 定额按成品桩以购入构件考虑，已包含了场内必需的就位供桩，发生时不再另行计算。若预制桩采用现场预制，场内运输运距在500m以内，则套用场内运桩子目；运距超过500m时，桩运输费另行计算。桩的预制执行混凝土及钢筋混凝土工程相应定额子目。

② 当单桩单节长度超过18m时，按锤击、静压相应定额（不含预制桩主材）乘以系数1.20计算。

【例3-1】 预制混凝土方桩锤击沉桩，截面400mm×400mm，桩长60m，单节长度为25m，方桩310元/m，请确定定额人工费、材料费、机械费。

【解答】

定额编号：3-2H

计量单位：100m

人工费=724.41×1.2元=869.29元

材料费=(119.92×1.2+101×310)元=31453.90元

机械费=1686.58×1.2元=2023.90元

③ 定额已综合了接桩（图3-5）所需的打桩机械台班，但未包括接桩本身费用，发生时套用相应定额子目。

4) 预应力混凝土预制桩。

① 定额按成品桩以购入构件考虑，已包含了场内必需的就位供桩，发生时不再另行计算。

② 定额已综合了电焊接桩。如采用机械接桩，相应定额扣除电焊条和交流弧焊机台班用量；机械连接件材料费已含在相应预制桩信息价中，不得另计。

③ 桩灌芯、桩芯取土按本项目钢管桩相应定额执行，如设计要求桩芯取土长度小于2.5m，相应定额乘以系数0.75；设计要求设置的钢骨架、钢托板分别按混凝土及钢筋混凝土工程中的桩钢筋笼和预埋铁件相应定额计算。

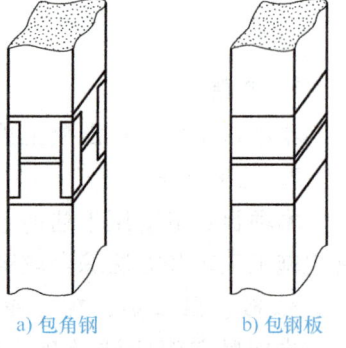

a) 包角钢　　b) 包钢板

图3-5　接桩示意图

④ 设计要求设置桩尖时，按成品桩尖以购入构件材料费另计。

7. 钢管桩

1) 定额按锤击施工方法编制，已综合考虑了穿越砂、黏土层，碎、卵石层的因素。

2) 定额已包含了场内必需的就位供桩，发生时不再另行计算。

3) 钢管内取土、填芯按设计材质不同分别套用定额。

8. 送桩

混凝土预制桩与钢管桩发生送桩时，按沉桩相应定额的人工及打桩机械乘以表3-1中的系数，其余不计。

表 3-1 送桩深度系数表

送桩深度 H	系数
$H \leqslant 2m$	1.20
$2m < H \leqslant 4m$	1.37
$4m < H \leqslant 6m$	1.56
$H > 6m$	1.78

9. 灌注桩

1）转盘式、旋挖钻机成孔定额按砂土层编制，如设计要求进入岩石层，则套用相应定额计算岩石层成孔增加费；如设计要求穿越碎、卵石层，则按岩石层成孔增加费子目乘以表 3-2 中的调整系数计算穿越增加费。

表 3-2 碎、卵石层调整系数表

成孔方式	系数
转盘式钻机成孔	0.35
旋挖钻机成孔	0.25

2）除空气潜孔锤成孔外，灌注桩成孔定额未包含钢护筒埋设及拆除，需发生时直接套用埋设钢护筒定额。

3）冲孔桩机成孔、空气潜孔锤成孔按不同土（岩）层分别编制定额子目。

4）旋挖钻机成孔定额按湿作业成孔工艺考虑；如实际采用干作业成孔工艺，相应定额扣除黏土、水用量和泥浆泵台班，并不计泥浆工程量。

5）产生的泥浆（渣土）按泥浆处置定额执行。

6）沉管灌注桩。

① 定额已包括桩尖埋设费用，预制桩尖按购入构件另列项目计算。

② 沉管灌注桩安放钢筋笼者，成孔定额人工费和机械费乘以系数 1.15，钢筋笼制作安放套用混凝土及钢筋混凝土工程相应定额。

【例 3-2】 振动式沉管灌注混凝土桩成孔，桩长 25m，安放钢筋笼，请确定定额人工费、材料费、机械费。

【解答】

定额编号：3-88H

计量单位：10m³

人工费 = 577.53×1.15 元 = 664.16 元

材料费 = 107.49 元

机械费 = 517.42×1.15 元 = 595.03 元

7）成孔工艺灌注桩的充盈系数按常规地质情况编制，未考虑地下障碍物、溶洞、暗河等特殊地层。灌注混凝土定额中混凝土材料消耗量已包含了灌注充盈量，见表 3-3。

8）人工挖孔桩。

① 人工挖孔桩按设计注明的桩芯直径及孔深套用定额；桩孔土方需外运时，按土方工程相应定额计算；挖孔时若遇淤泥、流砂、岩石层，可按实际挖、凿的工程量套用相应定额

计算挖孔增加费。

表 3-3 灌注桩充盈系数表

项目名称	充盈系数
转盘式钻机成孔、长螺旋钻机成孔	1.20
旋挖钻机成孔	1.15
空气潜孔锤成孔	1.20
冲孔桩机成孔	1.35
沉管桩机成孔	1.18

② 人工挖孔子目中,已综合考虑了孔内照明、通风。孔内垂直运输方式按人工考虑。

③ 护壁不分现浇或预制,均套用安设混凝土护壁定额。

④ 挖孔桩若采用钢护筒护壁,每 $10m^3$ 桩芯混凝土增加金属周转材料 2.0kg,混凝土用量和其他材料费乘以系数 1.05。

【例 3-3】 人工挖孔桩钢护筒护壁,请确定定额人工费、材料费、机械费。

【解答】

定额编号:3-115H

计量单位:$10m^3$

人工费 = 5167.53 元

材料费 = (5524.62+2×3.95+10.2×412×0.05) 元 = 5742.64 元

机械费 = 884.54 元

9) 预埋管及后压浆。

① 后注浆定额按桩底注浆考虑,如设计采用侧壁注浆,则人工费和机械费乘以系数 1.20。

② 注浆管、声测管埋设,如遇材质、规格不同时,材料单价换算,其余不变。

10) 泥浆处置。

① 定额分泥浆池建拆、泥浆运输、泥浆固化。定额未考虑泥浆废弃处置费,发生时按工程所在地市场价格计算。

② 桩施工产生的渣土和泥浆经过固化后的渣土处理,套用土石方工程土方汽车运输定额。

10. 桩孔回填

桩孔需回填的,填土按土石方工程松填土方定额计算,填碎石按地基处理与边坡支护工程填铺碎石子目乘以系数 0.7 计算。

【例 3-4】 某桩基工程,桩孔空钻部分回填碎石,请确定定额人工费、材料费、机械费。

【解答】

定额编号:2-3H

计量单位:$10m^3$

人工费 = 570.11×0.7 元 = 399.08 元

材料费=1908×0.7元=1335.6元
机械费=7.2×0.7元=5.04元

11. 单独打桩

单独打试桩、锚桩，按相应定额的打桩人工及机械乘以系数1.50。

12. 斜桩

设计要求打斜桩，斜度在1∶6以内时，相应定额打桩人工、机械乘以系数1.25；斜度大于1∶6时，相应定额打桩人工、机械乘以系数1.43。

13. 非平地打桩

本项目定额按平地（坡度小于15°）打桩为准；坡度大于15°时，按相应定额打桩人工、机械乘以系数1.15。如在基坑内（基坑深度大于1.5m，基坑面积小于500m²）打桩或在地坪上打坑槽内（坑槽深度大于1m）桩时，按相应定额打桩人工、机械乘以系数1.11。

14. 桩间补桩

在桩间补桩按相应定额打桩人工、机械乘以系数1.15。

15. 在强夯地基上施工

在强夯后的地基上，混凝土预制桩及钢管桩施工按相应定额的打桩人工及机械乘以系数1.15；灌注桩按相应定额的打桩人工及机械乘以系数1.03。

16. 单位（群体）工程的桩基工程量

单位（群体）工程的桩基工程量少于表3-4中对应数量时，相应项目人工、机械乘以系数1.25。

表3-4 桩基工程量表

项目	单位工程的工程量	项目	单位工程的工程量
混凝土预制桩	1000m	机械成孔灌注桩	150m³
钢管桩	50t	人工挖孔灌注桩	50m³

【例3-5】 静力压预应力管桩，桩径500mm，单位工程量800m（管桩单价205元/m），请确定定额人工费、材料费、机械费。

【解答】

定额编号：3-17H

计量单位：100m

人工费=381.78×1.25元=477.23元

材料费=(201.78+101×205)元=20906.78元

机械费=1435.06×1.25元=1793.83元

二、桩基工程定额清单编制

（一）混凝土预制桩与钢管桩

1. 混凝土预制桩

1）锤击（静压）非预应力混凝土预制桩按设计桩长（包括桩尖），以长度计算。

$$L_{非预应力桩}=设计桩长（包括桩尖长度）$$

2）锤击（静压）预应力混凝土预制桩按设计桩长（不包括桩尖），以长度计算。

$$L_{预应力桩}=设计桩长（不含桩尖长度）$$

3）送桩深度按设计桩顶标高至打桩前的交付地坪标高另加 0.50m，分不同深度以长度计算。

$$L_{送桩}=打桩前交付地坪标高-设计桩顶标高+0.50m$$

4）非预应力混凝土预制桩的接桩按设计图示以角钢或钢板的质量计算。

5）预应力混凝土预制桩顶灌芯按设计长度乘以填芯截面积，以体积计算。

$$V_{灌芯}=填芯截面积×设计灌芯深度$$

6）因地质原因沉桩后的桩顶标高高出设计标高，在长度小于 1m 时，不扣减相应桩的沉桩工程量；在长度超过 1m 时，其超过部分按实扣减沉桩工程量，但桩体的价格不扣除。

【例3-6】 如图3-6所示，C30 预制钢筋混凝土方桩，锤击沉桩，自然地坪标高-0.300m，桩顶标高-2.800m，设计桩长18m（包括桩尖）。已知房屋基础共有预制方桩90根，采用包角钢单根桩 2.5kg 接桩，采用 4T 柴油打桩机，请编制该桩基工程定额工程量清单。

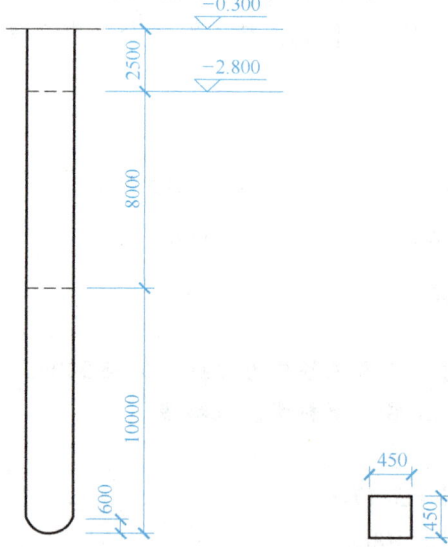

图 3-6 预制方桩示意图

预制桩工程量的计算

【解答】

1. 定额工程量计算

（1）打桩：$L=18×90m=1620m$

（2）送桩：$L=(2.8-0.3+0.5)×90m=270m$

（3）接桩：$G=(2.5×90/1000)t=0.225t$

2. 定额清单编制（见表3-5）

项目 3 桩 基 工 程

表 3-5 分部分项工程量清单（定额清单）

序号	定额编号	项目名称	项目特征	计量单位	工程量
1	3-3	打桩	C30 预制钢筋混凝土方桩，锤击沉桩	m	1620
2	3-3	送桩	C30 预制钢筋混凝土方桩，送桩	m	270
3	3-10	接桩	包角钢	t	0.225

【例 3-7】 某工程 110 根 C60 预应力钢筋混凝土管桩，静压沉桩，桩外径 φ600，壁厚 100mm，每根桩总长 25m，每根桩顶连接构造（假设）钢托板 3.5kg、圆钢骨架 38kg，桩顶灌注 C30 现拌混凝土 1.5m 高，设计桩顶标高 -3.500m，现场自然地坪标高 -0.450m。请编制该桩基工程定额工程量清单（计算结果保留两位小数）。

【解答】

1. 定额工程量计算

(1) 压管桩：$L = 110 \times 25 \text{m} = 2750 \text{m}$

(2) 送桩：$L = 110 \times (3.5 - 0.45 + 0.5) \text{m} = 390.5 \text{m}$

(3) 桩顶灌芯：$V = 110 \times [(0.6-0.2)/2]^2 \times \pi \times 1.5 \text{m}^3 = 20.73 \text{m}^3$

(4) 圆钢骨架：$(110 \times 38/1000) \text{t} = 4.18 \text{t}$

(5) 钢托板：$(110 \times 3.5/1000) \text{t} = 0.385 \text{t}$

2. 定额清单编制（表 3-6）

表 3-6 分部分项工程量清单（定额清单）

序号	定额编号	项目名称	项目特征	计量单位	工程量
1	3-18	压管桩	C60 预应力钢筋混凝土管桩，静压沉桩，外径 600mm	m	2750
2	3-18	送桩	C60 预应力钢筋混凝土管桩，静压沉桩，外径 600mm，送桩	m	390.5
3	3-37	桩顶灌芯	桩顶灌注 C30 非泵送混凝土 1.5m 高	m^3	20.73
4	5-54	钢骨架	圆钢骨架，每个重 38kg	t	4.18
5	5-95	钢托板	每根桩顶连接构造（假设）钢托板 3.5kg	t	0.385

【例 3-8】 人工挖孔桩，共 20 根；设计桩长 12m，桩径 1.00m，桩底标高 -14.500m，入岩总深度 1.2m，平底，入岩扩底上部直径 1.2m，下部直径 1.6m；自然地坪标高 -0.600m；桩芯灌注 C25 混凝土；C20 钢筋混凝土预制护壁外径 1.3m，平均厚度 100mm。请编制该桩基工程定额工程量清单（计算结果保留两位小数）。

【解答】

1. 定额工程量计算

(1) 成孔

直筒部分：$V_1 = \pi \times (1.3/2)^2 \times (14.5 - 1.2 - 0.6) \times 20 \text{m}^3 = 337.14 \text{m}^3$

扩底圆台：$V_2 = \pi \times 1.2 \times [(1.2/2)^2 + (1.6/2)^2 + 0.6 \times 0.8]/3 \times 20 \text{m}^3 = 37.2 \text{m}^3$

小计：$V = (337.14 + 37.2) \text{m}^3 = 374.34 \text{m}^3$

(2) 入岩增加费 $V_{入岩} = 37.2 \text{m}^3$

(3) 护壁 $V = \pi \times [(1.3/2)^2 - (1.1/2)^2] \times (14.5 - 1.2 - 0.6 + 0.2) \times 20 \text{m}^3$
$= 97.27 \text{m}^3$

(4) 桩芯灌注 $V = [\pi \times (1.1/2)^2 \times (12 - 1.2 + 0.25) \times 20 + 37.2] \text{m}^3 = 247.22 \text{m}^3$

2. 定额清单编制（表3-7）

表3-7 分部分项工程量清单（定额清单）

序号	定额编号	项目名称	项目特征	计量单位	工程量
1	3-109	人工挖孔	人工挖孔桩，桩径1m，孔深10m以上	m³	374.34
2	3-114	入岩增加费	人工挖孔进入岩石层	m³	37.2
3	3-115	制作安设混凝土护壁	C20钢筋混凝土预制护壁外径1.3m，平均厚度100mm	m³	97.27
4	3-116	灌注桩芯混凝土	灌注桩芯C25混凝土	m³	247.22

2. 钢管桩

1）锤击钢管桩按设计桩长（包括桩尖），以长度计算。送桩深度按设计桩顶标高至打桩前的交付地坪标高另加0.50m，分不同深度以长度计算。

2）钢管桩接桩、内切割、精割盖帽按设计要求的数量计算。

3）钢管桩管内钻孔取土、填芯，按设计桩长（包括桩尖）乘以填芯截面积，以体积计算。

（二）灌注桩（图3-7）

1. 转盘式钻机成孔、旋挖钻机成孔

1）成孔按成孔长度乘以设计桩径截面积，以体积计算。成孔长度为打桩前的交付地坪标高至设计桩底的长度。

2）成孔入岩增加费按实际入岩石层深度乘以设计桩径截面积，以体积计算。

3）设计要求穿越碎卵石层按地质资料标明长度乘以设计桩径截面积，以体积计算。

4）桩底扩孔按设计桩数量计算。

5）钢护筒埋设及拆除，常规砂土层施工按2.0m计算；当遇地质资料标明桩位上层（砂砾、碎卵石、杂填土层）深度大于2.0m时，按实以长度计算。

钻孔灌注桩工程量的计算

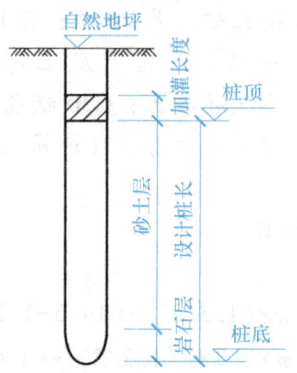

图3-7 灌注桩示意图

2. 冲孔桩机成孔、空气潜孔锤成孔

冲孔桩机成孔、空气潜孔锤成孔分别按进入各类土层、岩石层的成孔长度乘以设计桩径截面积以体积计算。

3. 长螺旋钻机成孔

长螺旋钻机成孔按成孔长度乘以设计桩径截面积以体积计算。成孔长度为打桩前的交付地坪标高至设计桩底的长度。

4. 沉管成孔

1）单桩成孔按打桩前的交付地坪标高至设计桩底的长度（不包括预制桩尖）乘以钢管外径截面积（不包括桩箍）以体积计算。

2）夯扩（静压扩头）桩工程量＝单桩成孔工程量＋夯扩（扩头）部分高度×桩管外径截面积，式中夯扩（扩头）部分高度按设计规定计算。

3）扩大桩的体积按单桩体积乘以复打次数计算，其复打部分乘以系数 0.85。

$$V_{扩大桩}＝单桩体积×(1+0.85×复打次数)$$

5. 灌注混凝土工程量

灌注混凝土工程量按桩长乘以设计桩径截面积计算，桩长＝设计桩长＋设计加灌长度。设计未规定加灌长度时，加灌长度（不论有无地下室）按不同设计桩长确定：设计桩长为 25m 以内时，加灌长度 0.50m；设计桩长为 25～35m 时，加灌长度 0.80m；设计桩长为 35～45m 时，加灌长度 1.10m；设计桩长为 45～55m 时，加灌长度 1.4m；设计桩长为 55～65m 时，加灌长度 1.70m；设计桩长为 65m 以上时，加灌长度按 2.00m 计算。灌注桩设计要求扩底时，其扩底扩大工程量按设计尺寸，以体积计算，并入相应的工程量内。

$$V_{灌注混凝土}＝桩径截面积×(设计桩长+加灌长度)$$

6. 人工挖孔灌注桩

1）人工挖孔按护壁外围截面积乘以孔深以体积计算；孔深按打桩前的交付地坪标高至设计桩底标高的长度计算。

2）挖淤泥、流砂、入岩增加费按实际挖、凿数量以体积计算。

3）护壁按设计图示截面积乘护壁长度以体积计算，护壁长度按打桩前的交付地坪标高至设计桩底标高（不含入岩长度）另加 0.20m 计算。

4）灌注桩芯混凝土按设计图示截面积乘以设计桩长另加加灌长度，以体积计算；加灌长度设计无规定时，按 0.25m 计算。

7. 预埋管及后压浆

1）注浆管、声测管按打桩前的交付地坪标高至设计桩底标高的长度另加 0.20m 计算。

2）桩底（侧）后注浆工程量按设计注入水泥用量计算。

8. 泥浆处置

1）各类成孔灌注桩泥浆（渣土）产生工程量按表 3-8 计算。

2）泥浆池建造和拆除、泥浆运输、泥浆固化、泥浆固化后的渣土工程量都按表 3-8 所列泥浆工程量计算；泥浆及泥浆固化后的渣土场外运输距离按实计算。

3）施工产生的渣土按表 3-8 工程量计算，套用土石方工程相应定额子目。

9. 桩孔回填

桩孔回填按桩（加灌后）顶面至打桩前交付地坪标高的长度乘以桩孔截面积计算。

表 3-8　泥浆（渣土）工程量计算表

桩型	泥浆（渣土）产生工程量	
	泥浆	渣土
转盘式钻机成孔灌注桩	按成孔工程量	—
旋挖钻机成孔灌注桩	按成孔工程量乘以系数 0.2	按成孔工程量
长螺旋钻机成孔灌注桩	—	按成孔工程量
空气潜孔锤成孔灌注桩	按成孔工程量乘以系数 0.2	按成孔工程量
冲抓锤成孔灌注桩	按成孔工程量乘以系数 0.2	按成孔工程量
冲击锤成孔灌注桩	按成孔工程量	—
人工挖孔灌注桩	—	按挖孔工程量

10. 截（凿）桩

1）预制混凝土桩截桩按截桩的数量计算。

2）凿桩头按设计图示桩截面积乘以桩头凿除长度，以体积计算。混凝土预制桩凿除长度设计有规定时按设计规定，设计无规定时按 $40d$（d 为桩体主筋直径，主筋直径不同时取大者）计算；灌注混凝土桩按加灌长度计算。

3）凿桩后的桩头钢筋清（整）理，已综合在凿桩头定额中，不再另行计算。

【例 3-9】某工程有直径 1200mm 的转盘式钻孔混凝土灌注桩，非泵送水下商品混凝土 C30 共 36 根。已知：自然地坪 -0.300m，桩顶标高 -4.600m，桩底标高 -29.000m，进入岩石层平均标高 -26.500m，需回填土。试编制该桩基工程的定额工程量清单。

【解答】

1. 定额清单工程量计算

（1）成孔：$V=\pi\times(1.2/2)^2\times(29-0.3)\times36\text{m}^3=1167.93\text{m}^3$

（2）入岩：$V=\pi\times(1.2/2)^2\times(29-26.5)\times36\text{m}^3=101.74\text{m}^3$

（3）灌注混凝土：$V=\pi\times(1.2/2)^2\times(24.4+0.5)\times36\text{m}^3=1013.29\text{m}^3$

（4）泥浆池建拆：$V=1167.93\text{m}^3$

（5）泥浆运输 12km：$V=1167.93\text{m}^3$

（6）回填：$V=\pi\times(1.2/2)^2\times(4.3-0.5)\times36\text{m}^3=154.64\text{m}^3$

2. 定额清单编制（表 3-9）

表 3-9　分部分项工程量清单（定额清单）

序号	定额编号	项目名称	项目特征	计量单位	工程量
1	3-43	灌注桩成孔	转盘式钻机成孔，桩径 1200mm	m³	1167.93
2	3-48	入岩增加费	转盘式钻机成孔，桩径 1200mm，进入岩石层	m³	101.74
3	3-101	灌注混凝土	灌注 C30 商品混凝土水下混凝土	m³	1013.29
4	3-121	泥浆池建拆	泥浆池建造和拆除	m³	1167.93
5	3-123+3-124×7	泥浆运输	运距 12km	m³	1167.93
6	1-79	桩孔回填	桩孔回填土	m³	154.64

三、桩基工程定额清单计价

【例 3-10】 利用例 3-9 的工程量清单，并按《浙江省房屋建筑与装饰工程预算定额》(2018 版) 计算该定额清单的综合单价及合价（本题假设为编制招标控制价，企业管理费、利润以定额人工费与定额机械费之和为取费基数，费率按中值分别为 16.57%、8.10%。本工程属于房屋建筑工程，采用一般计税法，假设当时当地人工、材料、机械除税信息价与定额取定价格相同）。

方桩定额清单编制

【解答】
1. 根据定额清单，套用《浙江省房屋建筑与装饰工程预算定额》(2018 版)，确定相应分部分项人工费、材料费和机械费。

（1）成孔：$V=1167.93\text{m}^3$，套用定额 3-43。
人工费 = 57.618 元/m^3
材料费 = 21.94 元/m^3
机械费 = 71.318 元/m^3
管理费 = (57.618+71.318) 元/m^3×16.57% = 21.365 元/m^3
利润 = (57.618+71.318) 元/m^3×8.10% = 10.444 元/m^3

（2）入岩：$V=101.74\text{m}^3$，套用定额 3-48。
人工费 = 462.848 元/m^3
材料费 = 5.802 元/m^3
机械费 = 441.457 元/m^3
管理费 = (462.848+441.457) 元/m^3×16.57% = 149.843 元/m^3
利润 = (462.848+441.457) 元/m^3×8.10% = 73.249 元/m^3

（3）灌注混凝土：$V=1013.29\text{m}^3$，套用定额 3-101。
人工费 = 15.755 元/m^3
材料费 = 556.171 元/m^3
机械费 = 0 元/m^3
管理费 = (15.755+0) 元/m^3×16.57% = 2.611 元/m^3
利润 = (15.755+0) 元/m^3×8.10% = 1.276 元/m^3

（4）泥浆池建拆：$V=1167.93\text{m}^3$，套用定额 3-121。
人工费 = 2.7 元/m^3
材料费 = 2.767 元/m^3
机械费 = 0.019 元/m^3
管理费 = (2.7+0.019) 元/m^3×16.57% = 0.451 元/m^3
利润 = (2.7+0.019) 元/m^3×8.10% = 0.220 元/m^3

（5）泥浆运输 12km：$V=1167.93\text{m}^3$，套用定额 3-123+3-124×7。
人工费 = 33.453 元/m^3
材料费 = 0 元/m^3
机械费 = (56.411+4.836×7) 元/m^3 = 90.263 元/m^3

管理费 = (33.453+90.263) 元/m³×16.57% = 20.500 元/m³

利润 = (33.453+90.263) 元/m³×8.10% = 10.021 元/m³

(6) 回填：V = 154.64m³，套用定额 1-79。

人工费 = 5.338 元/m³

材料费 = 0 元/m³

机械费 = 0 元/m³

管理费 = (5.338+0) 元/m³×16.57% = 0.885 元/m³

利润 = (5.338+0) 元/m³×8.10% = 0.432 元/m³

2. 计算综合单价，填写综合单价计算表，见表 3-10。

表 3-10　综合单价计算表（定额清单）

序号	定额编号	项目名称	计量单位	数量	综合单价/元						合计/元
					人工费	材料费	机械费	管理费	利润	小计	
1	3-43	φ1200mm 转盘式钻机成孔	m³	1167.93	57.618	21.94	71.318	21.365	10.444	182.685	213363
2	3-48	入岩增加费	m³	101.74	462.848	5.802	441.457	149.843	73.249	1133.199	115292
3	3-101	灌注混凝土	m³	1013.29	15.755	556.171	0	2.611	1.276	575.813	583466
4	3-121	泥浆池建拆	m³	1167.93	2.7	2.767	0.019	0.451	0.220	6.157	7191
5	3-123 +3-124×7	泥浆运输	m³	1167.93	33.453	0	90.263	20.500	10.021	154.237	180138
6	1-79	桩孔回填	m³	154.64	5.338	0	0	0.885	0.432	6.655	1029

任务 3　桩基工程国标清单编制与计价

一、国标工程量清单编制

本工程按《房屋建筑与装饰工程工程量计算规范》(GB 50854—2013)（简称《计量规范》）附录 C，适用于桩基工程。本工程包括打桩、灌注桩 2 个部分，共 11 个项目。

（一）打桩工程

打桩包括预制钢筋混凝土方桩、预制钢筋混凝土管桩、钢管桩、截（凿）桩头 4 个项目，分别按 010301001×××～010301004××× 编码。

1. 清单项目设置

（1）预制钢筋混凝土方桩

① 预制钢筋混凝土方桩适用于打成品桩、现场预制桩，沉桩方式有锤击、静力压入。如果用现场预制，应包括现场预制桩的所有费用。

② 预制钢筋混凝土方桩项目特征应对地层情况、送桩深度、桩长、桩截面（尺寸及形

式)、桩倾斜度、沉桩方式、接桩方式、混凝土强度等级等予以描述。

(2) 预制钢筋混凝土管桩

① 预制钢筋混凝土管桩按打成品桩编制，接桩包含在打桩、压桩定额内。

② 预制钢筋混凝土管桩项目特征应对地层情况、送桩深度、桩长、桩外径壁厚、桩倾斜度、沉桩方法、桩尖类型、混凝土强度等级、填充材料种类、防护材料种类等予以描述。

(3) 钢管桩

① 钢管桩按桩径、桩长分别列项目，如有接桩，接桩费用另计，按实际接头数量套用钢管桩接桩。

② 钢管桩项目特征应对地层情况、送桩深度、桩长、材质、管径壁厚、桩倾斜度、内切割、精割盖帽、沉桩方法、填充材料种类、防护材料种类等予以描述。

(4) 截(凿)桩头

① 截(凿)桩头适用于《计量规范》附录B、附录C所列桩的桩头截(凿)。

② 截(凿)桩头特征应对桩类型、桩头截面、高度、混凝土强度等级、有无钢筋等予以描述。

2. 清单工程量计算

(1) 预制钢筋混凝土方桩计量单位

① 计量单位为m，按设计图示尺寸以桩长(包括桩尖)计算。

② 计量单位为m³，按设计图示截面积乘以桩长(包括桩尖)以实际体积计算。

③ 计量单位为根，按设计图示数量计算。

(2) 预制钢筋混凝土管桩计量单位

① 计量单位为m，按设计图示尺寸以桩长(包括桩尖)计算；浙江省在具体贯彻实施时根据实际情况，将其修改为"以m计量，按设计图示尺寸以桩长(不包括桩尖)计算"。

② 计量单位为m³，按设计图示截面积乘以桩长(包括桩尖)以实际体积计算。

③ 计量单位为根，按设计图示数量计算。

(3) 钢管桩计量单位

① 计量单位为t，按设计图示尺寸以质量计算。

② 计量单位为根，按设计图示数量计算。

(4) 截(凿)桩头计量单位

① 计量单位为m³，按设计图示截面积乘以桩头长度以实际体积计算。浙江省计价定额凿桩单位为m³。

② 计量单位为根，按设计图示数量计算。浙江省计价定额截桩单位为根。

3. 其他说明

1) 地层情况按《计量规范》表A.1-1和表A.2-1的规定，并根据岩土工程勘察报告按单位工程各地层所占比例(包括范围值)进行描述。对无法准确描述的地层情况，可注明由投标人根据岩土工程勘察报告自行决定报价。

2) 打试验桩、斜桩应按相应项目编码单独列项。

3) 预制钢筋混凝土管桩桩顶与承台的连接构造按《计量规范》附录E相关项目列项。

（二）灌注桩

混凝土灌注桩包括泥浆护壁成孔灌注桩、沉管灌注桩、干作业成孔灌注桩、挖孔桩土（石）方、人工挖孔灌注桩、钻孔压浆桩、灌注桩后压浆 7 个项目，分别按 010302001×××～010302007×××编码。

1. 清单项目设置

（1）泥浆护壁成孔灌注桩

① 泥浆护壁成孔灌注桩是指在泥浆护壁条件下成孔，采用水下灌注混凝土的桩。其成孔方法包括冲击成孔、冲抓锤成孔、回旋钻成孔、潜水钻成孔、泥浆护壁的旋挖成孔等。

② 泥浆护壁成孔灌注桩项目特征应对地层情况，空桩长度、桩长，桩径，成孔方法，护筒类型、长度，混凝土种类、强度等级等予以描述。

③《计量规范》附录 C 桩基础工程工作内容包括了打桩场地硬化；在贯彻实施时根据浙江省实际情况，该费用按措施项目单独列项计算。

（2）沉管灌注桩

① 沉管灌注桩的沉管方法包括锤击沉管法、振动沉管法、振动冲击沉管法、内夯沉管法等。

② 沉管灌注桩项目特征应对地层情况，空桩长度、桩长，复打长度，桩径，沉管方法，桩尖类型，混凝土种类、强度等级等予以描述。

（3）干作业成孔灌注桩

① 干作业成孔灌注桩是指不用泥浆护壁的情况下，用钻机成孔后，下钢筋笼，灌注混凝土的桩，适用于地下水位以上的土层使用。其成孔方法包括螺旋钻成孔、螺旋钻成孔扩底、干作业旋挖成孔等。

② 干作业成孔灌注桩特征应对地层情况，空桩长度、桩长，桩径，扩孔直径、高度，成孔方法，混凝土种类、强度等级等予以描述。

（4）挖孔桩土（石）方

① 挖孔桩土（石）方包括人工挖孔、挖淤泥流砂增加、入岩增加、弃土运输等内容。

② 挖孔桩土（石）方特征应对地层情况、挖孔深度、弃土（石）运距等予以描述。

（5）人工挖孔灌注桩

① 人工挖孔灌注桩包含混凝土护壁制作安装、桩芯混凝土灌注等工作。

② 人工挖孔灌注桩特征应对桩芯长度，桩芯直径、扩底直径、扩底高度，护壁厚度、高度，护壁混凝土种类、强度等级，桩芯混凝土种类、强度等级等予以描述。

（6）钻孔压浆桩

① 钻孔压浆桩是通过在土层中钻孔后下注浆管，将水泥浆或其他化学浆液通过注浆管注入地基土层中，增强土颗粒间的联接，使土体强度提高、变形减少、渗透性降低的一种方法。钻孔压浆桩既可作为工程基桩，又可作为护壁桩和止水帷幕桩。

② 钻孔压浆桩特征应对地层情况、空钻长度、桩长、钻孔直径、水泥强度等级等予以描述。

（7）灌注桩后压浆

① 灌注桩后压浆就是桩身混凝土达到预定强度后，用压浆泵将水泥浆通过预置于桩身中的压浆管压入桩周或桩端土层中，利用浆液对桩端土层或桩周土进行压密、固结、渗透、

填充，使之成为高强度新土层、局部扩颈，提高桩端桩侧阻力，以提高桩的承载力，减少桩顶沉降量。灌注桩后压浆有桩底注浆和桩侧注浆两种方式。

② 灌注桩后压浆特征应对注浆导管材料、规格，注浆导管长度，单孔注浆量，水泥强度等级等予以描述。

2. 清单工程量计算

（1）泥浆护壁成孔灌注桩计量单位

① 计量单位为 m，按设计图示尺寸以桩长（包括桩尖）计算。

② 计量单位为 m^3，按不同截面在桩上范围内以体积计算。

③ 计量单位为根，按设计图示数量计算。

（2）沉管灌注桩计量单位

① 计量单位为 m，按设计图示尺寸以桩长（包括桩尖）计算。

② 计量单位为 m^3，按不同截面在桩上范围内以体积计算。

③ 计量单位为根，按设计图示数量计算。

（3）干作业成孔灌注桩计量单位

① 计量单位为 m，按设计图示尺寸以桩长（包括桩尖）计算。

② 计量单位为 m^3，按不同截面在桩上范围内以体积计算。

③ 计量单位为根，按设计图示数量计算。

（4）挖孔桩土（石）方计量单位

按设计图示尺寸（含护壁）截面积乘以挖孔深度以 m^3 计算。

（5）人工挖孔灌注桩计量单位

① 计量单位为 m^3，按桩芯混凝土体积计算。

② 计量单位为根，按设计图示数量计算。

（6）钻孔压浆桩计量单位

① 计量单位为 m，按设计图示尺寸以桩长计算。

② 计量单位为根，按设计图示数量计算。

（7）灌注桩后压浆计量单位

计量单位为孔，按设计图示以注浆孔数计算。

3. 其他说明

1）地层情况按《计量规范》表 A.1-1 和表 A.2-1 的规定，并根据岩土工程勘察报告按单位工程各地层所占比例（包括范围值）进行描述。对无法准确描述的地层情况，可注明由投标人根据岩土工程勘察报告自行决定报价。

2）项目特征中的桩长应包括桩尖，空桩长度＝孔深－桩长，孔深为自然地面至设计桩底的深度。

3）混凝土灌注桩的钢筋笼制作、安装，按《计量规范》附录 E 相关项目列项。

4）混凝土品种与方式是指现浇现拌（泵送、非泵送）混凝土、现浇（泵送、非泵送）水下混凝土、现浇（泵送、非泵送）商品混凝土等。

5）桩基础等工程施工前场地需要平整、压实地表、处理地下障碍物的，应在清单编制说明中予以明确，在措施项目清单中予以提示。

(三) 桩基工程工程量清单项目及计算规则

1. 打桩工程（表3-11）

表3-11 打桩工程工程量清单项目及计算规则

项目编码	项目名称	项目特征	计量单位	工程量计算规则	工作内容
010301001	预制钢筋混凝土方桩	1. 地层情况 2. 送桩深度、桩长 3. 桩截面 4. 桩倾斜度 5. 沉桩方法 6. 接桩方式 7. 混凝土强度等级	1. m 2. m³ 3. 根	1. 以 m 计量，按设计图示尺寸以桩长（包括桩尖）计算 2. 以 m³ 计量，按设计图示截面积乘以桩长（包括桩尖）以实体积计算 3. 以根计量，按设计图示数量计算	1. 工作平台搭拆 2. 桩机竖拆、移位 3. 沉桩 4. 接桩 5. 送桩
010301002	预制钢筋混凝土管桩	1. 地层情况 2. 送桩深度、桩长 3. 桩外径、壁厚 4. 桩倾斜度 5. 沉桩方法 6. 桩尖类型 7. 混凝土强度等级 8. 填充材料种类 9. 防护材料种类			1. 工作平台搭拆 2. 桩机竖拆、移位 3. 沉桩 4. 接桩 5. 送桩 6. 桩尖制作安装 7. 填充材料、刷防护材料
010301003	钢管桩	1. 地层情况 2. 送桩深度、桩长 3. 材质 4. 管径、壁厚 5. 桩倾斜度 6. 沉桩方法 7. 填充材料种类 8. 防护材料种类	1. t 2. 根	1. 以 t 计量，按设计图示尺寸以质量计算 2. 以根计量，按设计图示数量计算	1. 工作平台搭拆 2. 桩机竖拆、移位 3. 沉桩 4. 接桩 5. 送桩 6. 切割钢管、精割盖帽 7. 管内取土 8. 填充材料、刷防护材料
010301004	截（凿）桩头	1. 桩类型 2. 桩头截面、高度 3. 混凝土强度等级 4. 有无钢筋	1. m³ 2. 根	1. 以 m³ 计量，按设计桩截面乘以桩头长度以体积计算 2. 以根计量，按设计图示数量计算	1. 截（切割）桩头 2. 凿平 3. 废料外运

注：1. 地层情况按本规范表 A.1-1 和表 A.2-1 的规定，并根据岩土工程勘察报告按单位工程各地层所占比例（包括范围值）进行描述。对无法准确描述的地层情况，可注明由投标人根据岩土工程勘察报告自行决定报价。
2. 项目特征中的桩截面、混凝土强度等级、桩类型等可直接用标准图代号或设计桩型进行描述。
3. 预制钢筋混凝土方桩、预制钢筋混凝土管桩项目以成品桩编制，应包括成品桩购置费，如果用现场预制，应包括现场预制桩的所有费用。
4. 打试验桩和打斜桩应按相应项目单独列项，并应在项目特征中注明试验桩或斜桩（斜率）。
5. 截（凿）桩头项目适用于本规范附录 B、附录 C 所列桩的桩头截（凿）。
6. 预制钢筋混凝土管桩桩顶与承台的连接构造按本规范附录 E 相关项目列项。

2. 灌注桩工程（表3-12）

表3-12　灌注桩工程工程量清单项目及计算规则

项目编码	项目名称	项目特征	计量单位	工程量计算规则	工作内容
010302001	泥浆护壁成孔灌注桩	1. 地层情况 2. 空桩长度、桩长 3. 桩径 4. 成孔方法 5. 护筒类型、长度 6. 混凝土种类、强度等级	1. m 2. m^3 3. 根	1. 以 m 计量，按设计图示尺寸以桩长（包括桩尖）计算 2. 以 m^3 计量，按不同截面在桩上范围内以体积计算 3. 以根计量，按设计图示数量计算	1. 护筒埋设 2. 成孔、固壁 3. 混凝土制作、运输、灌注、养护 4. 土方、废泥浆外运 5. 打桩场地硬化及泥浆池、泥浆沟
010302002	沉管灌注桩	1. 地层情况 2. 空桩长度、桩长 3. 复打长度 4. 桩径 5. 沉管方法 6. 桩尖类型 7. 混凝土种类、强度等级			1. 打（沉）拔钢管 2. 桩尖制作、安装 3. 混凝土制作、运输、灌注、养护
010302003	干作业成孔灌注桩	1. 地层情况 2. 空桩长度、桩长 3. 桩径 4. 扩孔直径、高度 5. 成孔方法 6. 混凝土种类、强度等级			1. 成孔、扩孔 2. 混凝土制作、运输、灌注、振捣、养护
010302004	挖孔桩土（石）方	1. 地层情况 2. 挖孔深度 3. 弃土（石）运距	m^3	按设计图示尺寸（含护壁）截面积乘以挖孔深度以 m^3 计算	1. 排地表水 2. 挖土、凿石 3. 基底钎探 4. 运输
010302005	人工挖孔灌注桩	1. 桩芯长度 2. 桩芯直径、扩底直径、扩底高度 3. 护壁厚度、高度 4. 护壁混凝土种类、强度等级 5. 桩芯混凝土种类、强度等级	1. m^3 2. 根	1. 以 m^3 计量，按桩芯混凝土体积计算 2. 以根计量，按设计图示数量计算	1. 护壁制作 2. 混凝土制作、运输、灌注、振捣、养护
010302006	钻孔压浆桩	1. 地层情况 2. 空钻长度、桩长 3. 钻孔直径 4. 水泥强度等级	1. m 2. 根	1. 以 m 计量，按设计图示尺寸以桩长计算 2. 以根计量，按设计图示数量计算	钻孔、下注浆管、投放骨料、浆液制作、运输、压浆

(续)

项目编码	项目名称	项目特征	计量单位	工程量计算规则	工作内容
010302007	灌注桩后压浆	1. 注浆导管材料、规格 2. 注浆导管长度 3. 单孔注浆量 4. 水泥强度等级	孔	按设计图示以注浆孔数计算	1. 注浆导管制作、安装 2. 浆液制作、运输、压浆

注: 1. 地层情况按本规范表 A.1-1 和表 A.2-1 的规定,并根据岩土工程勘察报告按单位工程各地层所占比例(包括范围值)进行描述。对无法准确描述的地层情况,可注明由投标人根据岩土工程勘察报告自行决定报价。
2. 项目特征中的桩长应包括桩尖,空桩长度=孔深-桩长,孔深为自然地面至设计桩底的深度。
3. 项目特征中的桩截面(桩径)、混凝土强度等级、桩类型等可直接用标准图代号或设计桩型进行描述。
4. 泥浆护壁成孔灌注桩是指在泥浆护壁条件下成孔,采用水下灌注混凝土的桩。其成孔方法包括冲击钻成孔、冲抓锥成孔、回旋钻成孔、潜水钻成孔、泥浆护壁的旋挖成孔等。
5. 沉管灌注桩的沉管方法包括锤击沉管法、振动沉管法、振动冲击沉管法、内夯沉管法等。
6. 干作业成孔灌注桩是指不用泥浆护壁和套管护壁的情况下,用钻机成孔后,下钢筋笼,灌注混凝土的桩,适用于地下水位以上的土层使用。其成孔方法包括螺旋钻成孔、螺旋钻成孔扩底、干作业的旋挖成孔等。
7. 混凝土种类:指清水混凝土、彩色混凝土、水下混凝土等,如在同一地区即使用预拌(商品)混凝土,又允许现场搅拌混凝土时,也应注明(下同)。
8. 混凝土灌注桩的钢筋笼制作、安装,按本规范附录 E 中相关项目编码列项。

【例 3-11】 利用例 3-9 的条件,试计算该工程国标清单工程量,并编制国标工程量清单。某工程有直径 1200mm 的转盘式钻孔混凝土灌注桩,C30 商品混凝土水下混凝土 36 根。已知:自然地坪-0.300m,桩顶标高-4.600m,桩底标高-29.000m,进入岩石层平均标高-26.500m,需回填土,试以 m 为单位编制该桩基工程的国标工程量清单。

【解答】
(1) 国标清单工程量计算

$$L=(29-4.6)\times 36m = 878.4m$$

(2) 根据清单规范的项目划分,编列清单见表 3-13。

表 3-13 分部分项工程量清单(国标清单)

序号	项目编码	项目名称	项目特征	计量单位	工程量
1	010302001001	泥浆护壁成孔灌注桩	直径 1200mm 的转盘式钻孔混凝土灌注桩,C30 商品混凝土水下混凝土 36 根。自然地坪-0.300m,桩顶标高-4.600m,桩底标高-29.000m,进入岩石层平均标高-26.500m,需回填土	m	878.4

二、国标工程量清单计价

【例 3-12】 利用例 3-11 的工程量清单,并按《浙江省房屋建筑与装饰工程预算定额》(2018 版)计算该定额清单的综合单价及合价(本题假设为编制招标控制价,企业管理费、利润以定额人工费与定额机械费之和为取费基数,费率按中值分别为 16.57%、8.10%。本工程属于房屋建筑工程,采用一般计税法,假设当时当地人工、材料、机械除税信息价与定额取定价格相同)。

项目 3 桩基工程

【解答】

1. 根据例 3-11 提供的工程条件及拟订的施工方案,本题清单项目可组合的定额子目见表 3-14。

表 3-14 泥浆护壁成孔灌注桩项目可组合的内容

序号	项目名称	可组合内容	定额编号
1	泥浆护壁成孔灌注桩	灌注桩成孔	3-43
2		入岩增加费	3-48
3		灌注混凝土	3-101
4		泥浆池建拆	3-121
5		泥浆运输	3-123+3-124×7
6		桩孔回填	1-79

2. 套用《浙江省房屋建筑与装饰工程预算定额》(2018 版),确定相应分部分项人工费、材料费和机械费同例 3-9。

3. 计算综合单价,填写综合单价计算表,见表 3-15。

表 3-15 综合单价计算表(国标清单)

序号	定额编号	项目名称	计量单位	数量	综合单价/元						合计/元
					人工费	材料费	机械费	管理费	利润	小计	
1	010302001001	泥浆护壁成孔灌注桩	m	878.4	197.402	675.101	147.311	57.119	4255.723	5332.656	1100477
	3-43	灌注桩成孔	m³	1167.93	57.618	21.94	71.318	21.365	10.444	182.685	213363
	3-48	入岩增加费	m³	101.74	462.848	5.802	441.457	149.843	73.249	1133.199	115292
	3-101	灌注混凝土	m³	1013.29	15.755	556.171	0	2.611	1.276	575.813	583465
	3-121	泥浆池建拆	m³	1167.93	2.7	2.767	0.019	0.451	0.220	6.157	7191
	3-123+3-124×7	泥浆运输	m³	1167.93	33.453	0	90.263	20.500	10.021	154.237	180138
	1-79	桩孔回填	m³	154.64	5.338	0	0	0.885	0.432	6.655	1029

【小 结】

本项目主要介绍了桩基工程的定额使用规定、工程量计算规则、国标清单与定额清单编制和综合单价的计算。重点是把握两种预制混凝土桩和三种混凝土灌注桩的定额列项和定额工程量计算,掌握桩与地基基础工程的清单编制与清单计价。

【思考与练习题】

1. 列出预制方桩、预应力管桩、沉管灌注桩、钻孔灌注桩及人工挖孔桩的定额工程量计算公式。

2. 各类桩基础计价定额有哪些使用系数？适用于什么情况？

3. 简述桩与地基基础工程量清单项目的适用范围。

4. 桩与地基基础工程量清单编制时，工程量清单项目的工程内容和特征描述应考虑哪些因素？

5. 写出下列项目的定额编号、计量单位和定额人工费、定额材料费、定额机械费（如需换算，应列出换算式）。

（1）静力压 ϕ500mm 预应力钢筋混凝土管桩（市场价 100 元/m），试桩。

（2）振动式混凝土沉管灌注桩成孔，桩长 25m。

（3）凿 ϕ1000mm 钻孔混凝土灌注桩桩头。

（4）静压振拔式混凝土沉管灌注桩，桩长 30m，安放钢筋笼。

（5）打预制钢筋混凝土斜方桩 400×400（斜度 1∶3），市场价 150 元/m。

6. 某工程采用人工挖孔桩，共 20 根；设计桩长 12m，桩径 1.00m，桩底标高 −10.300m，入岩总深度 1m，平底，入岩扩底上部直径 1.2m，下部直径 1.4m；自然地坪标高 −0.300m；桩芯灌注 C25 混凝土；C20 钢筋混凝土预制护壁外径 1.2m，平均厚度 100mm，试编制定额清单（计算结果保留两位小数）。

7. 根据上题条件，以米为计量单位编制人工挖孔桩的国标工程量清单，并计算该清单投标报价的综合单价（施工方确定按企业管理费 10% 和利润 5%，单价均参照《浙江省房屋建筑与装饰工程预算定额》(2018 版)）。

项目 4

砌筑工程

砌体结构是当今主要的一种建筑结构类型，适合于低层、多层建筑结构房屋，在高层建筑的围护结构中也要使用。砌体结构按工程部位可分为砖（石）砌基础、墙体及附属构件砌筑等。根据块体材料不同，砌体结构可分为砖砌体、砌块砌体、石材砌体和配筋砌体等。砌体工程中的砌筑材料主要有混凝土类砖（砌块）、烧结类砖（砌块）、蒸压类砖（砌块）、轻集料混凝土类砖（砌块）等（图4-1）。

混凝土类　　　烧结类　　　蒸压类　　　轻集料混凝土类

图4-1　砌筑材料种类

任务1　砌筑工程基础知识

一、砖砌体的组砌方式

砌筑工程基础知识

为提高砌体的整体性、稳定性和承载力，砖块排列应遵循上下错缝的原则，避免垂直通缝出现，错缝或搭砌长度一般不小于60mm。实心墙体的组砌方式有一顺一丁式、三顺一丁式、梅花丁式、全顺砌式、全丁砌式、两平一侧砌式。

二、砖砌体的施工工艺

砖墙的砌筑一般有抄平、放线、摆砖、立皮数杆、盘角、挂线、砌筑、勾缝和清理等工序。

1. 抄平

砌砖墙前，先在基础面或楼面上按标准的水准点定出各层标高，并用水泥砂浆或细石混凝土找平。

2. 放线

底层墙身以龙门板上轴线定位钉为准，拉线、吊线锤，将墙身中心轴线投放至基础顶面，并据此弹出墙身边线及门窗洞口位置。楼层墙身的放线，应利用预先引测在外墙面上的墙身中心轴线，用经纬仪或线锤向上引测。轴线的引测是放线的关键。

3. 摆砖

按选定的组砌方式，在墙基顶面放线位置试摆砖样（生摆，即不铺灰），尽量使门窗垛符合砖的模数；偏差小时可通过竖缝调整，以减少斩砖数量，并保证砖及砖缝排列整齐、均匀，提高砌砖效率。

4. 立皮数杆

立皮数杆可控制每皮砖砌筑的竖向尺寸，并使铺灰、砌砖的厚度均匀，保证砖皮水平。

皮数杆标有砖的皮数、灰缝厚度及门窗洞、过梁、楼板的标高。它立于墙的转角处，其基准标高用水准仪校正。如墙很长，可每隔 10~20m 再立一根。

5. 盘角、挂线

砌砖通常先在墙角以皮数杆进行盘角，然后将准线挂在墙侧，作为墙身砌筑的依据。每砌一皮或两皮，准线向上移动一次。

6. 铺灰砌砖

常用的砌砖工程施工方法有：挤浆法、刮浆法和满口灰法。操作工具北方多用大铲，南方多用泥（瓦）刀。目前建筑业流行的砌砖方法是"三一砌砖法"。"三一砌砖法"是刮浆法的一种，其操作口诀是"一铲（刀）灰、一口砖、一挤揉"。

三、墙体的分类

（1）按所处的位置分类　内墙和外墙。
（2）按所受力的性质分类　承重墙和非承重墙。
（3）按砌筑方法不同分类　实体墙（图 4-2a）、空体墙（图 4-2b）和组合墙（图 4-2c）。

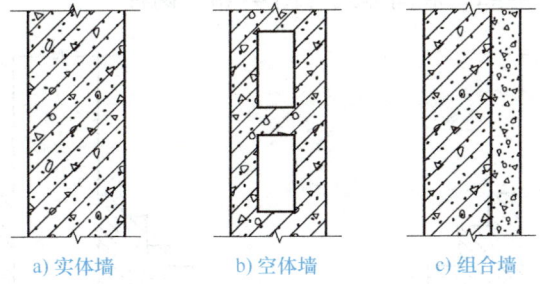

a) 实体墙　　　b) 空体墙　　　c) 组合墙

图 4-2　按砌筑方法不同分类

（4）按装修方法分类　清水墙（图 4-3a）和混水墙（图 4-3b）。

a) 清水墙　　　　　　　　b) 混水墙

图 4-3　按装修方法分类

四、砌筑工程中所用的砌筑砂浆

1. 种类

黏土砂浆、石灰黏土砂浆、混合砂浆、水泥砂浆。

2. 常用砂浆等级

M2.5、M5.0、M7.5、M10。

注意：设计用砂浆与定额不同时按照"用量不变、价格换算"的原则进行换算。

3. 预拌砂浆

预拌砂浆是指专业生产厂家生产的湿拌砂浆和干混砂浆。干混砂浆通常叫水硬性水泥混合砂浆，是指经干燥筛分处理的集料（如石英砂）、无机胶凝材料（如水泥）和添加剂（如聚合物）等按一定比例进行物理混合而成，以袋装或散装的形式运至工地，加水拌和后即可直接使用的颗粒状或粉状物料。湿拌砂浆是指水泥、细集料、外加剂和水以及根据性能确定的各种组分，按一定比例，在搅拌站经计量、拌制后，采用搅拌运输车运至使用地点，放入专用容器储存，并在规定时间内使用完毕的湿拌拌和物。

干混砂浆分为干混砌筑砂浆、干混抹灰砂浆和干混地面砂浆。干混砌筑砂浆强度有 M5.0、M7.5、M10.0、M15.0 和 M20.0。干混抹灰砂浆强度有 M5.0、M10.0、M15.0 和 M20.0。干混地面砂浆强度有 M15.0、M20.0 和 M25.0。

五、砖基础

当墙基承受荷载较大、砌筑高度达到一定范围时，将其底部做成阶梯形状，俗称"大放脚"，分为等高式（图 4-4a）和间隔式（图 4-4b）两种。

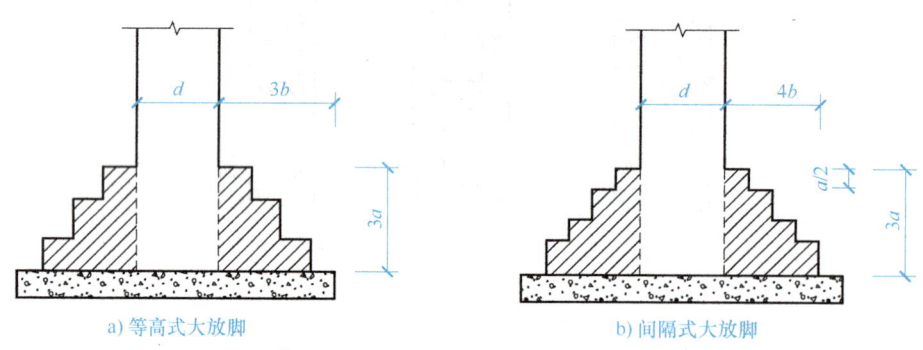

a) 等高式大放脚　　　　　　　　b) 间隔式大放脚

图 4-4　砖砌大放脚

a—两皮砖高度　b—每层收（放）宽度　d—墙厚

注：斜线阴影部分为大放脚截面积。

1) 等高式为二皮一收三层大放脚，间隔式为二皮一收与一皮一收间隔四层做法。

2) 二皮砖高度为 126mm 或 63mm。大放脚每一层一侧收进的水平尺寸按砌筑用砖的模数加灰缝来确定。对标准砖砌筑，每层大放脚收进尺寸为 62.5mm。

3) 除砖以外，常用的砌筑基础还有块石、砌块等，这类基础的截面往往做成梯形或阶梯形，其截面应按设计尺寸来计算。

六、附墙砖垛

当墙体承受集中荷载时，墙砌体会在一侧凸出，以增加支座承压面积（图 4-5）。

七、砌体出檐及附墙烟道等

做出砖挑檐，起分隔立面装饰、滴水等作用（图 4-6）。

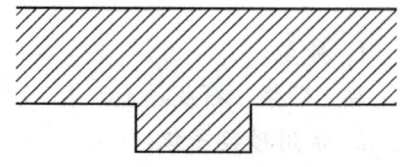

图 4-5　砖垛

因排烟、排气需要设置的附墙烟道、通风道，一般随墙体同时砌筑（图4-7）。

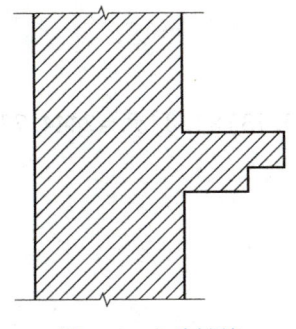

图4-6 出砖挑檐

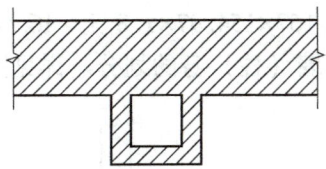

图4-7 附墙烟道、通风道

任务2　砌筑工程定额清单编制与计价

一、定额使用说明

砌筑工程定额说明

砌筑工程包括砖砌体、砌块砌体、石砌体和垫层。

1）本项目定额中砖、砌块和石料是按标准和常用规格编制的。当设计规格与定额不同时，砌体材料（砖、砌块、砂浆、黏结剂）用量应作调整换算，其余用量不变；砌筑砂浆是按干混砌筑砂浆编制的，定额所列砌筑砂浆种类和强度等级、砌块专用砌筑黏结剂品种，如设计与定额不同时，应按本定额总说明相应规定调整换算。

【例4-1】　DM M15.0干混砂浆砌筑一砖厚混凝土实心砖基础，求换算后定额人工费、材料费和机械费。

【解答】

定额编号：4-1H

计量单位：10m³

人工费=1051.65元

材料费=[3004.10+(430.23-413.73)×2.30]元=3042.05元

机械费=22.29元

砌筑砂浆按干混砌筑砂浆编制，若实际使用现拌砂浆或湿拌砂浆时，按以下方法调整。

使用现拌砂浆的，除将定额中的干混预拌砂浆调换为现拌砂浆外，另按相应定额中每立方米砂浆增加人工0.382工日，200L砂浆搅拌机0.167台班，并扣除定额中干混砂浆罐式搅拌机台班的数量。

使用湿拌预拌砂浆的，除将定额中的干混预拌砂浆调换为湿拌预拌砂浆外，另按相应定额中每立方米砂浆扣除人工0.2工日，并扣除定额中干混砂浆罐式搅拌机台班数量。

【例4-2】　某工程M7.5现拌水泥砂浆砌筑一砖厚烧结多孔砖基础，求换算后定额人工费、材料费和机械费。

【解答】

定额编号：4-4H

计量单位：10m³

人工费=（787.05+135×0.382×1.8）元=879.88元

材料费=[2394.47+（612-491）×3.36+（215.81-413.73）×1.8]元=2444.774元

机械费=0.167×154.97×1.8元=46.584元

2）基础与墙（柱）身的划分。详见图4-8。

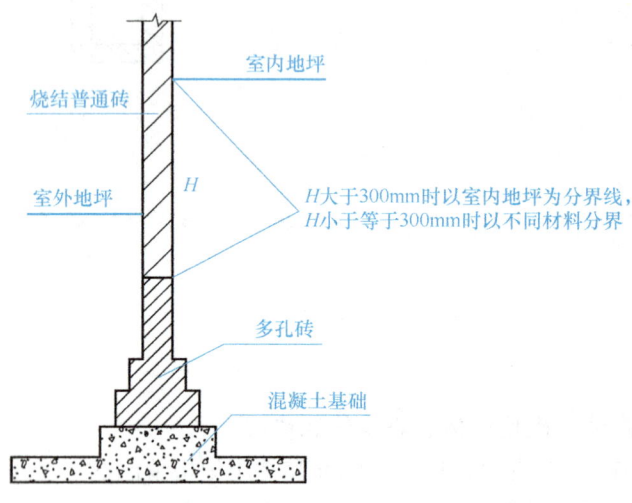

图4-8 基础与墙（柱）身的划分

① 基础与墙（柱）身使用同一种材料时，以设计室内地面为界（有地下室者，以地下室室内设计地面为界），以下为基础，以上为墙（柱）身。

② 基础与墙（柱）身使用不同材料，位于设计室内地面高度小于或等于300mm时，以不同材料为分界线，高度大于300mm时，以设计室内地面为分界线。

③ 围墙以设计室外地坪为界，以下为基础，以上为墙身。

【例4-3】 某工程基础剖面如图4-9所示，图中尺寸标高以m计，0.45m以上采用多孔砖砌筑，以下为混凝土实心砖砌筑，则其砖基础高度为（　　）。

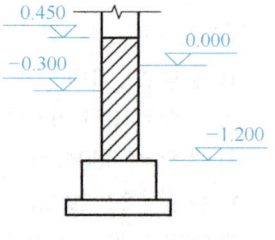

图4-9 基础剖面图

【解答】

基础与墙身使用不同材料，分界线与室内地坪高差是0.45m，大于300mm，以室内地坪为分界线，故基础高度为1.2m。

3）砖基础不分有无大放脚，均执行对应品种及规格砖的同一定额。地下筏板基础下翻混凝土构件所用的砖模、砖砌挡土墙、地垄墙套用砖基础定额。

4）砖砌体和砌块砌体不分内、外墙，均执行对应品种及规格砖和砌块的同一定额，墙厚一砖以上的均套用一砖墙相应定额；定额中均已包括了立门窗框的调直以及腰线、窗台线、挑檐等一般出线用工。

5）夹心保温墙（包括两侧）按单侧墙厚套用墙相应定额，人工乘以系数1.15，保温填充料另行套用保温、隔热、防腐工程的相应定额。

项目 4 砌 筑 工 程

【例 4-4】 某工程 DM M5.0 烧结普通砖夹心保温墙（内外一砖厚），求换算后定额人工费、材料费和机械费。

【解答】

定额编号：4-27H

计量单位：10m³

人工费 = 1363.50×1.15 元 = 1568.03 元

材料费 = [3238.94+(397.23−413.74)×2.360] 元 = 3199.98 元

机械费 = 22.87 元

6）蒸压加气混凝土类砌块墙定额已包括砌块零星切割改锯的损耗及费用。

7）多孔砖、空心砖及砌块砌筑的墙体，若以实心砖作为导墙砌筑，则导墙与上部墙身主体需分别计算，导墙部分套用零星砌体相应定额。设计要求空斗墙的窗间墙、窗下墙、楼板下、梁头下等的实砌部分，应另行计算，套用零星砌体定额。石墙定额中未包括的砖砌体（门窗口立边、窗台虎头砖等），套用零星砌体定额。

8）柔性材料嵌缝定额已包括两侧嵌缝所需用量，其中 PU 发泡剂的单侧嵌缝尺寸按 2.0×2.5（cm²）考虑；当实际与定额不同时，PU 发泡剂用量按比例调整，其余用量不变。

9）围墙套用墙的相关定额子目。

10）空花墙定额适用于各种类型的空花墙，使用混凝土花格砌筑的空花墙，实砌墙体与混凝土花格应分别计算。

11）定额中各类砖、砌块及石砌体的砌筑均按直形砌筑编制，如为圆弧形砌筑者，按相应定额人工用量乘以系数 1.10，砖、砌块、石材及砂浆（黏结剂）用量乘以系数 1.03。

【例 4-5】 某工程 DM M7.5 干混砂浆砌筑一砖厚混凝土多孔砖弧形墙，求换算后定额人工费、材料费和机械费。

【解答】

定额编号：4-22H

计量单位：m³

人工费 = 111.51×1.1 元 = 122.661 元

材料费 = [243.875+(0.339×491+0.186×413.73)×(1.03−1)] 元 = 251.177 元

机械费 = 1.803 元

12）砌体钢筋加固、灌注混凝土，墙体拉结的制作、安装，以及墙基、墙身、地沟等的防潮、防水、抹灰等按相关定额及规定计算。

13）本项目垫层定额适用于基础垫层和地面垫层。混凝土垫层套用混凝土及钢筋混凝土工程相应定额。块石基础与垫层的划分，当图纸不明确时，砌筑者为基础，铺排者为垫层。人工级配砂石垫层按中（粗）砂 15%、砾石 85% 的级配比例编制。当设计与定额不同时，应作调整换算。

14）干铺垫层上如有砌筑工程者，每 10m³ 垫层另加 DM M5.0 干混砌筑砂浆 0.5m³，20000L 干混砂浆罐式搅拌机 0.025 台班，其余用量不变。

【例 4-6】 砖砌体下碎石干铺垫层，求换算后定额人工费、材料费和机械费。

【解答】

定额编号：4-87H

计量单位：10m³

人工费=496.80 元

材料费=(1844.16+0.5×397.23)元=2042.78 元

机械费=(11.21+0.025×193.83)元=16.06 元

二、砌筑工程定额清单编制

（一）砖砌体、砌块砌体

1. 砖基础及防潮层

砖基础及防潮层工程量按设计图示尺寸以体积计算。

$$V_{砖基础}=L(Hd+S)-V_{应扣}$$

$$S_{砖基水平防潮层}=墙厚×长度$$

$$S_{砖基立面防潮层}=实际展开面积$$

砖基础工程量的计算

式中 V——砖基础体积（m³）；

L——墙基长度（m）；

H——墙身高度（m）；

d——基础厚度（m）；

S——大放脚断面积（m²）；

$V_{应扣}$——应扣除嵌入基础墙身的梁、柱、孔洞等体积（m³）。

1）基础长度。外墙基础长度按外墙中心线长度计算；内墙基础长度按内墙净长线计算。附墙垛基础宽出部分体积按折加长度合并计算。

2）扣除地梁（圈梁）、构造柱所占体积，不扣除基础大放脚 T 形接头处的重叠部分及嵌入基础内的钢筋、铁件、管道、基础砂浆防潮层和单个 0.3m² 以内的孔洞所占体积，需要砌筑的大放脚计入砖基础体积内。

3）对柱网结构，还应按实计算搭接体积。

2. 砖墙、砌块墙

砖砌体工程量计算

砖墙、砌块墙工程量按设计图示尺寸以体积计算。

（1）墙长度　外墙长度按外墙中心线长度计算，内墙长度按内墙净长计算。

（2）墙高度　按设计图示墙体高度计算，见表4-1。

表 4-1　墙高度

		无檐口顶棚	至屋面板底
外墙	斜屋面	有屋架有顶棚	屋架下弦底+200mm
		有屋架无顶棚	屋架下弦底+300mm
	平屋面	钢筋混凝土板底	
内墙	位于屋架或梁下面		至屋架或梁底
	有顶棚，不砌到顶		顶棚底+100mm
	无顶棚		至楼板顶
	框架梁		梁底
山墙	平均高度		
女儿墙	屋面板上表面算至女儿墙顶面（有压顶算至压顶底）		

1）外墙。斜（坡）屋面无檐口顶棚者算至屋面板底；有屋架且室内外均有顶棚者算至屋架下弦底另加 200mm；无顶棚者算至屋架下弦底另加 300mm，出檐宽度超过 600mm 时按实砌高度计算；有钢筋混凝土楼板隔层者算至板顶。平屋顶算至钢筋混凝土板底（图 4-10）。

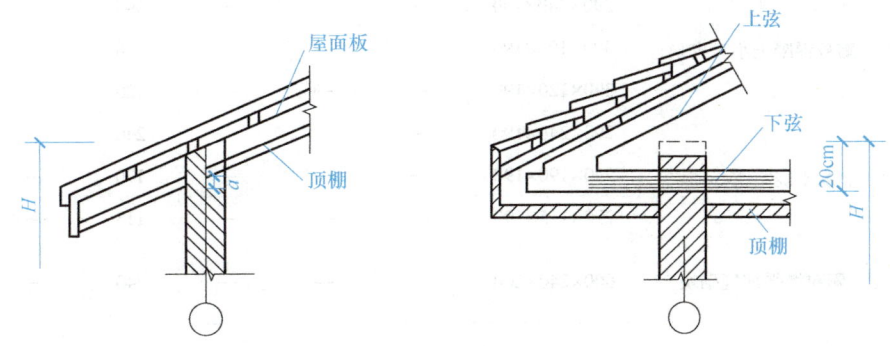

图 4-10 外墙高度

2）内墙。位于屋架下弦者，算至屋架下弦底；无屋架者算至顶棚底另加 100mm；有钢筋混凝土楼板隔层者算至楼板底；有框架梁时算至梁底。

3）女儿墙。从屋面板上表面算至女儿墙顶面（如有混凝土压顶时算至压顶下表面）。

4）内、外山墙。按其平均高度计算。

（3）墙厚度

1）砖砌体及砌块砌体厚度按砖墙厚度表计算，见表 4-2。当实际与定额取定不同时，其砌体厚度应根据组砌方式，结合砖实际规格和灰缝厚度计算。

2）砖砌体灰缝厚度统一按 10mm 考虑。

（4）框架间墙　不分内外墙按墙体净尺寸以体积计算。

（5）围墙　高度算至压顶上表面（如有混凝土压顶时算至压顶下表面），围墙柱并入围墙体积内。

表 4-2 砖墙厚度表　　　　　　　　　　　　（单位：mm）

砖及砌块分类	定额取定砖及砌块名称	砖及砌块规格（长×宽×厚）	墙厚（砖数）					
			1/4	1/2	3/4	1	3/2	2
混凝土类砖	混凝土实心砖	240×115×53	53	115	178	240	365	490
		190×90×53	—	90	—	190	—	—
	混凝土多孔砖	240×115×90	—	115	—	240	365	490
		190×90×90	—	—	—	190	—	—
烧结类砖	非黏土烧结页岩实心砖	240×115×53	53	115	178	240	365	490
	非黏土烧结页岩多孔砖	240×115×90	—	115	—	240	365	490
		190×90×90	—	90	—	190	—	—
	非黏土烧结页岩空心砖	240×240×115	—	—	—	240	—	—
蒸压类砖	蒸压灰砂砖	240×115×53	53	115	178	240	365	490
	蒸压灰砂多孔砖	240×115×90	—	115	—	240	365	490

（续）

砖及砌块分类	定额取定砖及砌块名称	砖及砌块规格（长×宽×厚）	墙厚（砖数）					
			1/4	1/2	3/4	1	3/2	2
轻集料混凝土类空心砌块	陶粒混凝土小型砌块	390×240×190	—	—	—	240	—	—
		390×190×190	—	—	—	190	—	—
		390×120×190	—	—	—	120	—	—
烧结类空心砌块	非黏土烧结空心砌块	290×240×190	—	—	—	240	—	—
		290×190×190	—	—	—	190	—	—
		290×115×190	—	—	—	115	—	—
蒸压加气混凝土类砌块	陶粒增强加气砌块	600×240×200	—	—	—	240	—	—

3. 空斗墙

空斗墙工程量按设计图示尺寸以体积计算。墙角、内外墙交接处、门窗洞口立边、窗台砖、屋檐处的实砌部分体积并入空斗墙体积内。砖垛工程量应另行计算，套实砌墙相应定额。

4. 空花墙

空花墙工程量按设计图示尺寸以空花部分外形体积计算，不扣除空花部分体积（图4-11）。

图4-11　空花墙

5. 砖柱

砖柱不分柱身和柱基，按设计图示尺寸以体积合并计算，扣除混凝土及钢筋混凝土梁垫、梁头、板头所占体积。

6. 地沟的砖基础和沟壁

地沟的砖基础和沟壁工程量按设计图示尺寸以体积合并计算，套砖砌地沟定额。

7. 零星砌体

零星砌体工程量按设计图示尺寸以体积计算。

8. 砖砌导墙

砌体设置导墙时，砖砌导墙需单独计算，厚度与长度按墙身主体，高度以设计要求砌筑高度计算，墙身主体的高度相应扣除。

9. 附墙烟囱、通风道、垃圾道

附墙烟囱、通风道、垃圾道工程量按设计图示尺寸以体积（扣除孔道所占体积）计算，按孔（道）不同厚度并入相同厚度的墙体体积内。当设计规定孔道内需抹灰时，另按墙、柱面装饰与隔断、幕墙工程相应定额计算。

10. 夹心保温墙砌体

夹心保温墙砌体工程量按设计图示尺寸以体积计算。

11. 轻质砌块专用连接件

轻质砌块专用连接件工程量按设计数量计算。

12. 柔性材料嵌缝

柔性材料嵌缝根据设计要求，按轻质填充墙与混凝土梁或楼板、柱或墙之间的缝隙长度计算。

（二）石砌体

石基础、石墙、石挡土墙、石护坡按设计图示尺寸以体积计算。

（三）垫层

按设计垫层面积乘以厚度计算。

（1）条形基础垫层

$$V_{垫层}=设计图示尺寸（断面积×长度）$$

外墙的条形基础垫层长度按外墙中心线长度计算，内墙的条形基础垫层长度按内墙垫层底净长计算，柱网结构的条形基础垫层长度不分内外墙均按基底垫层底净长计算，柱基垫层工程量按设计垫层面积乘以厚度计算。

（2）独立（杯形）基础、满堂基础（地下室底板）下垫层

$$V_{垫层}=底面积×垫层厚度$$

地面面积按楼地面工程的工程量计算规则计算。

（四）附墙垛凸出部分

计算条形砖基础与垫层长度时，附墙垛凸出部分按折加长度合并计算，不扣除搭接重叠部分的长度，垛的加深部分也不增加（图4-12）。附墙垛折加长度 L 按以下公式计算：

$$L=\frac{ab}{d}$$

图 4-12　附墙垛

式中　a、b——附墙垛凸出部分断面的长、宽；
　　　d——砖墙厚。

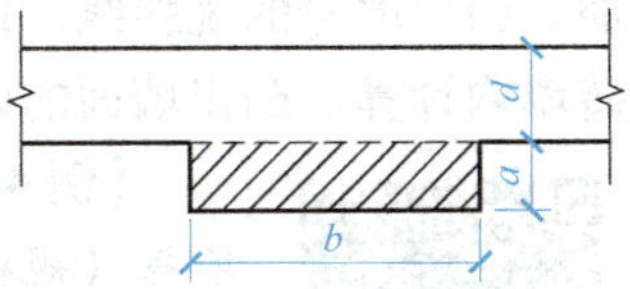

（五）大放脚

计算条形砖基础工程量时，两边大放脚体积并入计算（图4-13），大放脚体积=砖基础长度×大放脚断面积。大放脚断面积按下列公式计算：

等高式：$S=n(n+1)ab$

间隔式：$S=\sum(ab)+\sum\dfrac{ab}{2}$

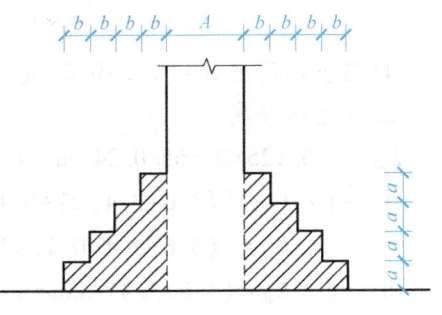

图 4-13　大放脚

式中　n——放脚层数；

a、b——每层放脚的高、宽（凸出部分）。

标准砖基础：$a=0.126$m（每层二皮砖），$b=0.0625$m。

（六）独立砖柱基础

独立砖柱基础按柱身体积加上四边大放脚体积计算，砖柱基础并入砖柱计算（图4-14和图4-15）。四边大放脚体积 V 按以下公式计算：

$$V=n(n+1)ab\left[\frac{2}{3}(2n+1)b+A+B\right]$$

式中 A、B——砖柱断面积的长、宽，其余同上。

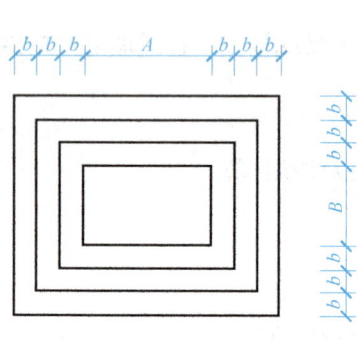

图4-14 平面图

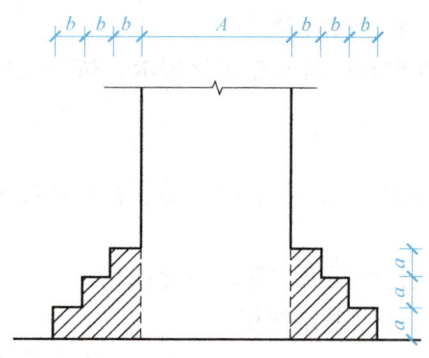

图4-15 剖面图

（七）砌体工程量

计算砌体工程量时，应扣除门窗、洞口、嵌入墙内的钢筋混凝土柱、梁、圈梁、挑梁、过梁及凹进墙内的壁龛、管槽、暖气槽、消火栓箱所占体积，不扣除梁头、檩头、垫木、木楞头、沿椽木、木砖、门窗走头、砖墙内加固钢筋、木筋、铁件、钢管及单个0.3m²以内的孔洞所占的体积。凸出墙身的窗台、1/2砖以内的门窗套、二出檐以内的挑檐等的体积也不增加。凸出墙身的腰线、1/2砖以上的门窗套、二出檐以上的挑檐等的体积应并入所依附的砖墙内计算。凸出墙面的砖垛并入墙体体积内计算。

砖基础定额清单编制

【例4-7】 如图4-16所示，某工程M7.5水泥砂浆砌筑混凝土实心砖墙基（规格为240×115×53）。试计算该砖基础和基础防潮层的定额工程量，并编制定额工程量清单（计算结果保留两位小数）。

【解答】

（1）砖基础定额工程量

$V=$断面积×长度$-V_{应扣}+V_{搭接}$

① 砖基础高度 $H=(1.2-0.0)$m$=1.2$m

② 砖基础长度

$L_{折加}=(0.125×0.365/0.24)m=0.19$m

Ⅰ—Ⅰ：$L_{外}=[(3.6+3.4)×2+0.19]$m$=14.19$m

$L_{内}=[(3.6+3.4-0.12×2)+0.19]m=6.95$m

Ⅱ—Ⅱ：$L_{外}=(3.6+3.3)×2$m$=13.8$m

$\Sigma=(14.19+6.95)$m$=21.14$m

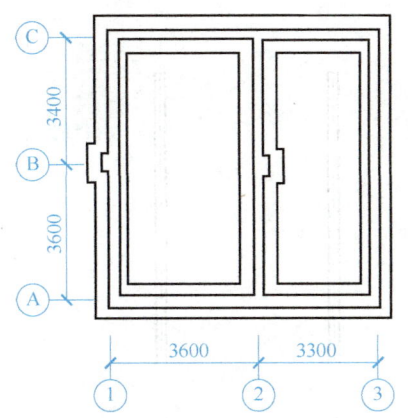
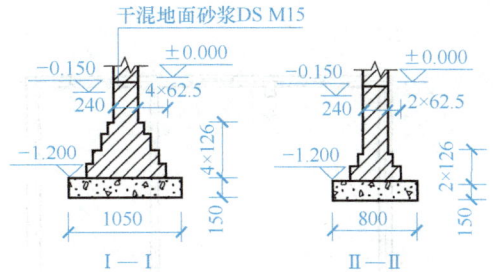

说明：①~③轴为Ⅰ—Ⅰ截面，Ⓐ、Ⓒ轴为Ⅱ—Ⅱ截面；基底垫层为C20混凝土，附墙砖垛凸出墙面尺寸125mm×365mm。

图 4-16 砖基础平面及剖面图

③ $S_{断面积}$

Ⅰ—Ⅰ：$(0.24×1.2+0.126×0.0625×20)m^2 = 0.4455m^2$

Ⅱ—Ⅱ：$(0.24×1.2+0.126×0.0625×6)m^2 = 0.33525m^2$

④ 砖基础工程量

Ⅰ—Ⅰ：$V=21.14×0.4455m^3 = 9.42m^3$

Ⅱ—Ⅱ：$V=13.8×0.33525m^3 = 4.63m^3$

$\sum=(9.42+4.63)m^3 = 14.05m^3$

（2）墙身防潮

$S_{砖基防潮层}$＝墙厚×长度

Ⅰ—Ⅰ：$21.14×0.24m^2 = 5.07m^2$

Ⅱ—Ⅱ：$13.8×0.24m^2 = 3.31m^2$

$\sum=(5.07+3.31)m^2 = 8.38m^2$

该房屋砌筑工程定额工程量清单见表4-3。

表 4-3 分部分项工程量清单（定额清单）

序号	定额编号	项目名称	项目特征	计量单位	工程量
1	4-1	混凝土实心砖基础	M7.5水泥砂浆砌筑混凝土实心砖墙基，规格为240×115×53	m³	14.05
2	9-44	防水砂浆防潮层	20厚干混地面砂浆 DS M15 防潮层	m²	8.38

【例4-8】 如图4-17所示，已知窗C1515框外围尺寸：1480×1480（洞口尺寸：1500×1500），门M1224框外围尺寸：1180×2390（洞口尺寸：1200×2400），圈梁一道（包括砖垛上、内墙上）断面均为240×240，使用DM M7.5干混砂浆。试计算该砌筑工程的定额工程量，并编制定额工程量清单（计算结果保留两位小数）。

【解答】

（1）外墙工程量

V＝（墙高×墙长－应扣面积）×墙厚－应扣体积+应增加体积

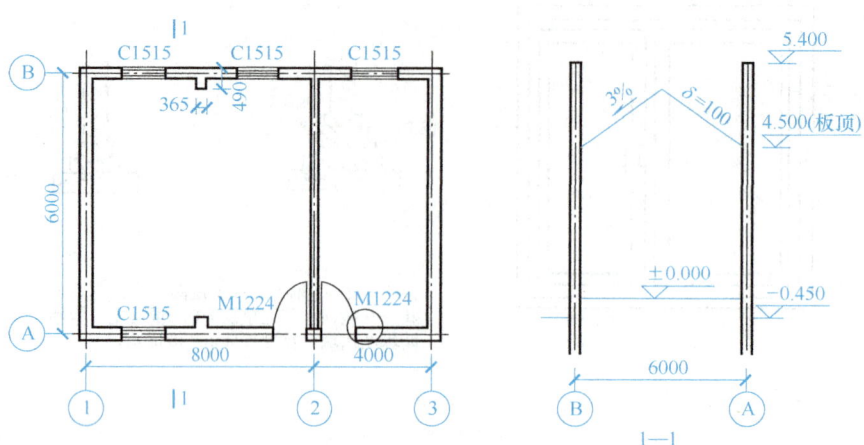

图4-17 平面及剖面图

墙长：$L_{折加}=[(0.49-0.24)\times0.365/0.24]m=0.38m$
$L_{外}=[(12+6)\times2+0.38\times2]m=36.76m$

墙高：$H=5.4m$

应扣面积：$(1.5\times1.5\times4+1.2\times2.4\times2)m^2=14.76m^2$

墙厚：0.24m

应扣体积：圈梁 $0.24\times0.24\times36.76m^3=2.117m^3$
屋面板 $0.24\times0.1\times36.76m^3=0.882m^3$

墙体体积：$V=[(36.76\times5.4-14.76)\times0.24-(2.117+0.882)]m^3=41.10m^3$

（2）内墙工程量

$$V=(墙高\times墙长-应扣面积)\times墙厚-应扣体积+应增加体积$$

墙长：$L_{内}=(6-0.24)m=5.76m$

墙高：$H_{山尖}=3.12\times3\%\times0.5m=0.0468m$
$H=(4.5+0.0468)m=4.55m$

墙厚：0.24m

应扣体积：圈梁 $0.24\times0.24\times5.76m^3=0.332m^3$
屋面板 $0.24\times0.1\times5.76m^3=0.138m^3$

墙体体积：$V=[(5.76\times4.55)\times0.24-(0.332+0.138)]m^3=5.82m^3$

合计 $V=(41.10+5.82)m^3=46.92m^3$

该房屋砌筑工程定额工程量清单见表4-4。

表4-4 分部分项工程量清单（定额清单）

序号	定额编号	项目名称	项目特征	计量单位	工程量
1	4-27	非黏土烧结实心砖墙	DM M7.5干混砂浆砌筑非黏土烧结实心砖墙，规格为240×115×53	m³	46.92

三、砌筑工程定额清单计价

【例4-9】 利用例4-5的工程量清单,并按《浙江省房屋建筑与装饰工程预算定额》(2018版)计算该定额清单的综合单价及合价(本题假设为编制招标控制价,企业管理费、利润以定额人工费与定额机械费之和为取费基数,费率按中值分别为16.57%、8.10%。本工程属于房屋建筑工程,采用一般计税法,假设当时当地人工、材料、机械除税信息价与定额取定价格相同)。

【解答】
1. 根据定额清单,套用《浙江省房屋建筑与装饰工程预算定额》(2018版),确定相应分部分项人工费、材料费和机械费。

(1) 砖基础

$V = 14.05 m^3$,套用定额4-1H。

人工费 = $(105.165 + 0.382 \times 0.23 \times 135)$ 元/m^3 = 117.026 元/m^3

材料费 = $[300.41 + (215.81 - 413.73) \times 0.23]$ 元/m^3 = 254.888 元/m^3

机械费 = $0.167 \times 0.23 \times 154.97$ 元/m^3 = 5.952 元/m^3

管理费 = $(117.026 + 5.952)$ 元/$m^3 \times 16.57\%$ = 20.377 元/m^3

利润 = $(117.026 + 5.952)$ 元/$m^3 \times 8.10\%$ = 9.961 元/m^3

(2) 防潮层

$S = 8.41 m^2$,套用定额9-44H。

人工费 = 0 元/m^2

材料费 = 11.6282 元/m^2

机械费 = 0.2055 元/m^2

管理费 = $(0 + 0.2055)$ 元/$m^2 \times 16.57\%$ = 0.034 元/m^2

利润 = $(0 + 0.2055)$ 元/$m^2 \times 8.10\%$ = 0.017 元/m^2

2. 计算综合单价,填写综合单价计算表,见表4-5。

表4-5 综合单价计算表(定额清单)

序号	定额编号	项目名称	计量单位	数量	综合单价(元)						合计(元)
					人工费	材料费	机械费	管理费	利润	小计	
1	4-1H	混凝土实心砖基础	m^3	14.05	117.026	254.888	5.952	20.377	9.961	408.204	5735
2	9-44H	干混地面砂浆 DS M15 防潮层	m^2	8.41	0	11.628	0.206	0.034	0.017	11.885	100

任务3　砌筑工程国标清单编制与计价

一、国标工程量清单编制

根据《房屋建筑与装饰工程工程量计算规范》（GB 50854—2013）（简称《计量规范》），砌筑工程包括砖砌体、砌块砌体、石砌体、垫层4个小节，共27个清单项目。

1. **砖砌体（010401）**

砖砌体包括：砖基础、砖砌挖孔桩护壁、实心砖墙、多孔砖墙、空心砖墙、空斗墙、空花墙、填充墙、实心砖柱、多孔砖柱、砖检查井、零星砌砖、砖散水（地坪）、砖地沟（明沟）14个项目，分别按010401001×××～010401014×××编码。

（1）砖基础（010401001）

1）砖基础项目适用于各种类型砖基础：柱基础、墙基础、管道基础等列项。

2）砖基础工作内容一般包括：砂浆制作、运输，砌砖，防潮层铺设，材料运输。

清单项目应对基础的类型（如有墙涉及墙身厚度也要描述），砖及砂浆的品种、规格、强度等级，防潮层构造等内容特征作出描述。

国标清单工程量计算规则：按设计图示尺寸以体积计算。包括附墙垛基础宽出部分体积，扣除地梁（圈梁）、构造柱所占体积，不扣除基础大放脚T形接头处的重叠部分及嵌入基础内的钢筋、铁件、管道、基础砂浆防潮层和单个面积≤0.3m^{2}的孔洞所占体积，靠墙暖气沟的挑檐不增加。

基础长度：外墙基础长度按外墙中心线计算，内墙基础长度按内墙净长线计算。

（2）砖砌挖孔桩护壁（010401002）

适用于人工挖孔桩砖砌护壁。工作内容一般包括：砂浆制作、运输，砌砖，材料运输等。

（3）实心砖墙（010401003）、多孔砖墙（010401004）、空心砖墙（010401005）。

1）实心砖墙（多孔砖墙、空心砖墙）项目适用于各类实心砖（多孔墙、空心墙）砌筑的清水、混水实心墙（多孔墙、空心墙），包括直形、弧形及不同厚度、不同砂浆（强度）砌筑的外墙、内墙、围墙等。

2）实心砖墙（多孔砖墙、空心砖墙）的工作内容一般包括：砂浆制作、运输，砌砖，刮缝，材料运输，有砖砌压顶时包括压顶的砌筑。涉及的项目特征有：砖品种、规格、强度等级，墙体类型（如直形、弧形等），墙体厚度，砂浆强度等级、配合比等。

3）设计有凸出墙面的腰线、挑檐、附墙烟囱、通风道等构造内容的，清单应该考虑有关计价要求，如：砖挑檐外挑出檐数等予以明确描述。

砖砌体勾缝按《计量规范》附录M.1中相关项目编码列项。

国标清单工程量计算规则：墙体（实心砖墙、多孔砖墙、空心砖墙）按设计图示尺寸以体积计算。应扣除门窗、洞口、嵌入墙内的钢筋混凝土柱、梁、圈梁、挑梁、过梁及凹进墙内的壁龛、管槽、暖气槽、消火栓箱所占体积。不扣除梁头、板头、擦头、垫木、木楞头、沿椽木、木砖、门窗走头、砖墙内加固钢筋、木筋、铁件、钢管及单个面积≤0.3m^{2}的孔洞所占的体积。凸出墙面的腰线、挑檐、压顶、窗台线、虎头砖、门窗套的体积也不增加。凸出墙面的砖垛并入墙体体积内计算。

(4) 空斗墙 (010401006)

1) 适用于各种砌法砌筑的空斗墙,一般用于隔墙和围墙的砌筑。

2) 空斗墙砌筑的工作内容、项目特征与实心砖墙基本一致,但特征描述应明确具体的组砌方式;如设计要求空斗灌注时,应对灌注材料要求予以明确描述。

3) 空斗墙的窗间墙、窗台下、楼板下、梁头下的实砌部分,应另行计算按零星砌砖项目编码列项。

国标清单工程量计算规则:空斗墙工程量按设计图示尺寸以空斗墙外形体积计算。墙角、内外墙交接处、门窗洞口立边、窗台砖、屋檐处的实砌部分体积并入空斗墙体积内计算。

(5) 空花墙 (010401007)

1) 适用于各种类型空花墙。使用混凝土花格砌筑的空花墙,实砌墙体与混凝土花格应分别计算,混凝土花格按《计量规范》附录 E.14 中相应项目编码列项。

2) 空花墙项目除按一般墙的特征描述以外,尚应对空花外框形状、尺寸等予以描述。

国标清单工程量计算规则:空花墙工程量按设计图示尺寸以空花部分外形体积计算,不扣除空洞部分体积。

(6) 填充墙 (010401008)

1) 适用于各类砖砌筑的双层夹墙,夹墙内按需要填充各种保温、隔热材料。

2) 填充墙项目除按一般墙的特征描述以外,应对两侧夹心墙的厚度、填充层的厚度、填充材料种类、规格及填充要求等予以描述。

国标清单工程量计算规则:填充墙工程量按设计图示尺寸以填充墙外形体积计算。

(7) 实心砖柱 (010401009)、多孔砖柱 (010401010)

1) 适用于各种砖砌筑的不同类型的柱,如:矩形、异形、圆形柱及柱外包柱砌体。

2) 项目特征包括:砖品种、规格、强度等级、砂浆强度等级、配合比、柱类型等。

国标清单工程量计算规则:实心砖柱、多孔砖柱工程量按设计图示尺寸以体积计算。扣除混凝土及钢筋混凝土梁垫、梁头、板头所占体积。

(8) 砖检查井 (010401011)

1) 适用于各种砖砌检查井。

2) 工程内容包括:砂浆制作、运输,铺设垫层,底板混凝土制作、运输、浇筑、振捣、养护,砌砖,刮缝,井池底、壁抹灰,抹防潮层,材料运输等。

3) 清单编制时,应对以下项目特征予以细化描述。

① 井截面、外围、深度等涉及计价考虑的尺寸。

② 垫层各向尺寸及材料种类。

③ 底、盖板各向尺寸及材料种类。

④ 井壁砌筑材料种类、规格。

⑤ 内外抹灰、勾缝做法及要求。

⑥ 防潮层、防水层材料种类及做法。

⑦ 所用混凝土强度等级、砂浆强度等级、配合比。

当施工图设计标注做法见标准图集时，应在项目特征描述中注明图集的编码、页码及节点大样。

国标清单工程量计算规则：检查井按设计图示数量以座计算。应注意：工程量应包括完成井底板、井壁、井盖板、井内隔断、隔墙、隔栅小梁、隔板、滤板等全部工作内容。检查井内爬梯按《计量规范》附录 E 中相关项目编码列项。井内的混凝土构件（不包括井底、混凝土井圈盖板）按《计量规范》附录 E 中的混凝土及钢筋混凝土预制构件编码列项。井的土方挖、运、填工程内容按土石方工程管沟土方清单项目列项考虑。

（9）零星砌砖（010401012）

1）适用于台阶、台阶挡墙、梯带、锅台、炉灶、蹲台、池槽、池槽腿、砖胎模、花台、花池、楼梯栏板、阳台栏板、地垄墙、0.3m^2 以内孔洞填塞、空斗墙的窗间、窗下墙、楼板下、梁头下的实砌部分以及框架外表面的镶贴砌砖等。

2）零星砌砖项目清单除同各类砌体基本构造内容和特征以外，应将砌砖的部位、名称、相关构造（如垫层、基层、埋深、基础等）予以明确描述，必要时可将面层做法予以描述（必须有明确内容和规格、尺寸要求）以便计价内容进行组合。

国标清单工程量计算规则：零星砌砖工程量按设计图示尺寸以体积计算。按具体工程内容不同，可以在 m、m^2、个中选择适当的、利于计价组合和分析的计量单位。

① 台阶工程量可按水平投影面积计算，但不包括台阶翼墙面积，翼墙可按 m 或 m^2 计算另行列项。

② 小型池槽、锅台、炉灶可按个计算，以长×宽×高顺序标明外形尺寸。

③ 小便槽、地垄墙可按长度计算，其他工程量按 m^3 计算。

④ 按照《计量规范》规定编制可以分别列项的项目，如工程量不大，也可以在列项时予以合并。如成品水池下的砖砌搁脚，按零星砌砖以个计算列项，可将面层的抹灰或镶贴块料合并到砌筑工程中。但清单编制时应该将该合并的内容，结合计价定额明确面层做法、每个搁脚面层施工工程量等特征，以便计价人计价。

（10）砖地沟（明沟）（010401014）

1）适用于砖砌的地沟、明沟。

2）工作内容包括：土方挖、运、填，铺设垫层，底板混凝土制作、运输、浇筑、振捣、养护，砌砖，刮缝，抹灰，材料运输。

3）项目特征描述除砖品种、规格、强度等级，砂浆强度等级外，还需要描述沟截面尺寸，垫层材料种类、厚度，混凝土强度等级。

国标清单工程量计算规则：以 m 计量，按设计图示以中心线长度计算。

2. 砌块砌体（010402）

砌块砌体按照墙、柱划分，包括：砌块墙、砌块柱两个项目，分别按 010402001×××～010402002×××编码。适用于各种规格、品种砌块砌筑的各种类型墙和柱。砌块砌体的工程内容包括：砂浆制作、运输，砖、砌块的砌筑，勾缝，材料运输。

（1）砌块墙（010402001）

清单项目特征描述一般应包括：墙体类型，墙体厚度，砌块品种、规格、强度等级，勾缝要求，砂浆强度等级、配合比等。其他有关特征参照砖砌墙体。

国标清单工程量计算规则：按设计图示尺寸以体积计算。扣除门窗、洞口、嵌入墙内的钢筋混凝土柱、梁、圈梁、挑梁、过梁及凹进墙内的壁龛、管槽、暖气槽、消火栓箱所占体积，不扣除梁头、板头、檩头、垫木、木楞头、沿椽木、木砖、门窗走头、砌块墙内加固钢筋、木筋、铁件、钢管及单个面积≤0.3m²的孔洞所占的体积。凸出墙面的腰线、挑檐、压顶、窗台线、虎头砖、门窗套的体积也不增加。凸出墙面的砖垛并入墙体体积内计算。

（2）砌块柱（010402002）

清单项目特征描述一般应包括：柱截面尺寸，砌块品种、规格、强度等级，墙体类型，砂浆强度等级、配合比等。

3. 石砌体（010403）

石砌体按砌体内容划分为：石基础、石勒脚、石墙、石挡土墙、石柱、石栏杆、石护坡、石台阶、石坡道、石地沟、石明沟项目。适用于各种规格的方整石、块石砌筑列项。石墙勾缝，有平缝、平圆凹缝、平凹缝、平凸缝、半圆凸缝、三角凸缝。各项目均应包括搭拆简易起重架。

（1）石基础（010403001）、石勒脚（010403002）、石墙（010403003）、石挡土墙（010403004）、石柱（010403005）

石基础、石勒脚、石墙的划分：基础与勒脚应以设计室外地坪为界，勒脚与墙身应以设计室内地坪为界。

内外地坪标高不同时，应以较低地坪标高为界，以下为基础；内外标高之差为挡土墙时，挡土墙以上为墙身。

以上项目适用于各种规格（块石、毛石、卵石等）、各种石质（砂石、青石、大理石、花岗石、石灰石等）、各种类型（直形、弧形、台阶形等）的砌体，石基础适用于墙基、柱基基础。石基础包括剔打石料天、地座荒包等工序。

石墙、柱包括石料天、地座打平、拼缝打平、打扁口等工序。石表面加工包括：打钻路、钉麻石、剁斧、扁光等，项目清单描述时应明确具体加工程度和要求。

石挡土墙设有变形缝、泄水孔、滤水层要求的，均应在项目清单中予以描述。

国标清单工程量计算规则：石基础，按设计图示尺寸以体积计算。包括附墙垛基础宽出部分体积，不扣除基础砂浆防潮层及单个面积≤0.3m²的孔洞所占体积，靠墙暖气沟的挑檐不增加体积。基础长度外墙按中心线计算，内墙按净长计算，交叉基础搭接增加体积应并入计算。

石勒脚按设计图示尺寸以体积计算，应扣除单个面积>0.3m²的孔洞所占的体积。

石墙同砖砌墙体工程量计算规则。

石挡土墙按设计图示尺寸以体积计算。

石柱按设计图示尺寸以体积计算，工程量应扣除混凝土梁头、板头和梁垫所占体积。

（2）石栏杆（010403006）、石护坡（010403007）、石台阶（010403008）、石坡道（010403009）

石栏杆项目适用于无雕饰的一般石栏杆。

石护坡项目适用于各种石质和各种石料（如：条石、片石、毛石、块石、卵石等）的护坡。

石台阶（图4-18）项目包括石梯带（垂带），不包括石梯膀，石梯膀按石挡土墙项目编码列项。

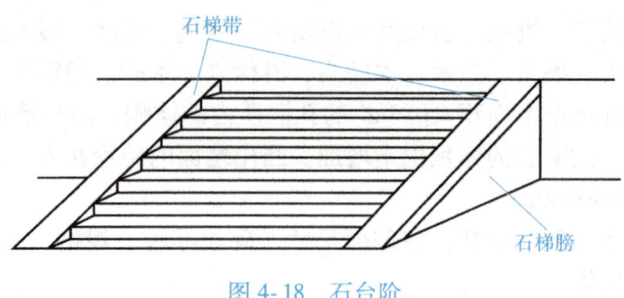

图 4-18 石台阶

国标清单工程量计算规则：石栏杆按设计图示以长度计算。石护坡、石台阶按设计图示尺寸以体积计算。石坡道按设计图示尺寸以水平投影面积计算。

(3) 石地沟、石明沟 (010403010)

项目工程内容包括：土石方挖、运，砂浆制作、运输，铺设垫层，砌石，石表面加工，勾缝，回填，材料运输等。项目特征描述应包括：沟截面尺寸，土壤类别、运距，垫层材料种类、厚度，石料种类、规格，石表面加工要求，勾缝要求，砂浆强度等级、配合比等。对埋地深度等涉及计价的相关因素，也应予以一定描述。

国标清单工程量计算规则：石地沟石明沟，按设计图示以中心线长度计算。

4. 垫层 (010404)

只有垫层一个项目 (010404001)，适用于块石、碎石、砂石、塘渣、灰土、三合土等混凝土以外材料的垫层。工程内容包括：垫层材料的拌制，垫层铺设，材料运输。

项目特征要求描述垫层材料种类、配合比、厚度。

国标清单工程量计算规则：按设计图示尺寸以 m^3 计算。

砌筑工程工程量清单项目及计算规则见表 4-6~表 4-9。

表 4-6 砖砌体工程量清单项目及计算规则

项目编码	项目名称	项目特征	计量单位	工程量计算规则	工作内容
010401001	砖基础	1. 砖品种、规格、强度等级 2. 基础类型 3. 砂浆强度等级 4. 防潮层材料种类	m^3	按设计图示尺寸以体积计算 包括附墙垛基础宽出部分体积，扣除地梁（圈梁）、构造柱所占体积，不扣除基础大放脚 T 形接头处的重叠部分及嵌入基础内的钢筋、铁件、管道、基础砂浆防潮层和单个面积 $\leq 0.3m^2$ 的孔洞所占体积，靠墙暖气沟的挑檐不增加。 基础长度：外墙按外墙中心线，内墙按内墙净长线计算	1. 砂浆制作、运输 2. 砌砖 3. 防潮层铺设 4. 材料运输
010401002	砖砌挖孔桩护壁	1. 砖品种、规格、强度等级 2. 砂浆强度等级		按设计图示尺寸以 m^3 计算	1. 砂浆制作、运输 2. 砌砖 3. 材料运输

（续）

项目编码	项目名称	项目特征	计量单位	工程量计算规则	工作内容
010401003	实心砖墙			按设计图示尺寸以体积计算。扣除门窗、洞口、嵌入墙内的钢筋混凝土柱、梁、圈梁、挑梁、过梁及凹进墙内的壁龛、管槽、暖气槽、消火栓箱所占体积，不扣除梁头、板头、檩头、垫木、木楞头、沿椽木、木砖、门窗走头、砖墙内加固钢筋、木筋、铁件、钢管及单个面积≤0.3m²的孔洞所占的体积。凸出墙面的腰线、挑檐、压顶、窗台线、虎头砖、门窗套的体积也不增加。凸出墙面的砖垛并入墙体体积内计算	
010401004	多孔砖墙	1. 砖品种、规格、强度等级 2. 墙体类型 3. 砂浆强度等级、配合比	m³		1. 砂浆制作、运输 2. 砌砖 3. 刮缝 4. 砖压顶砌筑 5. 材料运输
010401005	空心砖墙			1. 墙长度：外墙按中心线、内墙按净长计算 2. 墙高度 （1）外墙：斜（坡）屋面无檐口天棚者算至屋面板底；有屋架且室内外均有天棚者算至屋架下弦底另加200mm；无天棚者算至屋架下弦底另加300mm，出檐宽度超过600mm时按实砌高度计算；与钢筋混凝土楼板隔层者算至板顶。平屋顶算至钢筋混凝土板底 （2）内墙：位于屋架下弦者，算至屋架下弦底；无屋架者算至天棚底另加100mm；有钢筋混凝土楼板隔层者算至楼板顶；有框架梁时算至梁底 （3）女儿墙：从屋面板上表面至女儿墙顶面（如有混凝土压顶时算至压顶下表面 （4）内、外山墙：按其平均高度计算 3. 框架间墙：不分内外墙按墙体净尺寸以体积计算 4. 围墙：高度算至压顶上表面（如有混凝土压顶时算至压顶下表面），围墙柱并入围墙体积内	

93

(续)

项目编码	项目名称	项目特征	计量单位	工程量计算规则	工作内容
010401006	空斗墙	1. 砖品种、规格、强度等级 2. 墙体类型 3. 砂浆强度等级、配合比	m³	按设计图示尺寸以空斗墙外形体积计算。墙角、内外墙交接处、门窗洞口立边、窗台砖、屋檐处的实砌部分体积并入空斗墙体积内	1. 砂浆制作、运输 2. 砌砖 3. 装填充料 4. 刮缝 5. 材料运输
010401007	空花墙			按设计图示尺寸以空花部分外形体积计算,不扣除空洞部分体积	
010401008	填充墙	1. 砖品种、规格、强度等级 2. 墙体类型 3. 填充材料种类及厚度 4. 砂浆强度等级、配合比		按设计图示尺寸以填充墙外形体积计算	
010401009	实心砖柱	1. 砖品种、规格、强度等级 2. 柱类型 3. 砂浆强度等级、配合比	m³	按设计图示尺寸以体积计算。扣除混凝土及钢筋混凝土梁垫、梁头、板头所占体积	1. 砂浆制作、运输 2. 砌砖 3. 刮缝 4. 材料运输
010401010	多孔砖柱				
010401011	砖检查井	1. 井截面、深度 2. 砖品种、规格、强度等级 3. 垫层材料种类、厚度 4. 底板厚度 5. 井盖安装 6. 混凝土强度等级 7. 砂浆强度等级 8. 防潮层材料种类	座	按设计图示数量计算	1. 砂浆制作、运输 2. 铺设垫层 3. 底板混凝土制作、运输、浇筑、振捣、养护 4. 砌砖 5. 刮缝 6. 井池底、壁抹灰 7. 抹防潮层 8. 材料运输

项目 4 砌筑工程

（续）

项目编码	项目名称	项目特征	计量单位	工程量计算规则	工作内容
010401012	零星砌砖	1. 零星砌砖名称、部位 2. 砖品种、规格、强度等级 3. 砂浆强度等级、配合比	1. m^3 2. m^2 3. m 4. 个	1. 以 m^3 计量，按设计图示尺寸截面积乘以长度计算 2. 以 m^2 计量，按设计图示尺寸水平投影面积计算 3. 以 m 计量，按设计图示尺寸长度计算 4. 以个计量，按设计图示数量计算	1. 砂浆制作、运输 2. 砌砖 3. 刮缝 4. 材料运输
010401013	砖散水（地坪）	1. 砖品种、规格、强度等级 2. 垫层材料种类、厚度 3. 散水、地坪厚度 4. 面层种类、厚度 5. 砂浆强度等级	m^2	按设计图示尺寸以面积计算	1. 土方挖、运、填 2. 地基找平、夯实 3. 铺设垫层 4. 砌砖散水、地坪 5. 抹砂浆面层
010401014	砖地沟（明沟）	1. 砖品种、规格、强度等级 2. 沟截面尺寸 3. 垫层材料种类、厚度 4. 混凝土强度等级 5. 砂浆强度等级	m	以 m 计量，按设计图示以中心线长度计算	1. 土方挖、运、填 2. 铺设垫层 3. 地板混凝土制作、运输、浇筑、振捣、养护 4. 砌砖 5. 刮缝、抹灰 6. 材料运输

注：1. "砖基础"项目适用于各种类型砖基础：柱基础、墙基础、管道基础等。
2. 基础与墙（柱）身使用同一种材料时，以设计室内地面为界（有地下室者，以地下室室内设计地面为界），以下为基础，以上为墙（柱）身。基础与墙身使用不同材料时，位于设计室内地面高度≤300mm时，以不同材料为分界线，高度>300mm时，以设计室内地面为分界线。
3. 砖围墙以设计室外地坪为界，以下为基础，以上为墙身。
4. 框架外表面的镶贴砖部分，按零星项目编码列项。
5. 附墙烟囱、通风道、垃圾道应按设计图示尺寸以体积（扣除孔洞所占体积）计算并入所依附的墙体体积内。当设计规定孔洞内需抹灰时，应按《计量规范》附录 M 中"零星抹灰"项目编码列项。
6. 空斗墙的窗间墙、窗台下、楼板下、梁头下等的实砌部分，按"零星砌砖"项目编码列项。
7. "空花墙"项目适用于各种类型的空花墙，使用混凝土花格砌筑的空花墙，实砌墙体与混凝土花格应分别计算，混凝土花格按混凝土及钢筋混凝土中预制构件相关项目编码列项。
8. 台阶、台阶挡墙、梯带、锅台、炉灶、蹲台、池槽、池槽腿、砖胎模、花台、花池、楼梯栏板、阳台栏板、地垄墙、面积≤0.3m^2 的孔洞填塞等，应按"零星砌砖"项目编码列项。砖砌锅台与炉灶可按外形尺寸以个计算，砖砌台阶可按水平投影面积以 m^2 计算，小便槽、地垄墙可按长度计算，其他工程以 m^3 计算。
9. 砖砌体内钢筋加固，应按《计量规范》附录 E 中相关项目编码列项。
10. 砖砌体勾缝按《计量规范》附录 M 中相关项目编码列项。
11. 检查井内的爬梯按《计量规范》附录 E 中相关项目编码列项；井内的混凝土构件按《计量规范》附录 E 中混凝土及钢筋混凝土预制构件编码列项。
12. 当施工图设计标注做法见标准图集时，应在项目特征描述中注明标注图集的编码、页号及节点大样。

表 4-7 砌块砌体工程量清单项目及计算规则

项目编码	项目名称	项目特征	计量单位	工程量计算规则	工作内容
010402001	砌块墙	1. 砌块品种、规格、强度等级 2. 墙体类型 3. 砂浆强度等级	m^3	按设计图示尺寸以体积计算 扣除门窗、洞口、嵌入墙内的钢筋混凝土柱、梁、圈梁、挑梁、过梁及凹进墙内的壁龛、管槽、暖气槽、消火栓箱所占体积，不扣除梁头、板头、檩头、垫木、木楞头、沿椽木、木砖、门窗走头、砌块墙内加固钢筋、木筋、铁件、钢管及单个面积≤$0.3m^2$的孔洞所占的体积。凸出墙面的腰线、挑檐、压顶、窗台线、虎头砖、门窗套的体积也不增加。凸出墙面的砖垛并入墙体体积内计算 1. 墙长度：外墙按中心线、内墙按净长计算 2. 墙高度 （1）外墙：斜（坡）屋面无檐口天棚者算至屋面板底；有屋架且室内外均有天棚者算至屋架下弦底另加200mm；无天棚者算至屋架下弦底另加300mm，出檐宽度超过600mm时按实砌高度计算；与钢筋混凝土楼板隔层者算至板顶；平屋面算至钢筋混凝土板底 （2）内墙：位于屋架下弦者，算至屋架下弦底；无屋架者算至天棚底另加100mm；有钢筋混凝土楼板隔层者算至楼板顶；有框架梁时算至梁底 （3）女儿墙：从屋面板上表面算至女儿墙顶面（如有混凝土压顶时算至压顶下表面） （4）内、外山墙：按其平均高度计算 3. 框架间墙：不分内外墙按墙体净尺寸以体积计算 4. 围墙：高度算至压顶上表面（如有混凝土压顶时算至压顶下表面），围墙柱并入围墙体积内	1. 砂浆制作、运输 2. 砌砖、砌块 3. 勾缝 4. 材料运输
010402002	砌块柱			按设计图示尺寸以体积计算 扣除混凝土及钢筋混凝土梁垫、梁头、板头所占体积	

注：1. 砌体内加筋、墙体拉结的制作、安装，应按《计量规范》附录 E 中相关项目编码列项。
2. 砌块排列应上、下错缝搭砌，如果搭错缝长度满足不了规定的压搭要求，应采取压砌钢筋网片的措施，具体构造要求按设计规定。若设计无规定时，应注明由投标方根据工程实际情况自行考虑；钢筋网片按《计量规范》附录 F 中相应编码列项。
3. 砌体垂直灰缝宽>30mm 时，采用 C20 细石混凝土灌实。灌注的混凝土应按《计量规范》附录 E 相关项目编码列项。

项目4 砌筑工程

表4-8 石砌体工程量清单项目及计算规则

项目编码	项目名称	项目特征	计量单位	工程量计算规则	工作内容
010403001	石基础	1. 石料种类、规格 2. 基础类型 3. 砂浆强度等级	m³	按设计图示尺寸以体积计算 包括附墙垛基础宽出部分体积，不扣除基础砂浆防潮层及单个面积≤0.3m²的孔洞所占体积，靠墙暖气沟的挑檐不增加体积。基础长度：外墙按中心线，内墙按净长计算	1. 砂浆制作、运输 2. 吊装 3. 砌石 4. 防潮层铺设 5. 材料运输
010403002	石勒脚			按设计图示尺寸以体积计算，扣除单个体积>0.3m²的孔洞所占的体积	
010403003	石墙	1. 石料种类、规格 2. 石表面加工要求 3. 勾缝要求 4. 砂浆强度等级、配合比	m³	按设计图示尺寸以体积计算 扣除门窗、洞口、嵌入墙内的钢筋混凝土柱、梁、圈梁、挑梁、过梁及凹进墙内的壁龛、管槽、暖气槽、消火栓箱所占体积，不扣除梁头、板头、檩头、垫木、木楞头、沿椽木、木砖、门窗走头、石墙内加固钢筋、木筋、铁件、钢管及单个面积≤0.3m²的孔洞所占的体积。凸出墙面的腰线、挑檐、压顶、窗台线、虎头砖、门窗套的体积也不增加。凸出墙面的砖垛并入墙体体积内计算 1. 墙长度：外墙按中心线、内墙按净长计算 2. 墙高度： （1）外墙：斜（坡）屋面无檐口天棚者算至屋面板底；有屋架且室内外均有天棚者算至屋架下弦底另加200mm；无天棚者算至屋架下弦底另加300mm，出檐宽度超过600mm时按实砌高度计算；有钢筋混凝土楼板隔层者算至板顶；平屋顶算至钢筋混凝土板底 （2）内墙：位于屋架下弦者，算至屋架下弦底；无屋架者算至天棚底另加100mm；有钢筋混凝土楼板隔层者算至楼板顶；有框架梁时算至梁底 （3）女儿墙：从屋面板上表面算至女儿墙顶面（如有混凝土压顶时算至压顶下表面） （4）内、外山墙：按其平均高度计算 3. 围墙：高度算至压顶上表面（如有混凝土压顶时算至压顶下表面），围墙柱并入围墙体积内	1. 砂浆制作、运输 2. 吊装 3. 砌石 4. 石表面加工 5. 勾缝 6. 材料运输

97

(续)

项目编码	项目名称	项目特征	计量单位	工程量计算规则	工作内容
010403004	石挡土墙	1. 石料种类、规格 2. 石表面加工要求 3. 勾缝要求 4. 砂浆强度等级、配合比	m³	按设计图示尺寸以体积计算	1. 砂浆制作、运输 2. 吊装 3. 砌石 4. 变形缝、泄水孔、压顶抹灰 5. 滤水层 6. 勾缝 7. 材料运输
010403005	石柱				1. 砂浆制作、运输 2. 吊装 3. 砌石 4. 石表面加工 5. 勾缝 6. 材料运输
010403006	石栏杆		m	按设计图示以长度计算	
010403007	石护坡	1. 垫层材料种类、厚度 2. 石料种类、规格 3. 护坡厚度、高度 4. 石表面加工要求 5. 勾缝要求 6. 砂浆强度等级、配合比	m³	按设计图示尺寸以体积计算	1. 铺设垫层 2. 石料加工 3. 砂浆制作、运输 4. 砌石 5. 石表面加工 6. 勾缝 7. 材料运输
010403008	石台阶				
010403009	石坡道		m²	按设计图示以水平投影面积计算	
010403010	石地沟、石明沟	1. 沟截面尺寸 2. 土壤类别、运距 3. 垫层材料种类、厚度 4. 石料种类、规格 5. 石表面加工要求 6. 勾缝要求 7. 砂浆强度等级、配合比	m	按设计图示以中心线长度计算	1. 土方挖、运 2. 砂浆制作、运输 3. 铺设垫层 4. 砌石 5. 石表面加工 6. 勾缝 7. 回填 8. 材料运输

注：1. 石基础、石勒脚、石墙的划分：基础与勒脚应以设计室外地坪为界。勒脚与墙身应以设计室内地面为界。石围墙内外地坪标高不同时，应以较低地坪标高为界，以下为基础；内外标高之差为挡土墙时，挡土墙以上为墙身。

2. "石基础"项目适用于各种规格（粗料石、细料石等）、各种材质（砂石、青石等）和各种类型（柱基、墙基、直形、弧形等）基础。

3. "石勒脚""石墙"项目适用于各种规格（粗料石、细料石等）、各种材质（砂石、青石、大理石、花岗石等）和各种类型（直形、弧形等）勒脚和墙体。

4. "石挡土墙"项目适用于各种规格（粗料石、细料石、块石、毛石、卵石等）、各种材质（砂石、青石、石灰石等）和各种类型（直形、弧形、台阶形等）挡土墙。

5. "石柱"项目适用于各种规格、各种石质、各种类型的石柱。

6. "石栏杆"项目适用于无雕饰的一般石栏杆。

7. "石护坡"项目适用于各种石质和各种石料（粗料石、细料石、片石、块石、毛石、卵石等）。

8. "石台阶"项目包括石梯带（垂带），不包括石梯膀，石梯膀应按 GB 50854—2013 附录 C 石挡土墙项目编码列项。

9. 如施工图设计标注做法见标准图集时，应在项目特征描述中注明标注图集的编码、页号及节点大样。

项目 4 砌筑工程

表 4-9 垫层工程量清单项目及计算规则

项目编码	项目名称	项目特征	计量单位	工程量计算规则	工作内容
010404001	垫层	垫层材料种类、配合比、厚度	m³	按设计图示尺寸以 m³ 计算	1. 垫层材料的拌制 2. 垫层铺设 3. 材料运输

注：出混凝土垫层应按本规范附录 E 中相关项目编码列项外，没有包括垫层要求的清单项目应按本表垫层项目编码列项。

标准砖尺寸应为 240mm×115mm×53mm。

标准砖墙厚度应按表 4-10 计算。

表 4-10 标准砖墙计算厚度表

砖数（厚度）	1/4	1/2	3/4	1	3/2	2	5/2	3
计算厚度/mm	53	115	180	240	365	490	615	740

【例 4-10】 如图 4-17 所示，某工程 M7.5 水泥砂浆砌筑 MU15 水泥实心砖墙基（砖规格为 240mm×115mm×53mm）。编制该砖基础砌筑项目国标工程量清单（提示：砖砌体内无混凝土构件）。

【解答】

（1） Ⅰ—Ⅰ 截面

砖基础高度：$H = 1.2$m

砖基础长度：$L = [7×3-0.24+2×(0.365-0.24)×0.365/0.24]$m $= 21.14$m

其中：$[(0.365-0.24)×0.365/0.24]$m $= 0.19$m 为砖垛折加长度。

大放脚截面积：$S = n(n+1)ab = 4×(4+1)×0.126×0.0625$m² $= 0.1575$m²

砖基础工程量：$V = (H_{设计}B + S_{大放脚})L - V_{构件}$

$= (1.2×0.24+0.1575)×21.14$m³ $= 9.42$m³

砖基础国标清单
编制与计价

垫层长度：$L = (7×3-0.8+2×0.19)$m（垛折加长度）$= 20.58$m（内墙按垫层净长计算）

（2） Ⅱ—Ⅱ 截面

砖基础高度：$H = 1.2$m

砖基础长度：$L = (3.6+3.3)×2$m $= 13.8$m

大放脚截面积：$S = 2×(2+1)×0.126×0.0625$m² $= 0.0473$m²

砖基础工程量：$V = (1.2×0.24+0.0473)×13.8$m³ $= 4.63$m³

合计 $V = (9.42+4.63)$m³ $= 14.05$m³

外墙基垫层、防潮层工程量在项目特征中予以描述。

（3） 根据清单规范的项目划分，编列清单见表 4-11。

表 4-11 分部分项工程量清单（国标清单）

序号	项目编码	项目名称	项目特征	计量单位	工程量
1	010401001001	砖基础	M7.5 水泥砂浆（240mm×115mm×53mm）MU 水泥混凝土一砖条形基础，等高式大放脚；-1.2m 基底下 C20 混凝土垫层，长 20.58m，宽 1.05m，厚 150mm；干混地面砂浆 DS M15，20 厚防潮层	m³	14.05

【例 4-11】 某工程室外排水附属工程内径 620mm×620mm 砖砌窨井 14 座，设计采用浙 S1-91 标准图集，按设计选定内容和型号编制清单见表 4-12。

【解答】

表 4-12 分部分项工程量清单（国标清单）

序号	项目编码	项目名称	项目特征	计量单位	工程数量
1	010401011001	砖检查井	内径 620mm×620mm，平均井深 1.50m，MU10 水泥实心砖 M5.0 水泥砂浆砌筑井壁，厚 240mm，850mm×850mm×70mm 复合塑钢井圈盖；土方列入管道铺设工程，其余做法按图集浙 S1-91 图集第 12 页做法	座	14

二、国标工程量清单计价

砌筑工程项目清单计价时，工程项目工料机数量的确定与计算主要考虑的是清单项目特征的描述内容（必要时应该对照设计施工图），以及采用的计价定额的使用规则，而与施工方案的取定和运用关系不大。下面按《计量规范》附录 D 项目，结合《浙江省房屋建筑与装饰工程预算定额》(2018 版)的使用，说明砌筑工程清单项目计价方法。砖基础及实心砖墙可组合的内容分别见表 4-13 和表 4-14。

表 4-13 砖基础可组合内容

序号	项目编码	项目名称	实际组合的主要内容		对应的定额子目
1	010401001	砖基础	1. 砖基础	混凝土实心砖	4-1~4-3
				混凝土多孔砖	4-4、4-5
			2. 防潮层铺设	干混地面砂浆	9-44 或 9-43
			3. 其他		

表 4-14 实心砖墙可组合内容

序号	项目编码	项目名称	实际组合的主要内容		对应的定额子目
1	010401003	实心砖墙	1. 砖墙	混凝土实心砖	4-6~4-9、4-16、4-17
				非混凝土烧结实心砖	4-27~4-30
				蒸压实心砖	4-47、4-48
			2. 其他		

【例 4-12】 按例 4-10 提供的砖砌基础工程量清单表 4-11，计算和分析墙基的综合单价（计价人确定的报价方案：市场人工单价按 138 元/工日，混凝土实心砖价格按 412 元/千块，200L 灰浆搅拌机按 159 元/台班，企业管理费 15%，利润 10%）。

【解答】

(1) 计价工程量计算

① 砖基础砌筑：同清单工程量 $V=14.05\text{m}^3$

② 防潮层：

Ⅰ—Ⅰ：$21.24\times0.24\text{m}^2=5.10\text{m}^2$

Ⅱ—Ⅱ：$13.8\times0.24\text{m}^2=3.31\text{m}^2$

$\Sigma=(5.10+3.31)\text{m}^2=8.41\text{m}^2$

(2) 计算分部分项工程量的清单综合单价

① 砖基础砌筑：套用 4-1H 定额。

人工费 $=(0.779\times138+0.382\times0.23\times138)$ 元/$\text{m}^3=119.627$ 元/m^3

材料费 $=[300.41+(215.81-413.73)\times0.23+(412-388)\times0.529]$ 元/$\text{m}^3=267.584$ 元/m^3

机械费 $=0.167\times0.23\times159$ 元/$\text{m}^3=6.107$ 元/m^3

管理费 $=(119.627+6.107)$ 元/$\text{m}^3\times15\%=18.860$ 元/m^3

利润 $=(119.627+6.107)$ 元/$\text{m}^3\times10\%=12.573$ 元/m^3

② 干混地面砂浆 DS M15 防潮层：套用 9-44 定额。

人工费 $=0$ 元/m^2

材料费 $=11.6282$ 元/m^2

机械费 $=0.2055$ 元/m^2

管理费 $=(0+0.2055)$ 元/$\text{m}^2\times15\%=0.031$ 元/m^2

利润 $=(0+0.2055)$ 元/$\text{m}^2\times10\%=0.021$ 元/m^2

(3) 计算分部分项工程量清单项目综合单价（表 4-15）。

表 4-15 综合单价计算表（国标清单）

序号	项目编码	项目名称	计量单位	数量	综合单价/元						合计/元
					人工费	材料费	机械费	管理费	利润	小计	
1	010401001001	混凝土实心砖基础	m^3	14.05	119.627	274.544	6.230	18.879	12.586	431.886	6068
	4-1H	M7.5 水泥砂浆砌筑混凝土实心砖基础	m^3	14.05	119.627	267.584	6.107	18.860	12.573	424.751	5968
	9-44	干混地面砂浆 DS M15 防潮层	m^2	8.41	0.000	11.628	0.206	0.031	0.021	11.886	100

【小　结】

本项目主要介绍了砌筑工程的定额使用规定、工程量计算规则以及砌筑工程的清单编制与综合单价的计算。重点是把握砖基础、主体砖砌体定额工程量计算、包括砖基础大放脚计算、墙身扣减体积的计算，掌握砌筑工程的清单编制与清单计价，同时要注意砌筑工程清单工程量计算规则与定额工程量计算的区别。

【思考与练习题】

1. 结合二十大报告中"生态文明建设"和本项目所学内容，谈谈你对"国家禁止使用红砖"的理解和认识。

2. 列出墙体定额工程量的计算公式，并说明公式中墙长、墙高、墙厚，以及应扣面积、应扣体积的取定。

3. 写出下列项目的定额编号、计量单位、基价（如需换算，应列出换算式）。
（1）M10 水泥砂浆砌块石基础。
（2）M10 混合砂浆砌筑烧结普通砖圆弧形一砖墙。
（3）M5 混合砂浆砌筑烧结多孔砖污水池。

4. 砌筑的工程量清单项目划分为哪几个部分？

5. 砖基础、砖砌墙体、砖砌构筑物清单计价时，如何根据清单描述组合计价？

6. 如图 4-19 所示，墙厚 240mm，为烧结普通砖，墙垛尺寸：120mm×240mm，门窗尺寸见门窗表，设圈梁一道（含板厚）断面为 240mm×300mm，门窗过梁厚 200mm，长度为洞口宽加 500mm，屋面板厚 100mm。试编制砌体定额工程量清单，保留 3 位小数。

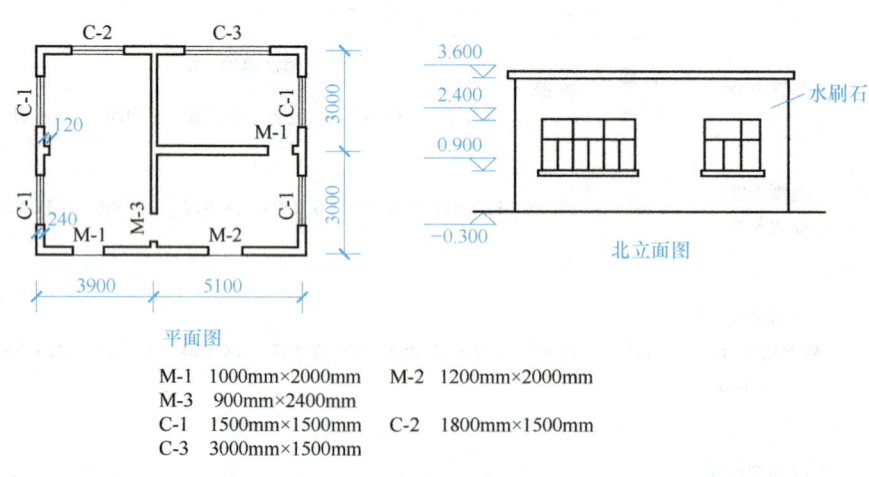

M-1　1000mm×2000mm　　M-2　1200mm×2000mm
M-3　900mm×2400mm
C-1　1500mm×1500mm　　C-2　1800mm×1500mm
C-3　3000mm×1500mm

图 4-19　砖墙平面图及立面图

7. 某工程基础平面及断面图如图 4-20 所示，已知：二类土，地下静止水位 -1.000m，设计室外地坪标高-0.300m。试计算编制该砖基础国标工程量清单，并计算综合单价（企业管理费、利润均按10%计取，计算结果保留两位小数）。

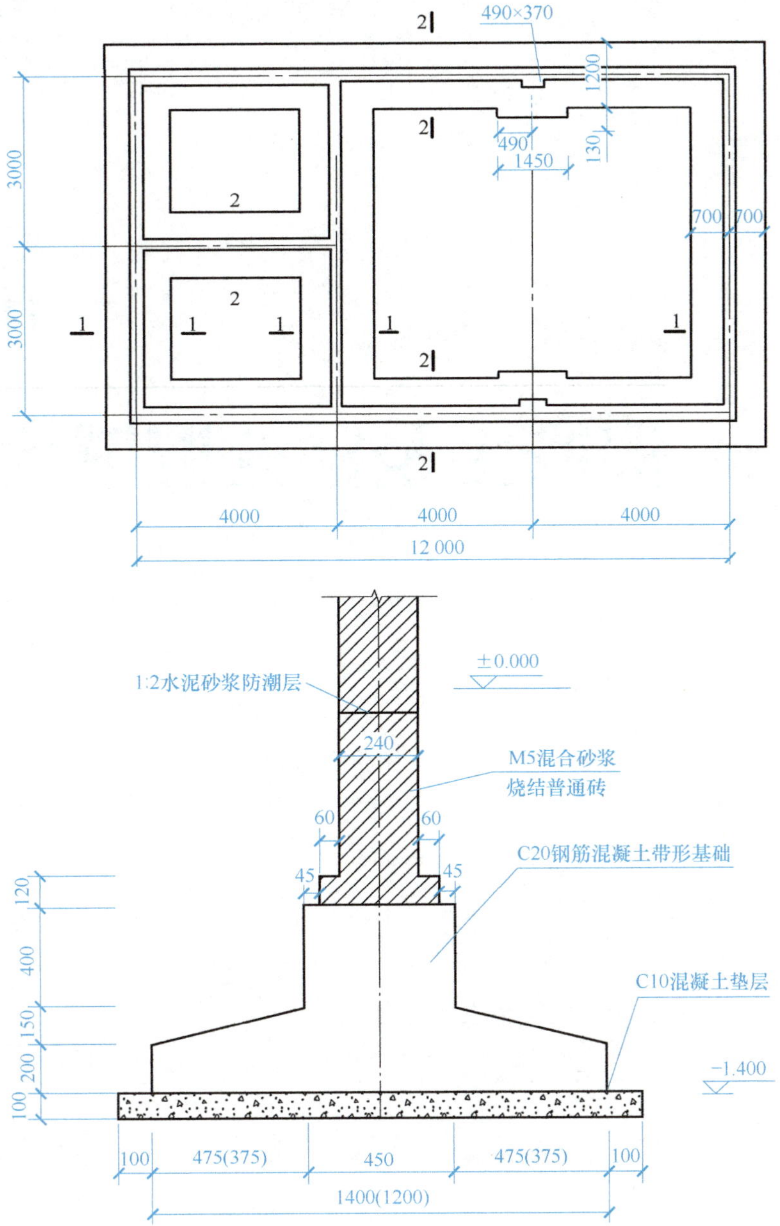

图 4-20 某工程基础平面及断面图

项目 5
混凝土及钢筋混凝土工程

任务 1　混凝土及钢筋混凝土工程基础知识

钢筋混凝土工程是指以钢筋、混凝土为主要材料，经过加工生产合成的房屋结构构件的施工过程或生产过程，是房屋工程建造中重要的分部分项工程。混凝土及钢筋混凝土工程的计价项目按施工工种划分有混凝土、钢筋、现浇混凝土模板和装配式混凝土构件四个部分。其中模板部分不构成工程实体，同一构件的模板费用因其施工生产水平和施工方案的不同，差异也会较大，根据清单规范的编制原则，模板部分列入措施项目计价。

一、混凝土工程

混凝土按配料方式不同分为现拌混凝土和商品混凝土。因环保要求，现场基本取消了现拌混凝土。商品混凝土按现场输送方式不同分为泵送混凝土和非泵送混凝土；按倾倒方式不同分为流（溜）槽混凝土和串筒（管）混凝土；按浇捣方式不同分为机械振动（插入式平振式、附着式）混凝土、离心作业法混凝土、真空作业法混凝土；按养护方式分为自然养护混凝土和蒸汽养护混凝土。

混凝土浇捣的施工工艺应结合上述各种不同的类型。施工现场混凝土浇捣施工过程由下列工序组成：施工准备、砂石清理、称重、搬运、投料、搅拌、出仓（混凝土搅拌形成"半成品"）。前序工作有工程检查与问题处理、混凝土运输与输送、浇筑（浇捣、抹面、施工缝留设）、养护（覆盖草袋、浇水、检查）。

施工过程一般以班组形式进行，人员由混凝土工与普工组成，主要机具有锹、铲、桶、木抹、直尺、插入式振捣棒、平板式振捣器、溜槽（管）、真空油泵、人力手推车等。

按构件部位、作用及其性质划分，建筑物中的混凝土工程项目主要有：基础、柱、梁、板、墙等工程主体结构构件和楼梯、阳台、栏板、雨篷、檐沟、后浇带等工程辅助构件。现浇的混凝土构筑物，一般有烟囱、水塔、水池、贮仓、地沟和沉井等。

1. 基础

基础按外形划分有：带形基础（图5-1）、独立基础（图5-2）、杯形基础（图5-3）、筏板基础（又称满堂基础，图5-4）、箱式基础（图5-5）等。在带形基础、独立基础下设有桩基础时，又统称为桩承台（图5-6）。基础按受力情况又可以分为柔性基础和刚性基础。

图5-1　带形基础

图5-2　独立基础

2. 柱

按其作用简单分为独立柱和构造柱。独立柱常见于承重独立柱、框架柱（图5-7）、有梁板柱、无梁板柱、构架柱等。构造柱（图 5-8）是指按建筑物刚性要求设置的、先砌墙后浇捣的柱，按设计规范要求，需设与墙体咬接的马牙槎。构造柱按其断面形状划分为矩形柱、圆形柱、异形柱。

图 5-3　杯形基础

图 5-4　筏板基础

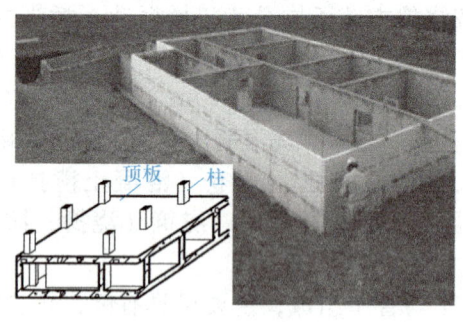

图 5-5　箱式基础

图 5-6　桩承台

图 5-7　框架柱

图 5-8　构造柱

3. 梁

基础梁（图 5-9）一般用于柱网结构或不宜设墙基的构造部位，可不再设墙基。

单梁包括框架梁或单独承重梁，按断面或形状分为矩形梁、异形梁、弧形梁（图 5-10）、拱形梁（图 5-11）、薄腹梁（图 5-12）等。

圈梁（图 5-13）是指按建筑、构筑物整体刚度要求，沿墙体水平封闭设置的构件，形状有矩形和弧形（布置轴线非直线）之分。

图 5-9　基础梁

图 5-10　弧形梁

图 5-11　拱形梁

图 5-12　薄腹梁

图 5-13　圈梁

过梁（图 5-14）是用于承受洞口上部荷载并传递给墙体的单独小梁。

4. 板

按荷载传递形式分为平板（图 5-15）、有梁板（图 5-16）、无梁板（图 5-17）。由于外形或结构形式不同，另有拱形板、薄壳屋盖等。

① 有梁板：梁与板构成一体并且至少有三边是以承重梁支撑的。

图 5-14　过梁

图 5-15　平板

图 5-16　有梁板

② 无梁板：不带梁而直接用柱头支撑的板。其板较厚，主要用于冷库、仓库、菜场等建筑物。

③ 平板：无柱、梁直接由墙承重的板。

5. 墙

按布置形式分为直形、弧形；按部位和作用分，一般将地下室墙、电梯井壁单独予以区别（图 5-18）。

图 5-17　无梁板

图 5-18　混凝土墙

6. 楼梯

按荷载的传递形式分为板式楼梯和梁式楼梯,按外形分为直形楼梯(图 5-19)和弧形楼梯(图 5-20)。

图 5-19 直形楼梯

图 5-20 弧形楼梯

7. 后浇带

为防止现浇钢筋混凝土结构由于温度、收缩不均可能产生的有害裂缝,按照设计或施工规范要求,在板(包括基础底板)、墙、梁相应位置留设临时施工缝,将结构暂时划分为若干部分,经过构件内部收缩,在若干时间后再浇捣该施工缝混凝土,将结构连成整体,即为后浇带(图 5-21)。

后浇带的位置、距离通过设计计算确定,其宽度考虑施工简便、避免应力集中,常为 800~1200mm;在有防水要求的部位设置后浇带,应考虑止水带构造;设置后浇带部位还应该考虑模板等措施内容不同的消耗因素;后浇带部位填充的混凝土强度等级须比原结构提高一级。

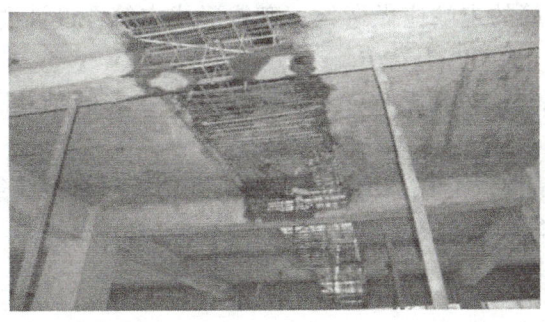

图 5-21 后浇带

二、钢筋工程

钢筋混凝土结构使用的钢筋主要为普通钢筋,分为热轧钢筋和冷加工钢筋两大类。热轧钢筋是最常用的钢筋,有热轧光圆钢筋(HPB)、热轧带肋钢筋(HRB)和余热处理钢筋(RRB)三种。

钢筋工程施工过程由下列工序组成:施工准备、钢筋翻样、搬运、调直、除锈、下料、切断、弯曲成形、堆放(前工序为钢筋制作)、运输、清理模内杂物、入模、摆放、绑扎

（连接）（前工序为钢筋安装）、钢筋成品保护（安装施工或混凝土施工时）。

（一）钢筋的制作

钢筋加工一般集中在现场钢筋加工棚中采用流水作业法进行，然后运至混凝土构件施工操作平台进行安装和连接。钢筋加工施工过程工序包括：调直、除锈、下料、切断、弯曲（接长）。

1. 调直与除锈

以盘圆供货的钢筋调直一般采用冷拉进行，Ⅰ级钢筋冷拉率不宜大于4%，Ⅱ、Ⅲ级钢筋冷拉率不宜大于1%；当钢筋无弯钩弯折要求时，Ⅰ级钢筋冷拉率可放宽至6%，Ⅱ、Ⅲ级钢筋冷拉率不超过2%。直径6~14mm的钢筋可用钢筋调直机进行调直，钢筋调直机兼有除锈、调直和切断三项功能。除锈方法有调直或冷拉过程中除锈、电动除锈机除锈、手工除锈或喷砂、酸洗除锈。

2. 下料与切断

钢筋下料时须依据钢筋翻样单的下料长度，在下料工作平台上用粉笔或彩色笔标出尺寸，再进行切断。钢筋断料的截取应统筹合理安排，原则上应"先断长料、后断短料、减少短头"。钢筋切断可用钢筋切断机（适用于钢筋直径40mm以下12mm以上）、手动切断器（适用于钢筋直径12mm以下）、乙炔或电弧割切或锯断（适用于钢筋直径40mm以上）。

3. 弯曲成形

钢筋弯曲的弯起角度常见的有30°、45°、60°、90°。钢筋弯曲一般采用钢筋弯曲机或手工弯箍机具进行，弯曲形状复杂的钢筋应画线、放样后进行。

当设计要求钢筋末端需做135°弯钩时，HRB335级、HRB400级钢筋的弯弧内直径D不应小于钢筋直径的4倍，弯钩的弯后平直部分长度应符合设计要求。

1) 钢筋做不大于90°的弯折时，弯折处的弯弧内直径不应小于钢筋直径的5倍。

2) 箍筋。除焊接封闭环式箍筋外，箍筋的末端应做弯钩，弯钩形式应符合设计要求。当设计无具体要求时，应符合下列规定。

① 箍筋弯钩弯折角度：对一般结构，不应小于90°；对有抗震等要求的结构，应为135°。

② 箍筋弯后的平直部分长度：对一般结构，不宜小于箍筋直径的5倍；对有抗震等要求的结构，不应小于箍筋直径的10倍（图5-22）。

（二）钢筋的安装

1. 堆放、运输

钢筋堆放分两个阶段：钢筋进场堆放与加工后的堆放。钢筋进场后按铭牌、厂家、批次、规格分类堆放，需核查材质证明、出厂试验报告，同时分批取样进行拉力、冷弯、焊接试验，合格才能加以使用。

在钢筋加工棚成的半成品钢筋，应按工程部位的不同规格、类型和品种做好标签进行有序堆放。

钢筋运输主要指施工现场的运输，即场内的水平运输与垂直运输。

2. 连接

钢筋连接方法分为人工绑扎、焊接连接和机械连接三种。

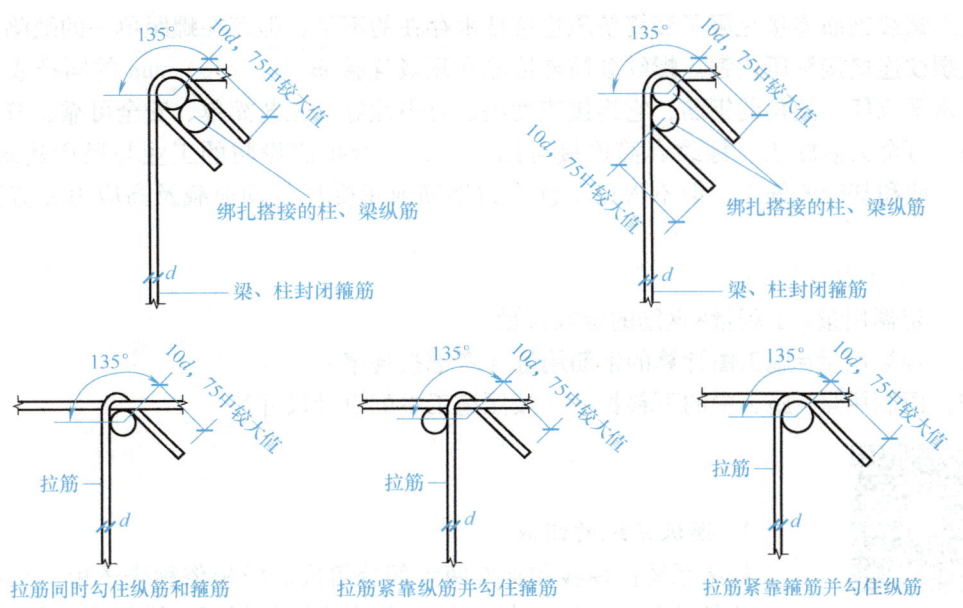

图 5-22 封闭箍筋及拉筋弯钩构造图

注：非框架梁以及不考虑地震作用的悬挑梁，箍筋及拉筋弯钩平直段长度可为 $5d$；当其受扭时，应为 $10d$。

钢筋连接遵循以下几项原则。

1）钢筋接头宜设置在受力较小处，同一根钢筋不宜设置两个以上接头，同一构件中的纵向受力钢筋接头宜相互错开。

2）直径大于 12mm 的钢筋，应优先采用焊接接头或机械连接接头；轴心受拉和小偏心受拉构件的纵向受力钢筋、直径大于 25mm 的受拉钢筋、直径大于 28mm 的受压钢筋不得采用绑扎搭接接头。

3）直接承受动力荷载的构件，纵向受力钢筋不得采用绑扎搭接接头。

3. 人工绑扎

钢筋绑扎是用镀锌铁丝（20~22 号）将横竖交叉或平行搭接在一起的钢筋进行捆绑。一般采用铁丝钩、钢筋扳手、撬杠、绑扎架、卷尺及粉笔等工具。

常见的钢筋焊接方法可分为压焊（闪光对焊、电阻点焊、气压焊）和熔焊（焊条电弧焊、电渣压力焊）。

4. 机械连接

钢筋机械连接又称为冷连接，是继绑扎、焊接之后的第三种钢筋连接技术。机械连接具有接头强度高于钢筋母材、速度比电焊快、无污染、节省钢材等优点。

套筒挤压连接是将两根待连接钢筋插入一个特制钢套管内，采用挤压机和压模在常温下对套管加压，使两根钢筋紧固成一体。该工艺操作简单、连接速度快、安全可靠、无明火作业、不污染环境，钢筋连接质量优于钢筋母材的力学性能。套筒挤压连接适用于大直径钢筋的现场连接。

螺纹套筒连接是将两根待连接钢筋的端部和套管预先加工成螺纹，然后用手和力矩扳手将两根钢筋端部旋入套筒形成机械式钢筋接头。螺纹套筒连接分为锥形螺纹连接和直螺纹连接两种。

锥形螺纹钢筋连接克服了套筒挤压连接技术存在的不足，但存在螺距单一的缺陷，已逐渐被直螺纹连接接头所代替。螺纹套筒连接能在现场连接 φ（14～40）mm 的同径或异径的竖向、水平或任何倾角的钢筋，它连接速度快、对中性好、工艺简单、安全可靠、节约钢材和能源、可全天候施工。螺纹套筒连接可用于一、二级抗震设防的工业与民用建筑的梁、板、柱、墙和基础的施工，但不得用于预应力钢筋或承受反复动荷载及高应力疲劳荷载的结构。

（三）钢筋的三种用量

（1）定额用量 = 工程量 × 钢筋的定额含量
（2）预算用量 = 施工图计算的钢筋用量（考虑损耗率）
（3）配制用量 = 施工中的下料长度（按照施工中的设计尺寸）

模板工程基础知识

三、模板工程

1. 模板系统的组成

模板系统由模板和支架两大部分组成。模板俗称壳子板，是形成混凝土构件的外壳造型，与混凝土直接接触的板面。模板由面板、次肋、主肋等组成。支架是支撑和撑牢模板的骨架，以保证其位置的准确，承担钢筋、新浇筑混凝土的侧压力及施工荷载的作用。支架有支撑、桁架、系杆及对拉螺栓等不同的形式。

模板是施工时使用的临时结构物，如柱模板（图 5-23），但它对钢筋混凝土工程的施工质量和工程成本有重要的影响。招投标过程中，模板的费用一般情况下可以作为技术措施费由施工企业自主报价。梁模板（图 5-24）一般有三面，即底面和两侧面。

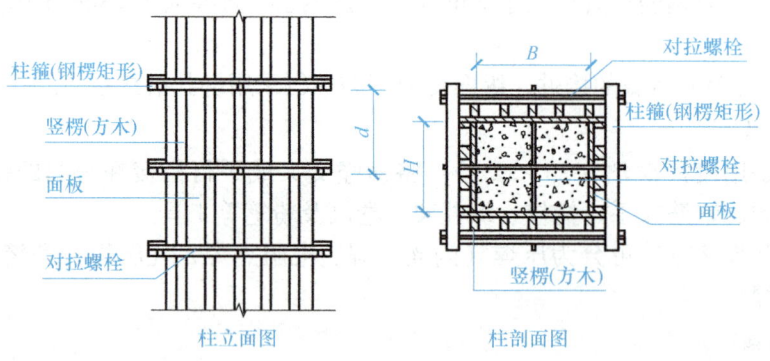

图 5-23　柱模板

2. 模板的种类

1）按模板所用的材料不同，可将模板分为木模板、竹模板、钢木模板、钢模板、塑料模板、铝合金模板和玻璃模板等。

2）按模板的形式不同，可将模板分为定型模板、筒子式模板、台模或飞模和滑升模板。

一般情况下，现浇混凝土及钢筋混凝土模板工程量，除另有规定外，均应区别模板的不同材质，按混凝土与模板接触的面积，以 m² 计算。

3. 模板施工

模板施工过程由以下工序组成：施工准备、模板放样、制作、运输定位、搭设支模架、放线、定位、找平、支模、拼装、矫正、加固、嵌缝、清理模内杂物、刷隔离油、拆除（钢筋工程、混凝土工程结束后）、维护整理、场内外运输、回库或周转。

施工准备由施工方案、人员机具组织两方面同步开展。施工过程一般以班组形式进行，人员由技工与普工组成，主要施工机具有木工圆锯机、电动手提气枪、榔头、扳手、螺钉旋具，并配套有运输与起重机械等。

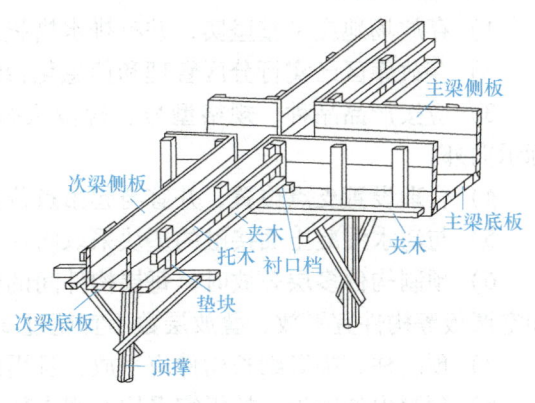

图 5-24　梁模板

混凝土成型并养护一段时间后，当强度达到一定要求时，即可拆除模板。模板拆除应遵循"先支后拆、后支先拆""先非承重部位、后承重部位"以及自上而下的原则。重大复杂模板的拆除，事前应制订拆除方案。

四、装配式混凝土

装配式预制构件包括预制外墙板、预制内墙板、预制叠合楼板、预制楼梯、叠合梁。装配式混凝土建筑结构工程施工包含以下两方面内容。

1. 预制构件的吊装、运输与存放

（1）吊装要求

1）根据预制构件的形状、尺寸、重量和作业半径等要求选择吊具和起重设备。

2）吊点数量、位置应经计算确定，应采取保证起重设备的主钩位置、吊具及构件重心在竖直方向上重合的措施。

3）吊索水平夹角不应小于45°。

4）起吊应采用慢起、稳升、缓放的操作方式，严禁吊装构件长时间悬停在空中。

5）吊装大型构件、薄壁构件和形状复杂的构件时，应使用分配梁或分配桁类吊具，并应采取避免构件变形和损伤的临时加固措施。

（2）运输要求

1）运输中做好安全与成品保护措施。

2）对于超高、超宽、形状特殊的大型预制构件的运输和存放，应制定专门的质量安全保证措施。

3）根据构件特点采用不同的运输方式，托架、靠放架、插放架应进行专门设计，并进行强度、稳定性和高度验算；外墙板宜采用立式运输，外饰面层应朝外，梁、板、楼梯、阳台宜采用水平运输；采用靠放架立式运输时，构件与地面倾斜角应大于80°，构件应对称靠放，每侧不大于2层；采用插放架直立运输时，应采取防止构件倾斜措施，构件之间应设置隔离垫块；水平运输时，预制梁、柱构件叠放不宜超过3层，板类构件叠放不宜超过6层。

（3）存放要求

1）存放场地应平整坚实，并有排水措施。

2）存放库区已实行分区管理和信息化台账管理。

3）应按产品品种、规格型号、检验状态分类存放，标识应明确耐久，预埋吊件朝上，标示向外。

4）合理设置支点位置，并宜与起吊点位置一致。

5）与清水混凝土面接触的垫块采取防污染措施。

6）预制构件多层叠放时，每层构件间的垫块应上下对齐；预制楼板、叠合板、阳台板和空调板等构件宜平放，叠放层数不宜超过6层。

7）预制柱、梁等细长构件应平放，且用两条垫木支撑。

8）预制内外墙板、挂板宜采用专用支架直立存放，构件薄弱部位和门窗洞口应采取防止变形开裂的临时加固措施。

2. 预制构件的安装

安装工艺流程：安装吊具、缆风绳→构件调平、起吊→拆除临边防护→构件吊运及落位→安装斜支撑、卸钩→构件校核→质量验收→塞缝灌浆。

任务2　混凝土及钢筋混凝土工程定额清单编制与计价

混凝土定额说明

一、定额使用说明

本项目定额分为现浇混凝土结构工程及装配式混凝土构件装配两部分，包括：混凝土、钢筋、现浇混凝土模板、装配式混凝土构件。

本项目定额中泵送商品混凝土是指在混凝土厂集中搅拌、用混凝土罐车运输到施工现场并通过混凝土泵直接入模的混凝土。

本项目定额中混凝土除另有注明外均按泵送商品混凝土编制，实际采用非泵送商品混凝土、现场搅拌混凝土时仍套用泵送定额，混凝土价格按实际使用的种类换算，混凝土浇捣人工乘以表5-1相应系数，其余不变。现场搅拌的混凝土还应按混凝土消耗量执行现场搅拌调整费定额。

表5-1　建筑物人工调整系数表

序号	项目名称	人工调整系数	序号	项目名称	人工调整系数
1	基础	1.50	4	墙、板	1.30
2	桩	1.05	5	楼梯、雨篷、阳台、栏板及其他	1.05
3	梁	1.40			

【例5-1】　某工程采用商品混凝土施工，请计算C25非泵送商品混凝土栏板浇捣的定额人工费、材料费、机械费。

【解答】

定额编号：5-20H

计量单位：10m³

人工费 = 1314.5×1.05 元 = 1380.23 元

材料费 = [4677.38+(421-461)×10.1] 元 = 4273.38 元

机械费 = 6.32 元

【例 5-2】 试求现浇现拌 C25（40）基础梁的定额人工费、材料费、机械费。

【解答】

定额编号：5-8H+5-35H

计量单位：10m³

人工费 = [271.62×1.4+(10.1/10)×529.47] 元 = 915.033 元

材料费 = [4699.12+(298.96-461)×10.1+(10.1/10)×1.62] 元 = 3064.152 元

机械费 = [4.19+(10.1/10)×64.61] 元 = 69.446 元

本项目定额中商品混凝土按常用强度等级考虑，设计强度等级不同时应予以换算；施工图设计要求增加的外加剂另行计算。

装配式混凝土构件安装定额项目适用于以标准化设计、工厂化生产、装配化施工生产方式建造的建筑，装配式混凝土构件按成品购入编制，装配式建筑中的现浇混凝土、钢筋和模板按本说明相关规定，分别执行本项目相应定额。

混凝土型钢柱、灌混凝土钢管柱组合构件，分别按本定额相应清单项目计算。其中，钢管柱内混凝土浇捣不计模板项目，钢管柱内浇筑混凝土采用反顶升浇筑法施工时，按照经批准的专项施工方案另行计算。

混凝土方桩定额仅适用施工现场预制，混凝土方桩的模板定额内不包含地模（预制场地）的工程量，实际发生时，按施工组织设计计算工程量，套相应定额计算。混凝土方桩总损耗率按 1.5%计算，总损耗率包括预制、起吊、运输和打桩施工等全部损耗，实际损耗不同不调整。混凝土方桩的混凝土、钢筋、模板工程量按施工图净用量加总损耗率计。

(一) 现浇混凝土工程

1. 混凝土

1) 对毛石混凝土，定额毛石的投入量按 18%考虑，如设计不同时，毛石、混凝土的体积按设计比例调整。

【例 5-3】 某工程现浇现拌非泵送毛石混凝土基础，设计毛石投入量为 15%，试计算该基础每立方工程量毛石和混凝土的用量。

毛石混凝土换算

【解答】

查定额 5-2 可知，毛石含量为 0.3654t/m³，混凝土含量为 0.8282m³/m³

按投入比例，毛石用量 =（0.3654×15%/18%）t/m³ = 0.3045t/m³

混凝土用量 = [0.8282×(1-15%)/(1-18%)] m³/m³ = 0.8585m³/m³

2) 设计要求需进行温度控制的大体积混凝土，温度控制费用按照经批准的专项施工方案另行计算。

3) 基础。

① 基础与上部结构的划分以混凝土基础上表面为界。

② 基础与垫层的划分，一般以设计确定为准；如设计不明确时，以厚度划分：150mm以下的为垫层，150mm以上的为基础。

③ 设计为带形基础的单位工程，当仅楼（电）梯间、厨厕间等少量部位采用满堂基础时，其工程量并入带形基础计算。

④ 箱形基础的底板（包括边缘加厚部分）套用无梁式满堂基础定额，其余套用柱、梁、板、墙相应定额。

⑤ 设备基础仅考虑块体形式，执行混凝土及钢筋混凝土基础定额，其他形式设备基础分别按基础、柱、梁、板、墙等有关规定计算，套用相应定额。

4) 设备基础预留螺栓孔洞及基础面的二次灌浆按非泵送混凝土编制，如设计灌注材料与定额不同时，按设计调整。

5) 柱、梁、板分别计算套用相应定额；暗柱、暗梁分别并入相连构件内计算。

6) 当柱的 a 与 b 之比小于 4 时，按柱相应定额执行，大于 4 时按墙相应定额执行（图 5-25）。

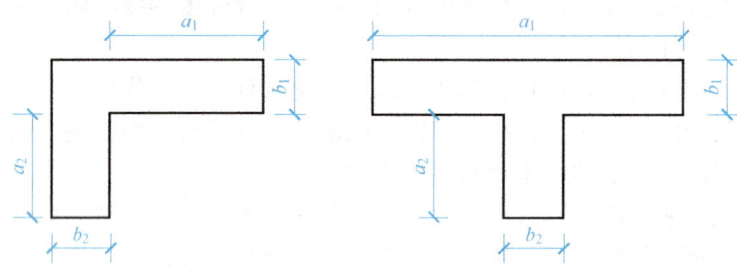

图 5-25 混凝土柱、墙示意图

7) 地圈梁套用圈梁定额；异形梁、梯形梁、变截面矩形梁套用"矩形梁、异形梁"定额。

8) 斜梁（板）按坡度 $10°<\alpha\leq30°$ 综合编制。坡度 $\leq10°$ 斜梁（板），执行普通梁、板项目；坡度 $30°<\alpha\leq45°$ 时人工乘以系数 1.05；坡度在 45°以上时，按墙相应定额执行。

【例 5-4】 某工程 C30 泵送商品混凝土现浇斜梁，坡度为 36°。计算其定额人工费、材料费和机械费。

【解答】

定额编号：5-11H

计量单位：10m³

人工费 = 391.10×1.05 元 = 410.655 元

材料费 = 4719.14 元

机械费 = 4.19 元

9) 现浇屋脊、斜脊并入所依附的板内计算，单独屋脊、斜脊按压顶考虑套用定额。

10) 压型钢板上浇捣混凝土，执行平板项目，人工乘以系数 1.10。

11) 屋面女儿墙、栏板（含扶手）及翻沿净高度在 1.2m 以上时套用墙相应定额，小于 1.2m 时套用栏板相应定额，小于 250mm 时体积并入所依附的构件计算。

12) 凸出混凝土柱、墙、梁、阳台梁、栏板外侧面的线条，凸出宽度小于 300mm 的工程量并入相应构件内计算，凸出宽度大于 300mm 的按雨篷定额执行。

13) 现浇飘窗板、空调板、水平遮阳板按雨篷定额执行；楼面及屋面平挑檐外挑小于500mm时，并入板内计算；外挑大于500mm时，套用雨篷定额；拱形雨篷套用拱形板定额；非全悬挑的阳台、雨篷，按梁、板有关规则计算，套用相应定额。阳台不包括阳台栏板及单独压顶内容，发生时执行相应定额。

14) 屋面挑出的带翻沿平挑檐套用檐沟、挑檐定额。

15) 屋面内天沟按梁、板规则计算，套用梁、板相应定额。雨篷与檐沟相连时，梁板式雨篷按雨篷规则计算并套用相应定额，板式雨篷并入檐沟计算。

16) 楼梯设计指标超过表5-2定额取定值时，混凝土浇捣定额按比例调整，其余不变。

混凝土楼梯底板厚度换算

表5-2 楼梯底板折实厚度取定表

项目名称	指标名称	取定值/mm	备注
直形楼梯	底板厚度	180	梁式楼梯的梯段梁并入楼梯底板内计算折实厚度
弧形楼梯		300	

【例5-5】 某工程采用商品混凝土施工，直形楼梯底板厚200mm，采用C25非泵送商品混凝土浇捣，计算其定额人工费、材料费和机械费。

【解答】

定额编号：5-24H

计量单位：10m³

人工费 = 155.93×1.05×(200/180)元 = 181.918元

材料费 = [1146.03+(421−461)×2.43] ×(200/180)元 = 1165.367元

机械费 = 1.49×(200/180)元 = 1.656元

17) 弧形楼梯指梯段为弧形的楼梯；仅平台弧形的，按直形楼梯定额执行。

18) 自行车坡道带有台阶及四步以上的混凝土台阶时，按楼梯定额执行。

19) 独立现浇门框按构造柱项目执行。

20) 小型构件是指本定额未列项目且单件体积在0.1m³以内的混凝土构件，小型构件定额已综合考虑了原位浇捣和现场内预制、运输及安装的情况，统一执行小型构件定额。

21) 外形体积在1m³以内的池槽执行小型构件项目，1m³以上的池槽套用"构筑物、附属工程"相应项目。

22) 地沟仅适用于断面内空面积小于0.4m²时；如断面内空面积大于0.4m²，则按构筑物地沟相应定额执行。

2. 钢筋

1) 钢筋工程按现浇构件钢筋、地下连续墙钢筋、桩钢筋等不同用途，不同强度等级和规格，以圆钢、螺纹钢、箍筋及钢绞线等分别列项，发生时分别套用相应定额。

2) 除定额规定单独列项计算外，各类钢筋、铁件的制作成型、绑扎、接头、安装及固定所用人工、材料、机械消耗均已综合在相应项目内。

3) 钢筋连接接头。

① 除定额另有说明外，均按绑扎搭接计算。

② 当设计规定采用直螺纹、锥螺纹、冷挤压、电渣压力焊和气压焊连接时，则以设计规定的连接方式按个数计算，套用相应定额。

③ 单根钢筋连续长度超过 9m（定额规定）时，可按设计规定计算一个接头，该接头按绑扎搭接计算时，搭接长度不做箍筋加密计算基数。

4）对钢筋工程中的措施钢筋，设计有规定时，按设计的品种、规格执行相应项目；当设计无规定时，仅计算楼板及基础底板的撑脚（铁马）。多排钢筋的垫铁在定额损耗中已综合考虑，发生时不另计算。

5）现浇构件冷拔钢丝按ϕ10 以内钢筋制安定额执行。

6）定额已综合考虑预应力钢筋的张拉设备，预应力钢筋如设计要求人工时效处理时，应另行计算。

7）预应力钢丝束、钢绞线综合考虑了一端、两端张拉；锚具按单锚、群锚分别列项，单锚按单孔锚具列入，群锚按 3 孔列入。预应力钢丝束、钢绞线长度大于 50m 时，应采用分段张拉。

8）植筋深度，定额按 $10d$ 考虑；当设计要求植筋深度与定额不同时，相应定额按比例调整。植筋定额未包括钢筋、化学螺栓的主材费，钢筋按设计长度计算，套钢筋制作、安装相应项目执行，化学螺栓的主材费另行计算，使用化学螺栓时，应扣除植筋胶的消耗量。

9）地下连续墙钢筋笼绑扎平台制作、安装费不含地下连续墙钢筋制作平台费用，发生时按批准的施工措施方案另行计算。

10）现场预制桩钢筋执行现浇构件钢筋。

11）除模板所用铁件及成品构件内已包括的铁件外，定额均不包括混凝土构件内的预埋铁件，预埋铁件及用于固定或定位预埋铁件（螺栓）所消耗的钢筋、钢板、型钢等应按设计图示计算工程量，执行铁件定额。

3. 模板

1）现浇混凝土构件的模板按照不同构件，分别以组合复合木模、铝模、钢模单独编制。模板的具体组成规格、比例、复合木模的材质及支撑方式等定额已综合考虑；定额未注明模板类型的，均按复合木模考虑。

2）铝模考虑实际工程使用情况，仅适用上部主体结构。

3）铝模材料价格已包含铝模回库维修等相关费用。

4）有梁式基础模板仅适用于基础表面有梁上凸时，仅带有下翻或暗梁的基础套用无梁式基础定额。

5）圆弧形基础模板套用基础相应定额，另按弧形侧边长度计算基础侧边弧形增加费。

6）地下室底板模板套用满堂基础定额，集水井杯壳模板工程量合并计算；设计为带形基础的单位工程，当仅楼（电）梯间、厨厕间等少量部位采用满堂基础时，其工程量并入带形基础计算。

7）箱形基础的底板（包括边缘加厚部分）套用无梁式满堂基础定额，其余套用柱、梁、板、墙相应定额。

8）设备基础仅考虑块体形式，其他形式设备基础分别按基础、柱、梁、板、墙等有关规定计算，套用相应定额。

9）基础底板下翻构件采用砖模时，砌体按砌筑工程定额规定执行，抹灰按墙柱面工程墙面抹灰定额规定执行。

10) 现浇钢筋混凝土柱（不含构造柱）、梁（不含圈梁、过梁）、板、墙的支模高度按层高 3.6m 以内编制，超过 3.6m 时，工程量包括 3.6m 以下部分，另按相应超高定额计算；斜板（梁）或拱形结构按板（梁）顶平均高度确定支模高度，电梯井壁按建筑物自然层层高确定支模高度。

【例 5-6】 某单层厂房现浇现拌混凝土矩形柱，设计断面 400mm×500mm，柱高 15m，层高 13.5m，设计混凝土标号 C30（40），组合钢模。试求该柱模板定额人工费、材料费和机械费。

【解答】

定额编号：5-117+5-124×10

计量单位：100m^2

人工费 =（3075.30+183.20×10）元 = 4907.3 元

材料费 =（1197.18+69.52×10）元 = 1892.38 元

机械费 =（194.57+6.83×10）元 = 262.87 元

11) 异形柱、梁是指柱、梁的断面形状为：L 形、十字形、T 形、Z 形的柱、梁，套用异形柱、梁定额。地圈梁模板套用圈梁定额；梯形、变截面矩形梁模板套用矩形梁定额；单独现浇过梁模板套用矩形梁定额；与圈梁连接的过梁模板套用圈梁定额。

12) 当一字形柱 a 与 b 之比小于 4 时，按矩形柱相应定额执行；异形柱 a 与 b 之比小于 4 时按异形柱相应定额执行，大于 4 时套用墙相应定额；截面厚度 b 小于 300mm，且 a 与 b 之比的最大值 $4<N\leq 8$ 时，套短肢剪力墙定额，如图 5-25 所示。

13) 地下室混凝土外墙、人防墙及有防水等特殊设计要求的内墙，采用止水对拉螺栓且施工组织设计未明确且每 100m^2 模板定额中的六角带帽螺栓增加 85kg（施工方案明确的按方案数量计算），人工增加 1.5 工日，相应定额的钢支撑用量乘以系数 0.9。止水对拉螺栓堵眼套用墙面螺栓堵眼增加费定额。

【例 5-7】 某工程地下室有内墙柱截面如图 5-26 和图 5-27 所示，设计要求模板施工需用 φ14 止水对拉螺栓，单根长度 0.66m，每平方米模板需用 4 根，螺栓上的止水钢板每根一块，规格为 3mm×50mm×50mm。试计算其模板的定额人工费、材料费和机械费。

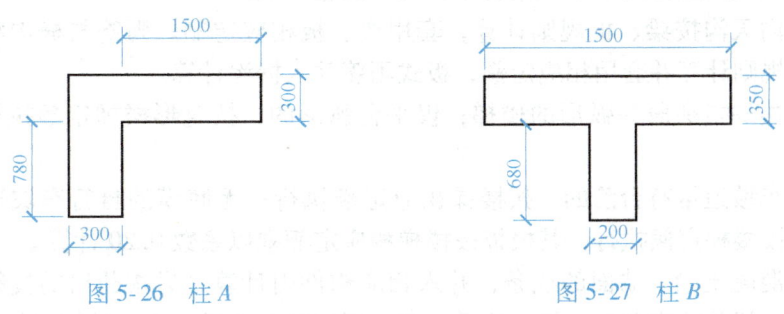

图 5-26 柱 A 图 5-27 柱 B

【解答】

止水螺栓用量（不考虑止水螺栓种类等因素）=（0.00617×14^2×0.66×4+0.003×0.05×0.05×7850×4）kg/m^2 = 3.428kg/m^2

（1）柱 A 套用短肢剪力墙定额，柱长边的 a/b 符合 4<a/b≤8，且墙厚都在 300mm 以内。

定额编号：5-158H

计量单位：100m²

人工费=（2818.26+1.5×135）元=3020.76 元

材料费=[2578.99+（325.2-50.184）×10.43+19.83×3.97×（0.9-1）]元=5439.534 元

机械费=57.90 元

（2）柱 B 套用直形墙定额，柱长边的 a/b>4，且墙厚在 300mm 以上。

定额编号：5-155H

计量单位：100m²

人工费=（1949.67+1.5×135）元=2152.17 元

材料费=[1420.63+325.2×10.43-5.41×5.47+34.81×3.97×（0.9-1）]元=4769.054 元

机械费=97.43 元

14）柱、梁木模定额已综合考虑了对拉螺栓消耗量。

15）斜梁（板）坡度按 10°<α≤30°综合考虑。斜梁（板）坡度≤10°的执行普通梁、板项目；坡度 30°<α≤45°时，人工乘以系数 1.05；坡度>45°时，按墙相应定额执行。

16）薄壳屋盖模板不分筒式、球形、双曲形等，均套用同一定额。

17）现浇屋脊、斜脊并入所依附的板内计算，单独屋脊、斜脊按套用压顶定额。

18）地下室内墙套用一般墙相应定额；屋面混凝土女儿墙高度大于 1.2m 时套用墙相应定额，小于 1.2m 时套用栏板相应定额。

19）型钢组合混凝土构件模板，按构件相应项目执行。

20）混凝土栏板高度（含扶手及翻沿），定额按净高小于 1.2m 以内考虑，超过时套用墙相应定额，高度小于 250mm 的翻沿并入所依附的构件计算。

21）现浇混凝土阳台板、雨篷板按悬挑形式编制；半悬挑及非悬挑形式的阳台、雨篷，则按梁、板规则执行。弧形阳台、雨篷按普通阳台、雨篷定额执行，另行计算弧形模板增加费。

22）楼板及屋面平挑檐外挑小于 500mm 时，并入板内计算；外挑大于 500mm 时，套用雨篷定额；屋面挑出的带翻沿平挑檐套用檐沟、挑檐定额。

23）屋面内天沟按梁、板规则计算，套用梁、板相应定额。雨篷与檐沟相连时，梁板式雨篷按雨篷规则计算并套用相应定额，板式雨篷并入檐沟计算。

24）弧形楼梯指梯段为弧形的楼梯；仅平台弧形的，按直形楼梯定额执行，平台另计弧形板增加费。

25）自行车坡道带有台阶的，按楼梯相应定额执行；无底模的自行车坡道及 4 步以上的混凝土台阶按楼梯定额执行，其模板按楼梯相应定额乘以系数 0.20 计算。

26）凸出混凝土梁、墙面的线条，并入相应构件内计算，另按凸出的棱线道数执行模板增加费项目；但单独窗台板、拦板扶手、墙上压顶的单阶挑檐不另计算模板增加费；其他单阶线条凸出宽度大于 300mm 的套用雨篷定额。

27）小型构件是指单件体积在 0.1m³ 以内的小型混凝土构件。小型构件定额已综合考虑了现浇和预制的情况，统一执行小型构件定额，发生时不作调整。

28)外形尺寸体积在 1m³ 以内的池槽执行小型构件项目,1m³ 以上的池槽执行"构筑物、附属工程"相应定额。

29)后浇带包括了与原混凝土接缝处的钢丝网用量。

4. 超危支撑架

1)超过一定规模危险性较大的混凝土模板支撑工程和承重支撑体系(简称超危支撑架),适用于搭设高度 8m 及以上,或搭设跨度 18m 及以上,或施工总荷载(设计值)15kN/m² 及以上,或集中线荷载(设计值)20kN/m 及以上的混凝土模板支撑工程,以及钢结构安装等满堂支撑体系、承受单点集中荷载 7kN 及以上的承重支撑体系;其他危险性较大的分部分项工程遇到时应按施工技术方案另行计算。

2)超危支撑架定额,仅包含搭拆人工费及搭设材料的损耗量,不含搭设材料的使用费,搭设材料的使用费应另行列项计算。按专项方案实际采用门式钢支架的,定额人工消耗量乘以系数 0.50。

3)在没有专项方案时,搭设材料的数量按超危支撑架空间体积定额暂定用量、使用时间暂定两个月、租赁单价按当地信息价或合同约定计算;在有专项方案时,搭设材料的数量和使用时间按专项施工方案计算,使用时间按专项施工方案中的架体开始搭设日至完成拆除日的持续天数计算;搭设材料的使用费,按搭设材料的数量乘以租赁单价(按当地信息价或合同约定)计算。

4)超危支撑架定额,未包括超危支撑架搭设范围内地基加固或下部的地下室支模架加固、推迟拆除而增加的费用等,发生时另按专项措施方案计算。

5)超危支撑架范围内的现浇混凝土构件模板,按混凝土接触面积套相应构件模板定额,人工乘以系数 0.90,钢支撑和零星卡具消耗量不扣除,构件模板"高度超过 3.6m 每增加 1m"定额不再执行。

6)专项方案支撑系统采用钢格构柱、钢托架的,支撑架体及支撑材料使用费应按金属结构相关规则另行计算。

(二)装配式混凝土结构工程

1. 构件安装

1)构件按成品购入构件考虑,构件价格已包含了构件运输至施工现场指定区域、卸车、堆放发生的费用。

2)装配式混凝土结构工程构件吊装机械综合取定,按垂直运输工程相关说明及计算规则执行。

3)构件安装包含了结合面清理、指定位置堆放后的构件移位及吊装就位、构件临时支撑、注浆、拆除临时支撑全部消耗量。构件临时支撑的搭设及拆除已综合考虑了支撑(含支撑用预埋铁件)种类、数量、周转次数及搭设方式,实际不同不予调整。

4)构件安装不分构件外形尺寸、截面类型以及是否带有保温,除另有规定者外,均按构件种类套用相应定额。

5)构件安装定额中,构件底部座浆按砌筑砂浆铺筑考虑,遇设计采用灌浆料的,除灌浆材料单价换算外,每 10m³ 构件安装定额另行增加人工 0.60 工日、液压注浆泵 HYB50-50-1 型 0.30 台班,其余不变。

6)墙板安装定额不分是否带有门窗洞口,均按相应定额执行。凸(飘)窗安装定额适用于单独预制的凸（飘）窗安装，依附于外墙板制作的凸（飘）窗，其工程量并入外墙板计算，该板块安装整体套用外墙板安装定额，人工和机械用量乘以系数 1.30。

7）外挂墙板安装定额已综合考虑了不同的连接方式，按构件不同类型及厚度套用相应定额。

8）楼梯休息平台安装按平台板结构类型不同，分别套用整体楼板或叠合楼板相应定额。

9）单独受力的预应力空心板安装不区分板厚、连接方式，套用整体板定额，与后浇混凝土叠合整体受力的预应力空心板安装不区分板厚、连接方式，套用叠合板定额。

10）阳台板安装不区分板式或梁式，均套用同一定额。空调板安装定额适用于单独预制的空调板安装；依附于阳台板制作的栏板、翻沿、空调板，并入阳台板内计算。非悬挑的阳台板安装，分别按梁、板安装有关规则计算并套用相应定额。

11）女儿墙安装按构件净高 0.6m 以内和 0.6m 以上 1.4m 以内分别编制；构件净高 1.4m 以上时套用外墙板安装定额。压顶安装定额适用于单独预制的压顶安装。

12）轻质条板隔墙安装按构件厚度的不同，分别套用相应定额。定额已考虑了固定配件、补（填）缝、抗裂措施构造，以及板材遇门窗洞所需要的切割改锯、孔洞加固的内容。

13）烟道、通风道安装按构件外包周长套用相应定额，安装定额中未包含排烟（气）止回阀的材料及安装。

14）套筒注浆不分部位、方向，按锚入套筒内的钢筋直径不同，以 $\phi 18$ 以内及 $\phi 18$ 以上分别编制。

15）外墙嵌缝、打胶定额中的注胶缝断面按 20mm×15mm 编制；当设计断面与定额不同时，密封胶用量按比例调整，其余不变。定额中密封胶以硅酮耐候胶考虑；当设计采用的密封胶种类与定额不同时，材料单价进行换算。

16）装配式混凝土结构工程构件安装支撑高度按结构层高 3.6m 以内编制；高度超过 3.6m 时，每增加 1m，人工乘以系数 1.15，钢支撑、零星卡具、支撑杆件乘以系数 1.30 计算。后浇混凝土模板支模高度超过 3.6m 时按现浇相应模板的超高定额计算。

【例 5-8】 PC 叠合梁安装，层高 4.2m，求构件安装定额人工费、材料费和机械费。

【解答】

定额编号：5-194H

计量单位：10m³

人工费 = 2562.15×1.15 元 = 2946.473 元

材料费 = [402.02+(1.49×129+13.38×5.88+14.29×3.97)×(1.3-1)] 元 = 500.305 元

机械费 = 0 元

2. 后浇混凝土

1）后浇混凝土定额适用于装配整体式结构工程，用于与预制混凝土构件连接，使其形成整体受力构件，由混凝土、钢筋、模板等子目组成。除下列部位外，其他现浇混凝土构件按现浇混凝土、钢筋和模板相应项目及规定执行。

① 预制混凝土柱与梁、梁与梁接头，套用梁、柱接头定额。

② 预制混凝土梁、墙、叠合板顶部及上部搁置叠合板的全断面混凝土后浇梁，套用叠

合梁、板定额。

③ 预制双叶叠合墙板内及叠合墙板端部边缘，套用叠合剪力墙定额。

④ 预制墙板与墙板间、墙板与柱间等端部边缘连接墙、柱，套用连接墙、柱定额。

2）预制墙板或柱等预制垂直构件之间设计采用现浇混凝土墙连接的，当连接墙长度小于2m时，套用后浇混凝土连接墙、柱定额；当连接墙长度大于2m时，按现浇混凝土构件相应项目及规定执行。

3）同开间内预制叠合楼板或整体楼板之间设计采用现浇混凝土板带拼缝的，板带混凝土浇捣并入后浇混凝土叠合梁、板计算。相应拼缝处需支模才能浇筑的混凝土模板工程套用板带定额。

4）后浇混凝土钢筋制作、安装定额按钢筋品种、型号、规格综合连接方法及用途划分，相应定额内的钢筋型号以及比例已综合考虑，各类钢筋的制作成型、绑扎、接头、固定以及与预制构件外露钢筋的绑扎、焊接等所用人工、材料、机械消耗已综合考虑在相应定额内。钢筋接头采用机械连接的，按现浇混凝土构件相应接头项目及规定执行。

5）后浇混凝土模板按复合模板考虑，定额消耗量已考虑了超出后浇混凝土与预制构件抱合部分的模板用量。

二、混凝土及钢筋混凝土工程定额清单编制

（一）现浇结构混凝土、钢筋、模板

1. 混凝土

（1）混凝土工程量　除另有规定者外，均按设计图示尺寸以体积计算，不扣除构件内钢筋、预埋铁件所占体积。型钢混凝土中型钢骨架所占体积按（密度）7850kg/m³扣除。

（2）基础与垫层　按设计图示尺寸以体积计算，不扣除伸入承台基础的桩头所占体积。

1）带形基础。

$$V_{基础} = 断面积 \times 长度 + V_{搭接}$$

$$V_{搭接} = \left[bh_1 + \frac{(2B+b)h_2}{6} \right] L$$

式中　h_1——搭接基础的上部高度；

B——搭接基础的基底宽度；

b——搭接基础的上口宽度；

L——搭接长度；

h_2——搭接基础的下部高度。

① 外墙按中心线、内墙按基底净长线计算，独立柱基间带形基础按基底净长线计算，附墙垛基础并入基础计算。

② 基础搭接体积按图示尺寸计算（图5-28）。图中的搭接体积由上、下两部分共四个块体组成，分别为长方体、两只三棱锥体和半只长方体。

③ 有梁带基梁面以下凸出的钢筋混凝土柱并入相应基础内计算。

④ 带形基础不分有梁式与无梁式，均按带形基础项目计算，对于有梁式带形基础，梁高（指基础扩大顶面至梁顶面的高度）小于1.2m时合并计算；大于1.2m时，扩大顶面以下的基础部分按带形基础项目计算，扩大顶面以上部分按墙项目计算。

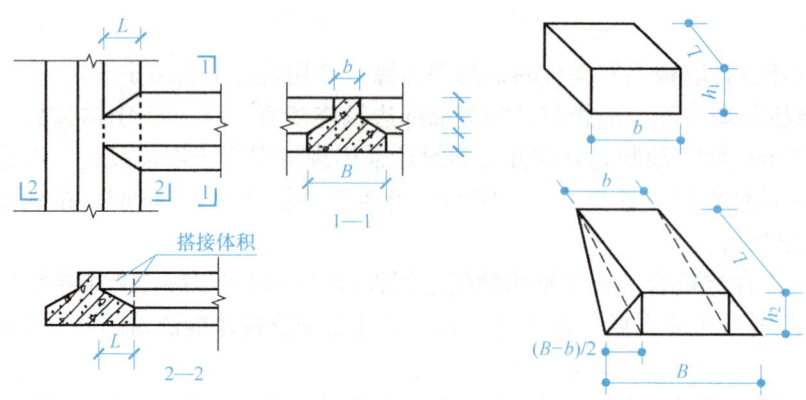

图 5-28 搭接体积示意图

2）独立基础（图 5-29）与垫层体积计算公式

$$V_{垫层}=底面积×厚度$$
$$V_{基础}=abh+[a_1b_1+ab+(a_1+a)(b_1+b)]h_1/6$$

独立基础工程量的计算

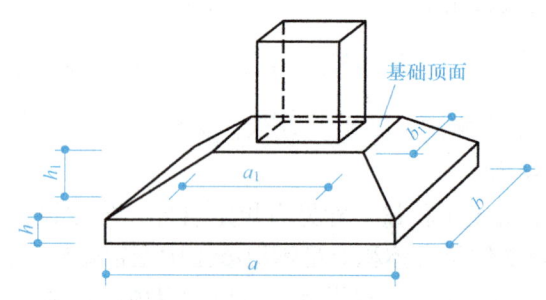

图 5-29 独立基础示意图

3）满堂基础。满堂基础范围内承台、地梁、集水井、柱墩等并入满堂基础内计算。

4）箱式基础分别按基础、柱、墙、梁、板等有关规定计算。

5）设备基础。除块体（块体设备基础是指没有空间的实心混凝土形状）以外，其他类型设备基础分别按基础、柱、墙、梁、板等有关规定计算；工程量不扣除螺栓孔所占的体积，螺栓孔内及设备基础二次灌浆按设计图示尺寸另行计算，不扣除螺栓及预埋铁件体积。

筏板基础工程量的计算

【例 5-9】 如图 5-30 和图 5-31 所示，某工程基础采用现浇现捣混凝土，复合木模，试计算该工程的混凝土基础及垫层的定额工程量，并编制定额工程量清单（计算结果保留两位小数）。

【解答】

（1）C10 混凝土垫层，套用定额 5-1。

① 1-1 断面（带形基础下垫层）

$$V_{垫层}=断面积×长度$$

混凝土垫层工程量的计算

$$L_{外墙}=\left[6.00×3+7.20+\frac{(0.49-0.24)×0.365}{0.24}\right]×2m-0.75×4m=48.16m$$

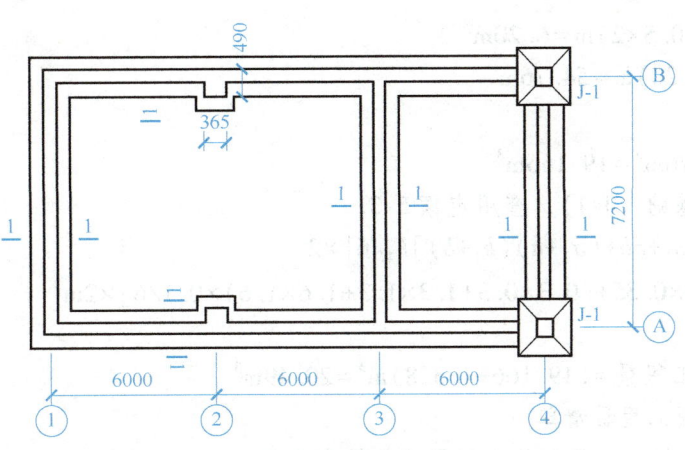

图 5-30 某房屋基础平面图

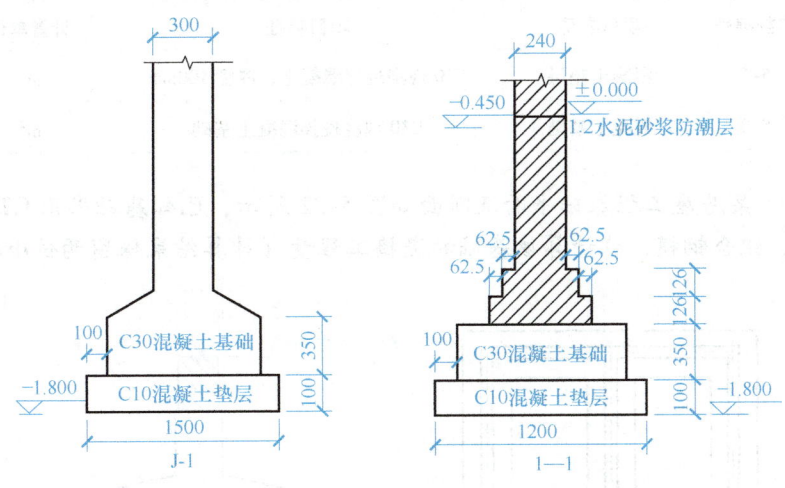

图 5-31 某房屋基础剖面图

$L_{内墙}=(7.20-0.6×2)m=6.00m$

$L_{1-1垫层长}=(48.16+6.00)m=54.16m$

$V=1.2×0.1×54.16m^3=6.50m^3$

② J-1 基础断面（独立基础下垫层）

$V_{垫层}=底面积×厚度$

$V=1.5×1.5×0.1×2m^3=0.45m^3$

③ 垫层工程量$=(6.50+0.45)m^3=6.95m^3$

（2）混凝土基础

① C30 无梁式带形基础（1-1 断面），套用定额 5-3。

$V_{基础}=断面积×长度+V_{搭接}$

$S_{断面积}=1.0×0.35m^2=0.35m^2$

$L_{外墙}=\left[6.00×3+7.20+\dfrac{(0.49-0.24)×0.365}{0.24}\right]×2m-0.65×4m=48.56m$

$L_{内墙}=(7.20-0.5\times2)\text{m}=6.20\text{m}$

$L=(48.56+6.20)\text{m}=54.76\text{m}$

$V_{搭接}=0\text{m}^3$

$V=0.35\times54.76\text{m}^3=19.166\text{m}^3$

② C30 独立基础（J-1），套用定额 5-3。

$V=\{abh+[a_1b_1+ab+(a_1+a)(b_1+b)]h_1/6\}\times2$

$\quad=[1.3\times1.3\times0.35+(0.3\times0.3+1.3\times1.3+1.6\times1.6)\times0.1/6]\times2\text{m}^3$

$\quad=1.328\text{m}^3$

③ 基础定额工程量 $=(19.166+1.328)\text{m}^3=20.49\text{m}^3$

（3）编制定额工程量清单

该房屋混凝土基础工程定额工程量清单见表 5-3。

表 5-3　分部分项工程量清单（定额清单）

序号	定额编号	项目名称	项目特征	计量单位	工程量
1	5-1	混凝土垫层	C10 现浇现拌混凝土，厚度 100mm	m³	6.95
2	5-3	混凝土基础	C30 现浇现拌混凝土基础	m²	20.49

【例 5-10】　某房屋工程基础平面及断面如图 5-32 所示，已知基础采用 C20 现浇现拌混凝土带形基础，组合钢模，试计算该基础的浇捣工程量（计算结果保留两位小数）。

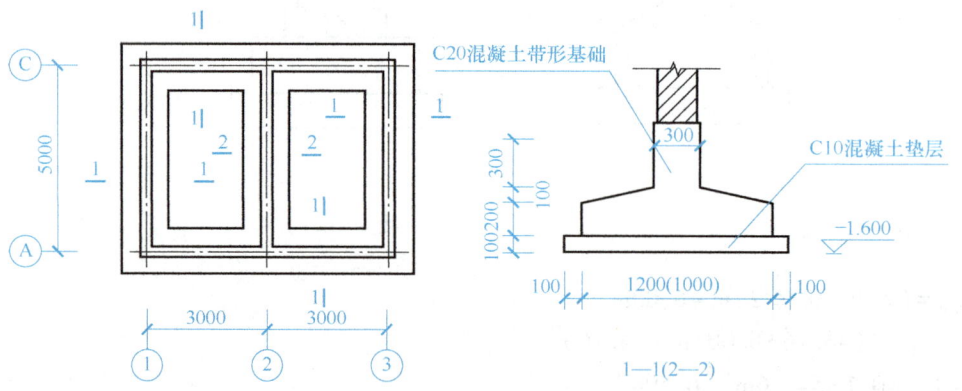

图 5-32　某工程基础平面剖面图

【解答】

$V_{基础}=$断面积$\times$长度$+V_{搭接}$

① $S_{1-1}=[1.2\times0.2+(0.3+1.2)\times0.1/2+0.3\times0.3]\text{m}^2=0.405\text{m}^2$

$S_{2-2}=[1.0\times0.2+(0.3+1.0)\times0.1/2+0.3\times0.3]\text{m}^2=0.355\text{m}^2$

② $L_{1-1}=(6\times2+5\times2)\text{m}=22\text{m}$

$L_{2-2}=(5-0.6\times2)\text{m}=3.8\text{m}$

③ $V_{搭接}=\left[bh_1+\dfrac{(2B+b)h_2}{6}\right]L$

$b=0.3\text{m}$，$h_1=0.3\text{m}$，$B=1.0\text{m}$，$L=(1.2-0.3)/2\text{m}=0.45\text{m}$，$h_2=0.1\text{m}$

$V_{搭接}=[0.3×0.3+(2×1.0+0.3)×0.1/6]×0.45×2\text{m}^3=0.116\text{m}^3$

④ 带形基础的工程量

$V=(0.405×22+0.355×3.8+0.116)\text{m}^3=10.38\text{m}^3$

(3) 柱　按设计图示尺寸以体积计算。

$$V_{柱}=柱高×柱断面面积+依附体积$$

1) 框架柱或有梁板柱高按基础顶面或楼板上表面算至柱顶面或上一层楼板上表面（图5-33）。

2) 无梁板柱高按基础顶面（或楼板上表面）算至柱帽下表面（图5-34）。

3) 构造柱高度按基础顶面或（或楼板上表面）至框架梁、连续梁等单梁（不含圈梁、过梁）底标高计算，与墙咬接的马牙槎（图5-35）混凝土浇捣按柱高每侧30mm合并计算（图5-36）。

混凝土柱

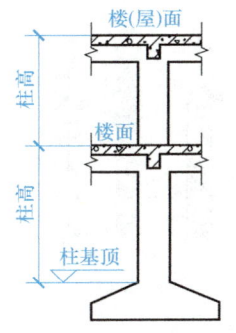
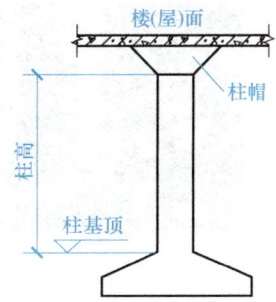

图5-33　框架柱或有梁板柱高　　　　图5-34　无梁板柱高

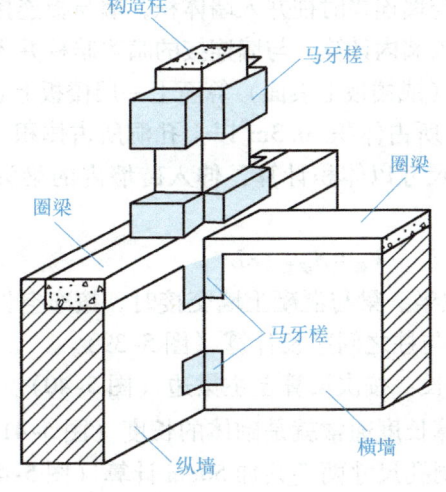
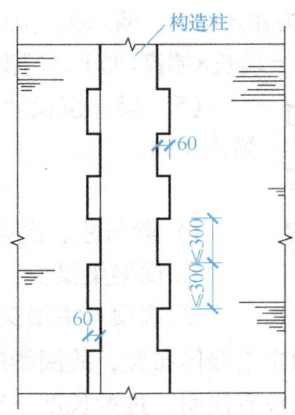

图5-35　马牙槎示意图　　　　图5-36　构造柱立面示意图

【例5-11】　某建筑楼层层高4.5m，C25非泵送商品混凝土构造柱顶部设有KJL300×

650。按图砌筑墙体布置情况,计算 GZ1、GZ2 构造柱(图 5-37)混凝土浇捣工程量,并编制定额工程量清单。

【解答】
构造柱计算高度为:(4.5-0.65)m=3.85m
混凝土浇捣工程量 $V=(0.24×2+0.03×5)×0.24×3.85m^3=0.58m^3$
该房屋混凝土工程定额工程量清单见表 5-4。

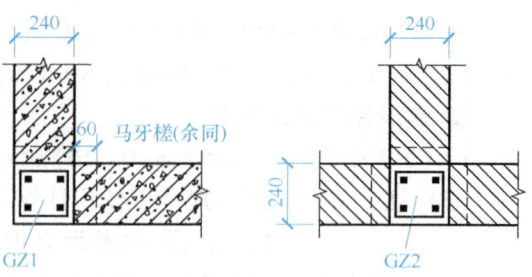

图 5-37 GZ1、GZ2 示意图

表 5-4 分部分项工程量清单(定额清单)

序号	定额编号	项目名称	项目特征	计量单位	工程量
1	5-7	构造柱	C25 非泵送商品混凝土构造柱	m³	0.58

4)依附柱上的牛腿(图 5-38),并入柱身体积内计算。

图 5-38 牛腿柱

5)钢管混凝土柱以管内设计灌混凝土高度乘以钢管内径以体积计算。

(4)墙 按设计图示尺寸以体积计算,扣除门窗洞口及单个 0.3m² 以上的孔洞所占体积,墙垛及凸出部分并入墙体积内计算。柱与墙连接时柱并入墙体积,墙与板连接时墙算至板顶,平行嵌入墙上的梁不论凸出与否,均并入墙内计算,与墙连接的暗梁暗柱并入墙体积,墙与梁相交时梁头并入墙内,墙高按基础顶面(或楼板上表面)算至上一层楼板上表面。

$V=$ 墙长×墙高×墙厚-门窗洞口所占体积-0.3m² 以上孔洞所占体积

(5)梁 按设计图示尺寸以体积计算,伸入砖墙内的梁头、梁垫并入梁体积内。

$$V_{梁}=S_{梁断面}×L$$

混凝土梁

1)梁与柱、次梁与主梁、梁与混凝土墙交接时,按净空长度计算。
① 框架梁梁长:按柱与柱之间净长计算(图 5-39)。
② 次梁与主梁交接梁长:按次梁算至主梁边(图 5-40)。
③ 圈梁通常沿墙体布置,故圈梁的计算长度通常就是砌体的长度(图 5-41)。
④ 若图纸没有注明,过梁长度一般按洞孔尺寸两端共加 50cm 计算(图 5-42)。

2)圈梁与板整体浇捣的,圈梁按断面高度计算。

(6)板 按设计图示尺寸以体积计,不扣除单个 0.3m² 以内的柱、垛及孔洞所占体积(图 5-43)。

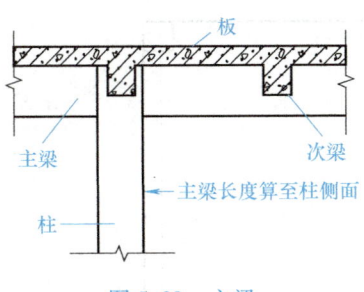
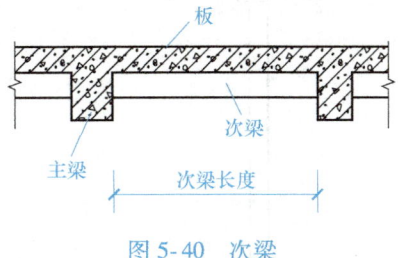

图 5-39 主梁　　　　　　　　　　图 5-40 次梁

图 5-41 圈梁　　　　　　　　　　图 5-42 过梁

$$V_{现浇板} = S_{板的水平投影} \times 板厚$$

1) 无梁板按板和柱帽体积之和计算。

2) 各类板伸入砖墙内的板头并入板体积内计算，依附于拱形板、薄壳屋盖的梁及其他构件工程量均并入所依附的构件内计算。

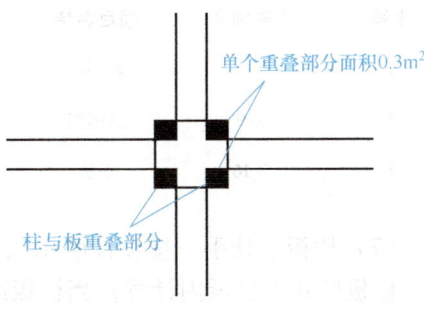

图 5-43 柱与板重叠部分

3) 板垫及与板整体浇捣的翻边（净高 250mm 以内的）并入板内计算；板上单独浇捣的砌筑墙下素混凝土翻边按圈梁定额计算；高度大于 250mm 且厚度与砌体相等的翻边无论整浇或后浇，均按混凝土墙体定额执行。

4) 压型钢板混凝土楼板扣除构件内压型钢板所占的体积。

【例 5-12】　某工程结构平面如图 5-44 所示，采用 C25 现拌混凝土浇捣，模板用组合钢模，层高为 5m（+6.000m～+11.000m），柱截面为 400mm×500mm，KL1 截面为 250mm×700mm，KL2 截面为 250mm×600mm，L 截面为 250mm×500mm，板厚 10cm。试计算该工程的柱梁板混凝土浇捣定额工程量，并编制定额工程量清单。

【解答】

(1) C25 钢筋混凝土柱，套用定额 5-6。

$V = 0.4 \times 0.5 \times 5 \times 4 \text{m}^3 = 4\text{m}^3$

(2) C25 钢筋混凝土梁，套用定额 5-9。

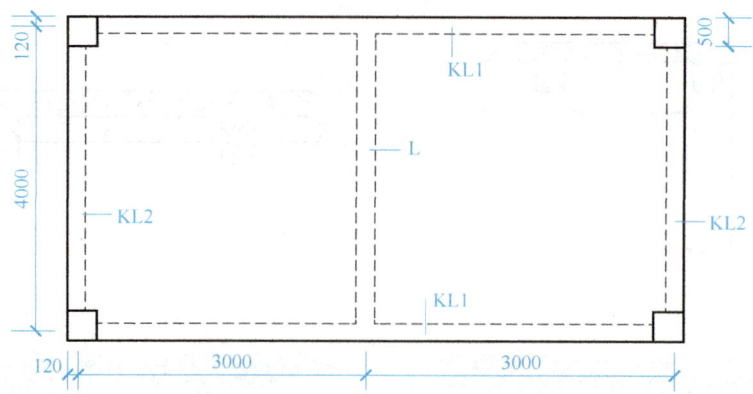

图 5-44 某工程结构平面图

KL1：$(6.24-0.4\times2)\times0.25\times0.7\times2\text{m}^3=1.904\text{m}^3$

KL2：$(4.24-0.5\times2)\times0.25\times0.6\times2\text{m}^3=0.972\text{m}^3$

L：$(4.24-0.25\times2)\times0.25\times0.5\text{m}^3=0.468\text{m}^3$

$V=(1.904+0.972+0.468)\text{m}^3=3.344\text{m}^3$

（3）C25 钢筋混凝土板，套用定额 5-16。

$V=(4.24-0.25\times2)\times(6.24-0.25\times3)\times0.1\text{m}^3=2.053\text{m}^3$

（4）该房屋混凝土工程定额工程量清单见表 5-5。

表 5-5 分部分项工程量清单（定额清单）

序号	定额编号	项目名称	项目特征	计量单位	工程量
1	5-6	矩形柱	C25 现拌混凝土矩形柱	m³	4
2	5-9	矩形梁	C25 现拌混凝土矩形梁	m³	3.344
3	5-16	平板	C25 现拌混凝土平板	m³	2.053

（7）栏板、扶手　按设计图示尺寸以体积计算，伸入砖墙内的部分并入相应构件内计算；栏板柱并入栏板内计算；当栏板净高度小于 250mm 时，并入所依附的构件内计算。

（8）挑檐、檐沟　按设计图示尺寸以墙外部分体积计算。挑檐、檐沟板与板（包括屋面板）连接时，以外墙外边线为分界线；与梁（包括圈梁等）连接时，以梁外边线为分界线；外墙外边线以外为挑檐、檐沟（工程量包括底板、侧板及与板整浇的挑梁）。

（9）阳台　全悬挑阳台按阳台项目以体积计算，外挑牛腿（挑梁）、台口梁、高度小于 250mm 的翻沿均合并在阳台内计算，翻沿净高度大于 250mm 时，翻沿另行按栏板计算；非全悬挑阳台，按梁、板分别计算，阳台栏板、单独压顶分别按栏板、压顶项目计算。

（10）雨篷梁、板　工程量合并，按雨篷（图 5-45）以体积计算。雨篷翻沿高度小于 250mm 时并入雨篷体积内计算；高度大于 250mm 时，另按栏板计算。

当 h_1（或 h_1+h_2）≤250mm 时，翻沿的浇捣并入雨篷体积内计算，并入雨篷内计算体积的翻沿，模板不予另计；梁高不作翻沿高度考虑，均并入雨篷体积内计算。

当 h_1（或 h_1+h_2）>250mm 时，全部翻沿另行按翻沿规则计算混凝土浇捣和模板。

【例 5-13】　C25 现浇混凝土雨篷（图 5-46），采用组合钢模。试计算该雨篷的混凝土浇

项目 5　混凝土及钢筋混凝土工程

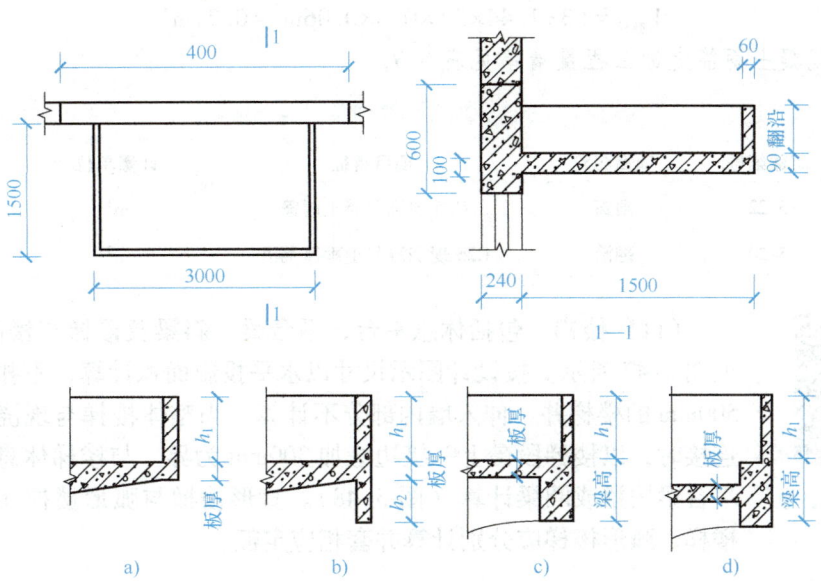

图 5-45　雨篷平面及剖面图

捣定额工程量,并编制定额工程量清单。如翻沿高度由 250mm 改为 600mm,定额工程量及清单又应如何编制?

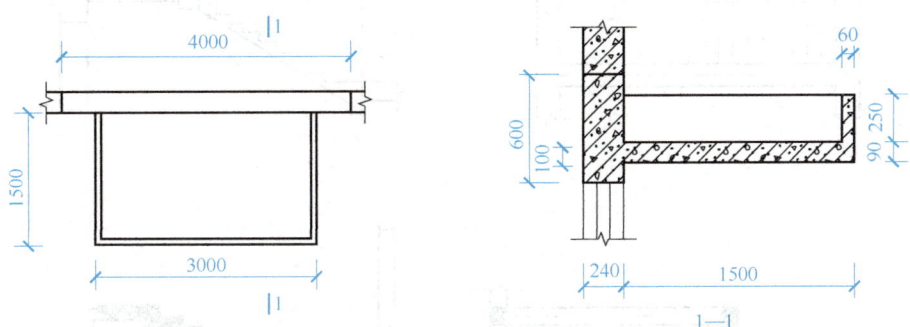

图 5-46　混凝土雨篷

【解答】

(1) 翻沿高度为 250mm,套用定额 5-22。

$$V=[3×1.5×0.090+(3+1.44×2)×0.25×0.06]m^3=0.49m^3$$

该房屋混凝土雨篷定额工程量清单见表 5-6。

表 5-6　分部分项工程量清单(定额清单)

序号	定额编号	项目名称	项目特征	计量单位	工程量
1	5-22	雨篷	C25 现浇混凝土雨篷,翻沿高度 250mm	m³	0.49

(2) 翻沿高度为 600mm,雨篷梁板套用定额 5-22,翻沿套用定额 5-20。

$$V_{雨篷}=3×1.5×0.090m^3=0.405m^3$$

131

$$V_{翻沿}=(3+1.44\times2)\times0.6\times0.06\mathrm{m}^3=0.21\mathrm{m}^3$$

该房屋混凝土雨篷定额工程量清单见表 5-7。

表 5-7　分部分项工程量清单（定额清单）

序号	定额编号	项目名称	项目特征	计量单位	工程量
1	5-22	雨篷	C25 现浇混凝土雨篷	m³	0.405
2	5-20	翻沿	C25 现浇混凝土雨篷翻沿	m³	0.21

楼梯工程量的计算

（11）楼梯　包括休息平台，平台梁、斜梁及楼梯与楼面的连接梁，如图 5-47 所示。按设计图示尺寸以水平投影面积计算，不扣除宽度小于 500mm 的楼梯井，伸入墙内部分不计算。当整体楼梯与现浇楼板无梯梁连接时，以楼梯段最上一级边缘加 300mm 为界。与楼梯休息平台脱离的平台梁按梁或圈梁计算（图 5-48）。直形楼梯与弧形楼梯相连者，直形楼梯、弧形楼梯应分别计算并套相应定额。

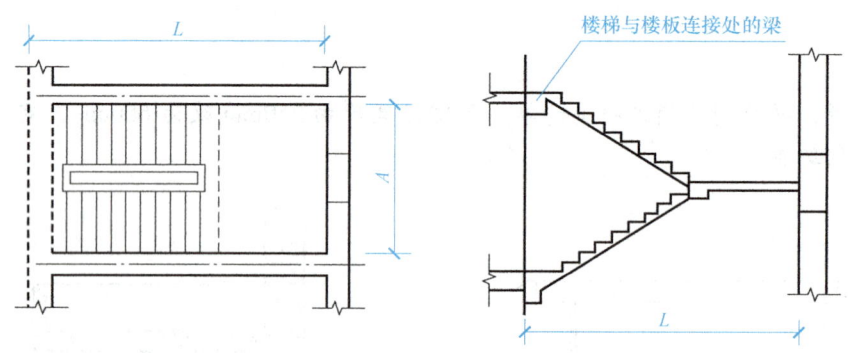

图 5-47　楼梯平面及剖面图

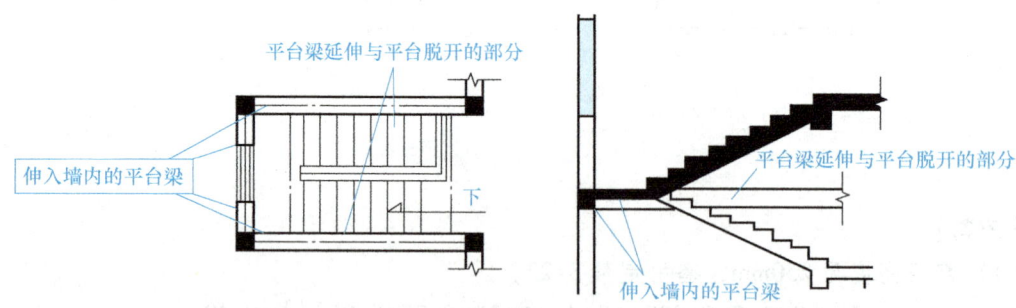

图 5-48　楼梯工程量计算示意图

【例 5-14】　某钢筋混凝土楼梯如图 5-49 所示，设计采用 C25 现浇混凝土。求该楼梯的混凝土浇捣定额工程量，并编制定额工程量清单。

【解答】

C25 现浇混凝土直形楼梯，套用定额 5-24。

$$S=3.36/2\times(4+3.5+0.25)\mathrm{m}^2=13.02\mathrm{m}^2$$

该房屋混凝土楼梯定额工程量清单见表 5-8。

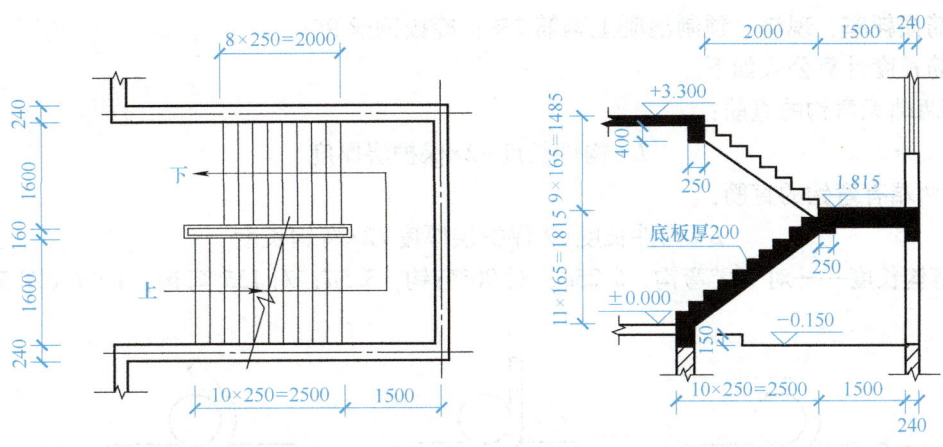

图 5-49 某工程楼梯平面及剖面图

表 5-8 分部分项工程量清单(定额清单)

序号	定额编号	项目名称	项目特征	计量单位	工程量
1	5-24	直形楼梯	C25 现浇混凝土楼梯,楼梯井宽度 160mm	m²	13.02

(12)场馆看台、地沟、扶手、压顶、小型构件、混凝土后浇带 按设计图示尺寸以体积计算。

(13)设备基础的二次灌浆 按设计图示尺寸计算灌浆体积。

(14)现场预制桩 按设计图示尺寸以体积另加综合损耗率 1.5%计算。

2. 钢筋

1)钢筋按设计图示区别钢种,按钢筋长度、数量乘以钢筋单位理论重量以吨计算,包括设计要求锚固、搭接和钢筋超定尺长度必须计算的搭接用量;钢筋的冷拉加工费不计,延伸率不扣。

$$钢筋的理论净质量 = 钢筋长度 \times 每米质量$$

式中 每米质量 $= 0.617d^2$ (d 为钢筋直径,cm)。

钢筋的理论质量见表 5-9。

表 5-9 钢筋的理论质量表

钢筋直径/mm	理论质量/(kg/m)	钢筋直径/mm	理论质量/(kg/m)	钢筋直径/mm	理论质量/(kg/m)
3	0.055	12	0.88	25	3.85
4	0.099	14	1.208	28	4.83
5	0.154	16	1.578	30	5.55
6	0.222	18	1.998	32	6.31
8	0.395	20	2.466	36	7.99
10	0.617	22	2.984	40	9.87

钢筋损耗率：现浇、预制混凝土钢筋 2%；冷拔钢丝 9%。
钢筋长度计算公式如下。

① 两端无弯钩的直筋：

$$L = 构件长度 - 2 \times 保护层厚度$$

② 两端有弯钩的直筋：

$$L = 构件长度 - 2 保护层厚度 + 2 \times 弯钩长度$$

式中　弯钩长度——对 180°弯钩，6.25d；对 90°弯钩，3.5d；对 135°弯钩，4.9d（图 5-50）。

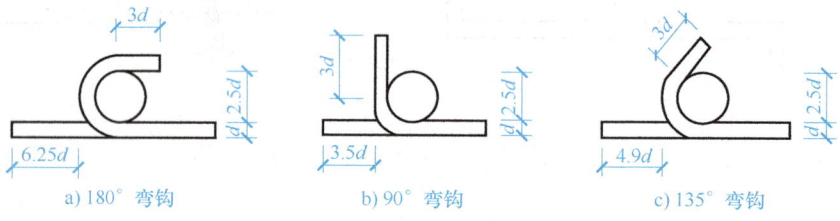

图 5-50　钢筋弯钩示意图

③ 弯起钢筋：

$$L = 构件长度 - 2 \times 0.025 + 2 \times 6.25d + 弯起钢筋斜边增加长度 \Delta L$$

式中　ΔL——0.4H（H 为梁高或板厚）。

2）构件套用标准图集时，按标准图集钢筋（铁件）用量表内所列数量计算；标准图集未列钢筋（铁件）用量表时，按标准图集图示及本规则计算。

3）计算钢筋用量时应扣除保护层厚度。

4）地下连续墙墙身内十字钢板封口按设计图示尺寸以净重量计算。

5）钢筋的搭接长度及数量应按设计图示、标准图集和规范要求计算；遇设计图示、标准图集和规范要求不明确时，钢筋的搭接长度和数量可按以下规则计算。

① 单根钢筋连续长度超过 9m 的，按每 9m 计算一个接头，搭接长度为 35d。

② 灌注桩钢筋笼纵向钢筋、地下连续墙钢筋笼钢筋定额按单面焊接头考虑，搭接长度按 10d 计算；灌注桩钢筋笼螺旋箍筋的超长搭接已综合考虑，发生时不另计算。

③ 建筑物柱、墙构件竖向钢筋接头有设计规定时按设计规定，无设计规定时按自然层计算。

④ 当钢筋接头设计要求采用机械连接、焊接时，应按设计采用的接头种类和个数列项计算，计算该接头后不再计算该处的钢筋搭接长度。

6）箍筋（板筋）、弯起钢筋、拉筋的长度及数量应按设计图示、标准图集和规范要求计算；遇设计图示、标准图集和规范要求不明确时，箍筋（板筋）、弯起钢筋、拉筋的长度及数量可按以下规则计算。

① 墙板 S 形拉结钢筋长度按墙板厚度扣保护层加两端弯钩计算。

② 弯起钢筋不分弯起角度，每个斜边增加长度按梁高（或板厚）乘以 0.4 计算。

③ 箍筋（板筋）排列根数为柱、梁、板净长除以箍筋（板筋）设计间距；设计有不同间距时，应分段计算。柱净长按层高计算，梁净长按混凝土规则计算，板净长指主（次）梁与主（次）梁之间的净长；计算中有小数时，向上取整。

④ 桩螺旋箍筋长度按螺旋箍筋斜长加螺旋箍上下端水平段长度计算。

$$螺旋箍筋长度=\sqrt{[(D-2C+d)+\pi]^2+h^2}\times n$$

$$上下端水平箍筋长度=\pi(D-2C+d)\times(1.5\times2)$$

式中 D——桩直径（m）；

C——主筋保护层厚度（m）；

d——箍筋直径（m）；

h——箍筋间距（m）；

n——箍筋道数（桩中箍筋配置范围除以箍筋间距，计算中有小数时，向上取整）。

7) 双层钢筋撑脚按设计规定计算；设计未规定时，均按混凝土板中小规格主筋计算，基础底板每平方米1只，长度按底板厚乘以2再加1m计算；板每平方米3只，长度按板厚度乘以2再加0.1m计算。双层钢筋的撑脚布置数量均按板的净面积计算，净面积应扣除柱、梁、基础梁的面积。

$$L=n\times l$$

式中 n——对板，3只/m²，按板（不包括柱梁）的净面积计算，对基础底板：1只/m²；

l——对板，墙板厚度×2+0.1m，对基础底板，基础板厚×2+1m。

8) 后张预应力构件不能套用标准图集计算时，其预应力筋按设计构件尺寸，并区别不同的锚固类型，分别按下列规定计算。

① 钢绞线采用JM、XM、QM型锚具，孔道长度小于20m时，钢绞线长度按孔道长度增加1m计算；孔道长度大于20m时，钢绞线长度按孔道长度增加1.8m计算。

② 钢丝束采用锥形锚具，孔道长度小于20m时，钢丝束长度按孔道长度增加1m计算；孔道长度大于20m时，钢丝束长度按孔道长度增加1.8m计算。

③ 钢丝束采用墩头锚具时，钢丝束长度按孔道长度增加0.35m计算。

9) 预应力钢丝束、钢绞线锚具安装按套数计算。

10) 植筋按数量计算，植入钢筋按外露和植入部分之和长度乘以单位理论质量计算。

11) 现场预制桩钢筋工程量按设计图用量另加桩综合损耗率1.5%计算。

12) 混凝土构件预埋铁件、螺栓，按设计图示尺寸，以净重量计算。

13) 墙柱拉接筋采用预埋或植筋方式的钢筋工程量均并入砌体内加固钢筋计算。

14) 沉降观测点列入钢筋（或铁件）工程量内计算，采用成品的按成品价计算。

【例5-15】 某工程现浇钢筋混凝土梁（图5-51）20根，计算此工程钢筋的工程量（弯起角度45°，箍筋角度135°）。

【解答】

（1）钢筋的预算用量

① 号钢筋 2Φ10：$L=(6-2\times0.025+6.25\times0.016\times2)\times2m=12.3m$

② 号钢筋 2Φ10：$L=(6-2\times0.025+6.25\times0.016\times2+0.4\times0.5\times2)\times2m=13.10m$

③ 号钢筋 2Φ16：$L=(6-2\times0.025+2\times40\times0.01)\times2m=13.50m$

④ 箍筋Φ6

数量 = $[(6-2\times0.3-0.025\times2)/0.2+1]$根 = 28根

长度 = $[(0.2-0.025\times2)+(0.5-0.025\times2)]\times2m+12.5\times0.06m=1.95m$

$L=28\times1.95m=54.6m$

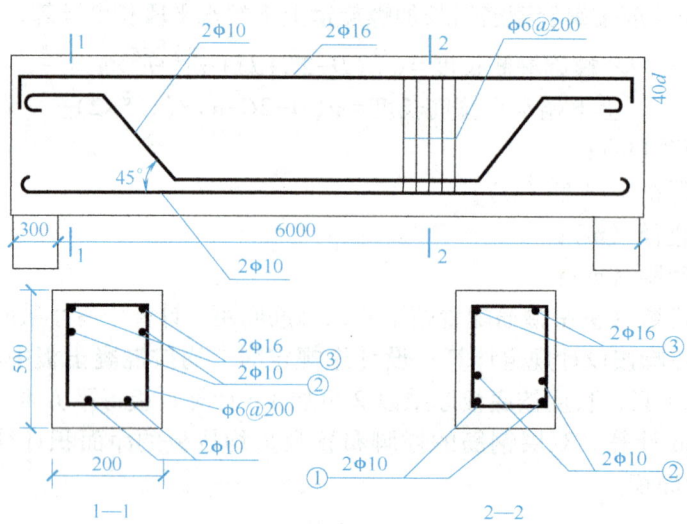

图 5-51 梁配筋图

（2）合并计算钢筋的长度并将单位换算成重量

Φ10：(12.3+13.10)×0.617×20kg=313.44kg

Φ16：13.50×1.578×20kg=426.06kg

Φ6：54.6×0.222×20kg=242.42kg

（3）汇总钢筋工程量

(313.44+426.06+242.42)×1.02t=1.002t

【例5-16】 某框架梁平法施工图如图5-52～图5-54所示，计算条件见表5-10。试计算钢筋工程量。

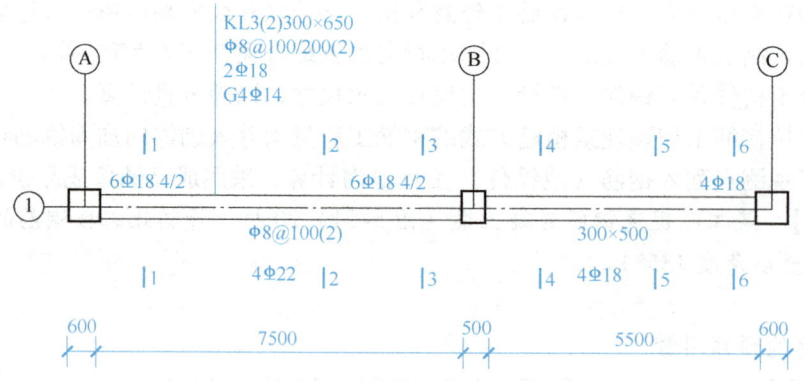

图 5-52 梁平法施工图 1

表 5-10

混凝土强度	梁保护层厚度/mm	支座保护层厚度/mm	抗震等级	连接方式	L_{aE}/L_a
C30	25	30	三级抗震	焊接	34d/30d

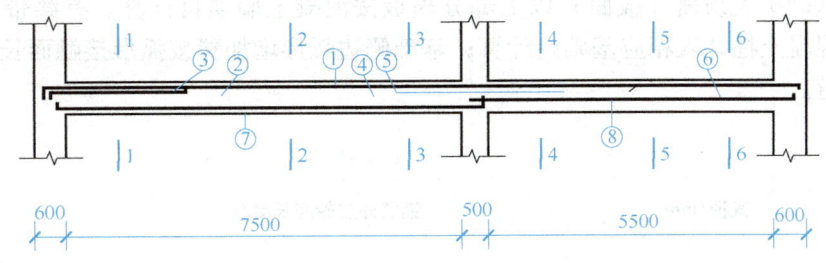

图 5-53 梁平法施工图 2

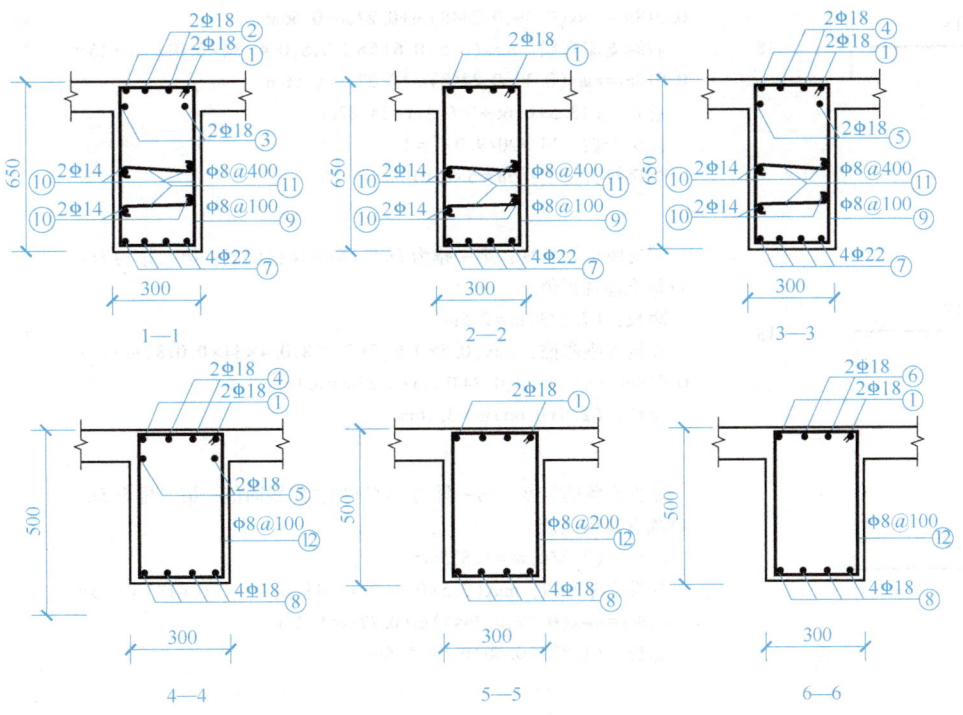

图 5-54 平法配筋图

框架梁主筋锚固长度按图集《混凝土结构施工图平面整体表示方法制图规则和构造详图》（现浇混凝土框架、剪力墙、梁、板）（16G101—1）考虑，保护层厚度按图集 16G101—1 规定的一类环境考虑。

【解答】 钢筋工程量计算过程及结果见表 5-11 和表 5-12。

3. 模板

1）现浇混凝土构件模板，除另有规定者外，均按模板与混凝土的接触面积计算。梁、板、墙设后浇带时，计算构件模板工程量不扣除后浇带面积，后浇带另行按延长米（含梁宽）计算增加费。

2）基础。

① 有梁式带形（满堂）基础，基础面（板面）上梁高（指基础扩大顶面（板面）至梁顶面的高）小于 1.2m 时，合并计算；大于 1.2m 时，基础底板模板按无梁式带形（满堂）

建筑工程计量与计价

基础计算,基础扩大顶面(板面)以上部分模板按混凝土墙项目计算。有梁带基梁面以下凸出的钢筋混凝土柱并入相应基础内计算;基础侧边弧形增加费按弧形接触面长度计算,每个面计算一道。

表 5-11 钢筋长度计算表

钢筋编号	直径/mm	钢筋外皮轮廓长度/m	根数	小计
① 2Φ18	18	上部贯通筋(上通长筋)长度=通跨净跨长+首尾端支座锚固值 净长:(7.5+5.5+0.5)m=13.5m 左端支座弯锚:max(0.5×0.6+5×0.018,0.4×34×0.018)m+15×0.018m=max(0.39,0.2448)m+0.27m=0.66m 右端支座弯锚:max(0.5×0.6+5×0.018,0.4×34×0.018)m+15×0.018m=max(0.39,0.2448)m+0.27m=0.66m 总长:(13.5+0.66+0.66)m=14.82m 接头个数:14.820/9.0-1=1 焊接接头长度:5d=5×0.018m=0.09m	2	29.82
② 2Φ18	18	端支座负筋长度:第一排为 $L_n/3$+端支座锚固值;第二排为 $L_n/4$+端支座锚固值 净长:(7.5/3)m=2.5m 左端支座弯锚:max(0.5×0.6+5×0.018,0.4×34×0.018)m+15×0.018m=max(0.39,0.2448)m+0.27m=0.66m 总长:(2.5+0.66)m=3.16m	2	6.32
③ 2Φ18	18	端支座负筋长度:第一排为 $L_n/3$+端支座锚固值;第二排为 $L_n/4$+端支座锚固值 净长:(7.5/4)m=1.875m 左端支座弯锚:max(0.5×0.6+5×0.018,0.4×34×0.018)m+15×0.018m=max(0.39,0.2448)m+0.27m=0.66m 总长:(1.875+0.66)m=2.535m	2	5.07
④ 2Φ18	18	端支座负筋长度: 第一排为 $L_n/3$+支座长度;第二排为 $L_n/4$+支座长度 长度:(7.5/3×2+0.5)m=5.5m	2	11.0
⑤ 2Φ18	18	端支座负筋长度: 第一排为 $L_n/3$+支座长度;第二排为 $L_n/4$+支座长度 长度:(7.5/4×2+0.5)m=4.25m	2	8.50
⑥ 2Φ18	18	端支座负筋长度:第一排为 $L_n/3$+端支座锚固值;第二排为 $L_n/4$+端支座锚固值 净长:(5.5/3)m=1.833m 右端支座弯锚:max(0.5×0.6+5×0.018,0.4×34×0.018)m+15×0.018m=max(0.39,0.2448)m+0.27m=0.66m 总长:(1.833+0.66)m=2.493m	2	4.99

项目 5　混凝土及钢筋混凝土工程

（续）

钢筋编号	直径/mm	钢筋外皮轮廓长度/m	根数	小计
⑦ 2Φ22	22	下部钢筋长度=净跨长+左右支座锚固值 净长：7.5m 左端支座弯锚：max(0.5×0.6+5×0.022,0.4×34×0.022)m+15×0.022m=0.74m 右端支座弯锚：max(0.5×0.6+5×0.022,0.4×34×0.022)m+15×0.022m=0.74m 总长：(7.5+0.74+0.74)m=8.98m	4	35.92
⑧ 4Φ18	18	下部钢筋长度=净跨长+左右支座锚固值 净长：5.5m 左端支座弯锚：max(0.5×0.5+5×0.0182,0.4×34×0.018)m=0.34m 右端支座弯锚：max(0.5×0.6+5×0.018,0.4×34×0.018)m+15×0.018m=0.66m 总长：(5.5+0.34+0.66)m=6.50m	4	26.00
⑨ Φ8	8	箍筋长度=(梁宽-2×保护层厚度+梁高-2×保护层厚度)×2+2×11.9d 箍筋根数=(加密区长度/加密区间距+1)×2+(非加密区长度/非加密区间距-1) 箍筋长度=[(0.3-0.025×2+0.65-0.025×2)×2+11.9×0.008×2]m=1.89m 箍筋根数=[(1.5×0.65-0.05)/0.1+1]×2+(7.5-1.5×0.65×2)/0.2-1=49 总长度=1.89×49m=92.659m	49	92.66
⑩ 4Φ14	14	构造钢筋长度=净跨长+2×15d 净长：(7.5+0.5+5.5)m=13.5m 锚固长度：(15d=15×14)m=0.21m 总长：(13.5+2×0.21)m=13.92m 接头个数：13.92/9-1=1 焊接接头长度：5d=5×0.014m=0.07m	4	55.96
⑪ Φ8	8	拉筋长度=(梁宽-2×保护层厚度)+2×11.9d（抗震弯钩值） 净长：7.5m 拉筋根数=步筋长度/步筋间距 拉筋长度=(0.30-0.025×2+11.9×0.008×2)m=0.440m 根数=[(7.5-0.025-0.03)/0.4+1]×2=40	40	17.62
⑫ Φ8	8	箍筋长度=(梁宽-2×保护层厚度+梁高-2×保护层厚度)×2+2×11.9d 箍筋根数=(加密区长度/加密区间距+1)×2+(非加密区长度/非加密区间距-1) 箍筋长度=[(0.3-0.025×2+0.50-0.025×2)×2+11.9×0.008×2]m=1.59m 箍筋根数=[(1.5×0.50-0.05)/0.1+1]×2+(5.5-1.5×0.50×2)/0.2-1=35 总长度=1.59×35m=55.685m	35	55.65

表 5-12　钢筋汇总计算表

直径/mm	长度/m	质量/kg	合计/kg
8	92.659+17.62+55.65=165.984	0.395×165.984=65.56	66
14	55.96	1.21×55.96=67.7	359
18	29.82+6.32+5.07+11.0+8.50+4.99+26.0=91.70	2×91.70=183.40	
22	35.92	3×35.92=107.76	

② 满堂基础：无梁式满堂基础有扩大或角锥形柱墩时，并入无梁式满堂基础内计算。

③ 设备基础：块体设备基础按不同体积，分别计算模板工程量。设备基础地脚螺栓套用不同深度按螺栓孔数量计算。

④ 地面垫层发生模板时按基础垫层模板定额执行，工程量按实际发生部位的模板与混凝土接触面展开计算。

3）现浇混凝土的柱、梁、板、墙模板按混凝土相关划分规定执行。构造柱高度的计算规则同混凝土，宽度按与墙咬接的马牙槎每侧加 60mm 合并计算。堵墙面模板止水对拉螺栓孔眼增加费按对应范围内的墙模板接触面工程量计算。

4）计算墙、板工程量时，应扣除单孔面积 $0.3m^2$ 以上的孔洞，孔洞侧壁模板工程量另加；不扣除单孔面积 $0.3m^2$ 以内的孔洞，孔洞侧壁模板也不予计算。

5）柱、墙、梁、板、栏板相互连接时，应扣除构件平行交接及 $0.3m^2$ 以上构件垂直交接处的面积。

6）弧形板并入板内计算，另按弧长计算弧形板增加费。梁板结构的弧形板弧长工程量应包括梁板交接部位的弧线长度。

7）挑檐、檐沟与板（包括屋面板、楼板）连接时，以外墙外边线为分界线；与梁（包括圈梁等）连接时，以梁外边线为分界线；外墙外边线以外或梁外边线以外为挑檐檐沟。

8）现浇混凝土阳台、雨篷按阳台、雨篷挑梁及台口梁外侧面（含外挑线条）范围的水平投影面积计算；阳台、雨篷外梁上有外挑线条时，另行计算线条模板增加费。阳台、雨篷含净高 250mm 以内的翻沿模板；超过 250mm 时，全部翻沿另按栏板项目计算。

【例 5-17】 C25 现浇混凝土雨篷（图 5-55），层高 3.5m，采用组合钢模。试计算该雨篷的组合钢模定额工程量，并编制定额清单。如翻沿高度由 250mm 改为 600mm，该如何编制清单？

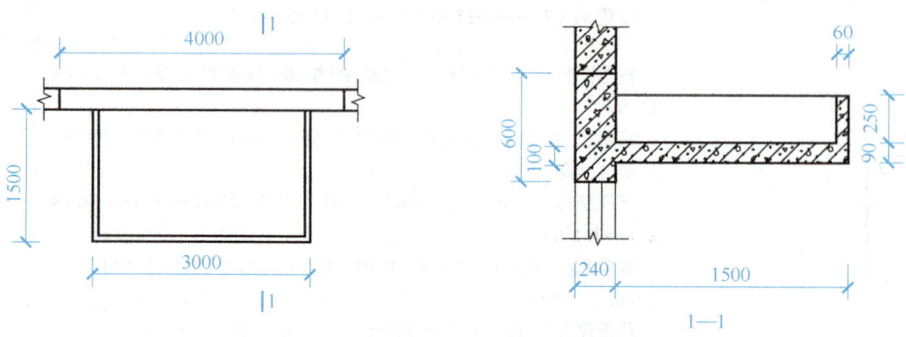

图 5-55　混凝土雨篷

【解答】

(1) 翻沿高度为 250mm,套用定额 5-174。

$$S = 3 \times 1.5 \text{m}^2 = 4.5 \text{m}^2$$

该房屋混凝土雨篷模板定额工程量清单见表 5-13。

表 5-13 分部分项工程量清单(定额清单)

序号	定额编号	项目名称	项目特征	计量单位	工程量
1	5-174	现浇雨篷模板	C25 现浇混凝土雨篷组合钢模,翻沿高度 250mm,层高 3.5m	m²	4.5

(2) 翻沿高度为 600mm,雨篷梁板模板套用定额 5-174,翻沿模板套用定额 5-176。

$$S_{雨篷} = 3 \times 1.5 \text{m}^2 = 4.5 \text{m}^2$$

$$S_{翻沿} = (1.5 \times 2 + 3 - 0.06 \times 2) \times 2 \times 0.6 \text{m}^2 = 7.056 \text{m}^2$$

该房屋混凝土雨篷模板定额工程量清单见表 5-14。

表 5-14 分部分项工程量清单(定额清单)

序号	定额编号	项目名称	项目特征	计量单位	工程量
1	5-174	雨篷模板	C25 现浇混凝土雨篷,层高 3.5m	m²	4.5
2	5-176	翻沿模板	C25 现浇混凝土雨篷翻沿,翻沿高 600mm,层高 3.5m	m²	7.056

9) 现浇混凝土楼梯(包括休息平台、平台梁、楼梯段、楼梯与楼层板连接的梁)按水平投影面积计算。不扣除宽度小于 500mm 的楼梯井所占面积,楼梯的踏步、踏步板、平台梁等侧面模板不另行计算,伸入墙内部分也不增加。当整体楼梯与现浇楼板无梯梁连接时,以楼梯的最上一级踏步边缘加 300mm 为界。

10) 架空式混凝土台阶按现浇楼梯计算;场馆看台按设计图示尺寸以水平投影面积计算。

11) 预制方桩按设计断面乘以桩长(包括桩尖)以实体积另加综合损耗率 1.5% 计算。

12) 凸出的线条模板增加费,以凸出棱线的道数不同分别按延长米计算,两条及多条线相互之间净距小于 100mm 的,每两条线按一条计算工程量。

【例 5-18】 请判断图 5-56 对应三种线条套用的定额。

【解答】

线条①:一条线共有 4 道棱线,套用定额 5-173,工程量按设计布置线条长度计算。

线条②:一条线有 3 道棱线,按定额附注说明,一个外凸曲面算一道棱线,共 4 道棱线,套用定额 5-173,工程量按设计布置线条长度计算。

线条③:凸出共有 3 条线条,因各线条间距不大于 100mm,按定额规则应按每两条线合并按一条线计算模板增加费工程量,其中两条组合为

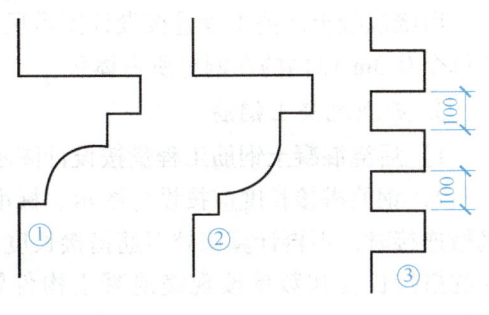

图 5-56 装饰线条示意图

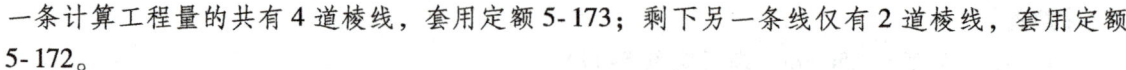

一条计算工程量的共有4道棱线，套用定额5-173；剩下另一条线仅有2道棱线，套用定额5-172。

4. 超危支撑架空间体积及架体搭设材料的计算

（1）无专项措施方案时

1）有现浇混凝土楼板时，支撑架体积按楼板底至搭设起始面（地面或下层楼板面）的高度乘以楼板面积和四周外扩加宽2m面积之和计算，楼板覆盖范围内的柱、梁支撑架体积不另行列项计算。

2）无楼板时，支撑架体积按梁顶面至搭设起始面（地面或下层楼面）的高度乘以梁长度（梁长+2m）再乘以宽度（4m）计算，梁支撑架覆盖范围内的柱支撑架体积不另行列项计算，梁交叉重叠的按净长计算。

3）对独立柱，支撑架体积按柱顶面至搭设起始面（地面或下层楼面）的高度乘以长度（4m）再乘以宽度（4m）计算。

4）架体搭设材料的数量按超危支撑架空间体积和满堂式支架定额暂定用量计算。

（2）有专项措施方案时 空间体积按该方案标示的平面面积乘以高度，上部有楼板时，高度为底座与楼板顶托间的垂直距离，无楼板上空（仅柱、梁）时，高度为底座起至构件顶面间的垂直距离。超危支撑架搭设材料的数量按专项措施方案设计，范围同空间体积。

（二）装配式结构构件安装及后浇连接混凝土

1. 装配式结构构件安装

1）构件安装工程量按成品构件设计图示尺寸的实体积以 m^3 计算，依附于构件制作的各类保温层、饰面层体积并入相应的构件安装中计算，不扣除构件内钢筋、预埋铁件、配管、套管、线盒及单个 $0.3m^2$ 以内的孔洞、线箱等所占体积，外露钢筋体积也不增加。

2）套筒注浆按设计数量以个计算。

3）轻质条板隔墙安装工程量按构件图示尺寸以 m^2 计算，应扣除门窗洞口、过人洞、空圈、嵌入墙板内的钢筋混凝土柱、梁、圈梁、挑梁、过梁、止水翻边及凹进墙内的壁龛、消防栓箱及单个 $0.3m^2$ 以上的孔洞所占的面积，不扣除梁头、板头及单个 $0.3m^2$ 以内的孔洞所占面积。

4）预制烟道、通风道安装工程量按图示长度以m计算，排烟（气）阀、成品风帽安装工程量按图示数量以个计算。

5）外墙嵌缝、打胶按构件外墙接缝的设计图示尺寸以m计算。

2. 后浇混凝土

后浇混凝土浇捣工程量按设计图示尺寸以实体积计算，不扣除混凝土内钢筋、预埋铁件及单个 $0.3m^2$ 以内的孔洞等所占体积。

3. 后浇混凝土钢筋

1）后浇混凝土钢筋工程量按设计图示钢筋的长度、数量乘以钢筋单位理论质量计算。

2）钢筋搭接长度应按设计图示、标准图集和规范要求计算，当设计要求钢筋接头采用机械连接时，不再计算该处钢筋搭接长度。遇设计图示、标准图集和规范要求不明确时，钢筋的搭接长度和数量按现浇混凝土构件钢筋规则计算。预制构件外露钢筋不计入钢筋工程量。

4. 后浇混凝土模板

后浇混凝土模板工程量按后浇混凝土与模板接触面以 m^2 计算，超出后浇混凝土接触面与预制构件抱合部分的模板面积不增加计算。不扣除后浇混凝土墙、板上单个面 $0.3m^2$ 以内的孔洞，洞侧壁模板也不增加；应扣除单孔面积 $0.3m^2$ 以上孔洞，洞侧壁模板面积并入相应的墙、板模板工程量内计算。

【例 5-19】 某工程叠合板楼面结构如图 5-57～图 5-59 所示，已知该叠合板采用 C30 混凝土预制。试编制该叠合板预制部分定额工程量清单。

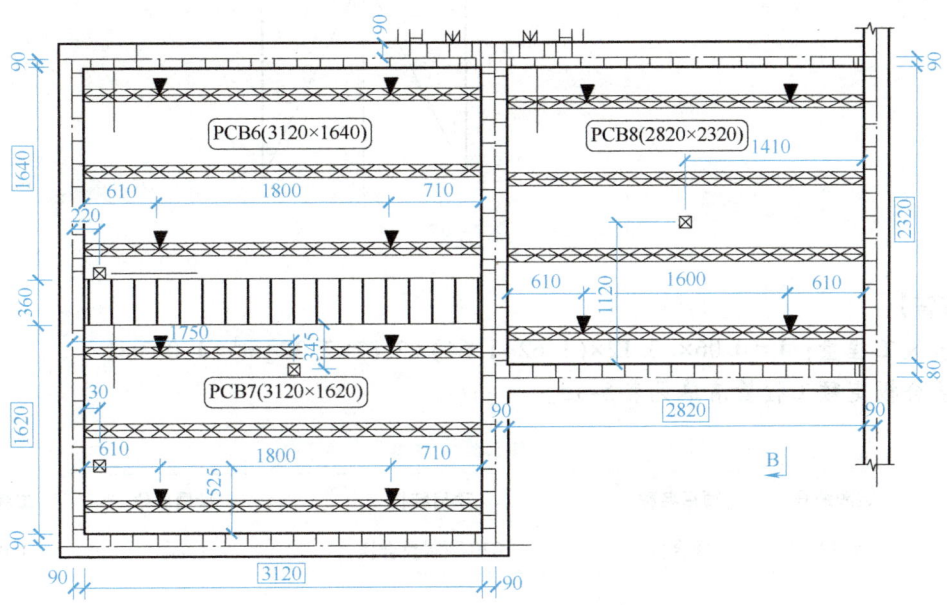

图 5-57 某叠合板楼面结构局部平面图

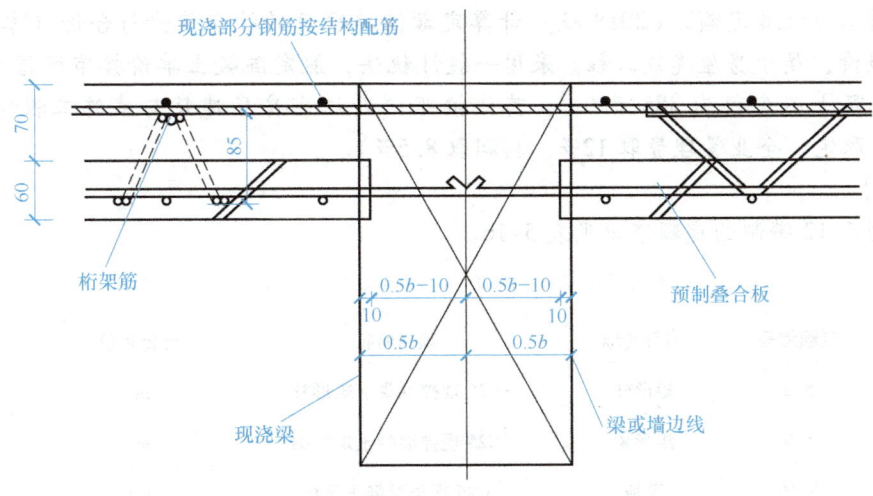

图 5-58 叠合板节点图 1

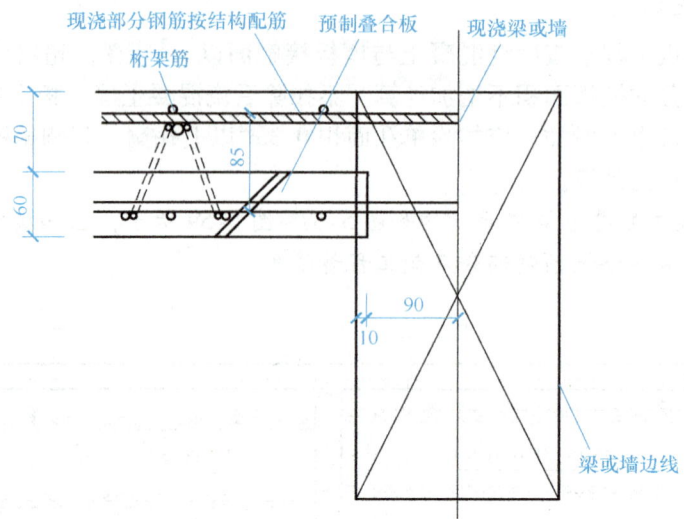

图 5-59 叠合板节点图 2

【解答】

叠合板工程量：$V = 0.06 \times [3.12 \times (1.62+1.64) + 2.82 \times 2.32] \, m^3 = 1.003 \, m^3$

该叠合板定额工程量清单见表 5-15。

表 5-15 分部分项工程量清单（定额清单）

序号	定额编号	项目名称	项目特征	计量单位	工程量
1	5-196	叠合板	C30 预制叠合板	m³	1.003

三、混凝土及钢筋混凝土工程定额清单计价

【例 5-20】 根据例 5-12 提供的工程条件和清单及拟订的施工方案，按照《浙江省房屋建筑与装饰工程预算定额》（2018 版）计算定额清单项目的综合单价与合价（本题假设为编制投标报价，属于房屋建筑工程，采用一般计税法，假定混凝土单价按市场信息价确定。C25 现拌混凝土不含税为 385 元/m³，其他按照《浙江省房屋建筑与装饰工程预算定额》（2018 版）取定，企业管理费取 12%，利润取 8.5%）。

【解答】

根据例 5-12 编制的定额清单见表 5-16。

表 5-16 分部分项工程量清单（定额清单）

序号	定额编号	项目名称	项目特征	计量单位	工程量
1	5-6	矩形柱	C25 现拌混凝土矩形柱	m³	4
2	5-9	矩形梁	C25 现拌混凝土矩形梁	m³	3.344
3	5-16	平板	C25 现拌混凝土平板	m³	2.053

根据《浙江省房屋建筑与装饰工程预算定额》(2018 版) 计算人、材、机费用，《浙江

省建设工程计价规则》(2018版)规定:投标报价的企业管理费和利润应以定额项目中的人工费与机械费之和计算。

① 矩形柱,5-6H

人工费=(87.615×1.05+52.947×1.01)元/m³=145.472元/m³

材料费=[470.385+(385-461)×1.01+0.162×1.01]元/m³=393.789元/m³

机械费=(0.419+6.461×1.01)元/m³=6.945元/m³

企业管理费=(145.472+6.945)元/m³×12%=18.290元/m³

利润=(145.472+6.945)元/m³×8.5%=12.955元/m³

② 矩形梁,5-9H

人工费=(36.653×1.4+52.947×1.01)元/m³=104.791元/m³

材料费=[469.9824+(385-461)×1.01+0.162×1.01]元/m³=393.386元/m³

机械费=(0.419+6.461×1.01)元/m³=6.945元/m³

企业管理费=(104.791+6.945)元/m³×12%=13.408元/m³

利润=(104.791+6.945)元/m³×8.5%=9.498元/m³

③ 平板,5-16H

人工费=(42.309×1.3+52.947×1.01)元/m³=108.478元/m³

材料费=[474.088+(385-461)×1.01+0.162×1.01]元/m³=397.492元/m³

机械费=(0.774+6.461×1.01)元/m³=7.300元/m³

企业管理费=(108.478+7.300)元/m³×12%=13.893元/m³

利润=(108.478+7.300)元/m³×8.5%=9.841元/m³

计算定额清单综合单价与合价,见表5-17。

表5-17 综合单价计算表(定额清单)

序号	定额编号	项目名称	计量单位	数量	综合单价/元						合计/元
					人工费	材料费	机械费	管理费	利润	小计	
1	5-6H	C25现拌混凝土矩形柱	m³	4	145.472	393.789	6.945	18.290	12.955	577.451	2310
2	5-9H	C25现拌混凝土矩形梁	m³	3.344	104.791	393.386	6.945	13.408	9.498	528.028	1766
3	5-16H	C25现拌混凝土平板	m³	2.053	108.478	397.492	7.300	13.893	9.841	537.004	1102

任务3 混凝土及钢筋混凝土工程国标清单编制与计价

一、国标工程量清单编制

1. 现浇混凝土构件工程量清单编制

房屋建筑工程现浇混凝土构件工程量清单应按《计量规范》附录项目列项。

(1) 项目设置

1) 工程量清单列项。现浇混凝土工程项目按构件部位、作用和形体等划分设置,《计量规范》附录划分为 8 个小节（E.1～E.8）。

因《计量规范》的项目内容与计价定额存在一定差异，故在按《计量规范》项目列项时应考虑计价定额的使用，在清单列项时应结合计价定额的项目划分，以便清单计价时能方便使用计价定额。

如：《计量规范》附录表 E.5 中的有梁板，按《计量规范》工程量计算规则为梁板体积合并计算，但按浙江省计价定额梁、板工程量是分别列项计算的，为方便计价，在清单列项时可以不再使用"有梁板"子目来列项。

《计量规范》附录 E 各现浇构件项目中均列有模板工作内容，而附录 S.2 又单独列有混凝土模板及支架（撑）清单项目，清单编制人应根据工程的实际情况在同一个标段（或合同段）中在两种方法中选择一种予以考虑列项方式。

2) 清单项目的特征描述。现浇混凝土结构构件的清单项目一般组合内容较少，应统筹考虑计价时能执行合适的定额子目，并根据计价定额使用时的有关要求进行项目特征的描述。

如：《计量规范》附录 E.3 中圈梁、过梁分别编码列项且不区分各种情况，而计价定额规定单独过梁模板套用矩形梁定额（混凝土浇捣应套用圈过梁定额）、与圈梁连接的过梁套用圈梁定额，故不同情况的过梁浇捣（包括模板单独列项时）应分别列项，项目名称均为"过梁"，但项目特征中需描述过梁的不同情况。

(2) 清单项目工程量的计算 《计量规范》与计价定额的现浇混凝土工程量计算规则基本相同，仅注意因项目划分不同时引起的规则差异。如：《计量规范》附录表 E.5 中的"有梁板"清单子目，按浙江省计价定额的使用情况，列项时将梁与板分别计算，工程量不需合并。同时也应注意计算规范项目与计价定额项目计量单位不同引起的差异。《计量规范》附录表 E.7 中的电缆沟、地沟按 m 计量，而计价定额按点计量，清单编制时应同时考虑执行定额计价工程量的计算，并在项目特征中明确描述两个不同计量单位之间的关系（如每米沟体积或总体积；当沟内空断面大于 0.4m² 时，尚需将沟底、壁、顶分别描述或以连续编码分别列项）。如是室外地沟（散水边常规做法的明沟除外），则可按《构筑物工程工程量计算规范》（GB 50860—2013）附录 A.9 编码列项，使计量单位与计价定额一致。

注意：计价定额里的"按 m 计量"仅指散水边的小明沟（断面很小且不需要盖的，如图 5-60 所示），而室外的大部分都是地沟，此沟可以是砖砌的。

(3) 应注意的事项

1) 项目特征描述时对于混凝土种类需按工程设计、工程当地有关规定进行描述。

2) 根据浙江省计价定额的使用，表 5-18 的清单子目需增补项目特征。

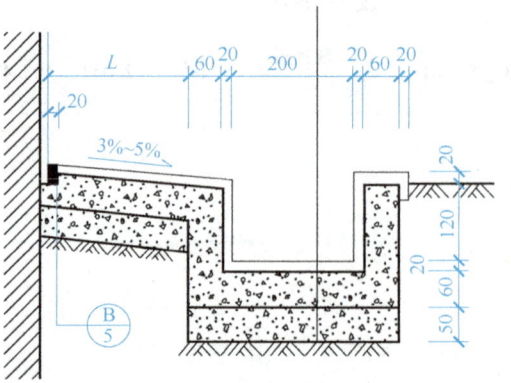

图 5-60 小明沟

表 5-18 补充清单

序号	项目编码	项目名称	补充项目	补充内容
1	010501006	设备基础	项目特征	增加：设备螺栓孔数量及三维尺寸
2	010506001	直形楼梯		增加：底板厚度
	010506002	弧形楼梯		

3）同一构件的列项应按《计量规范》的规定（见《计量规范》附录表 E.1 备注）及计价定额的应用予以分别列项。

4）异形梁应按不同性质（如薄腹梁、吊车梁等）分别列项，弧形、拱形梁分别列项。

5）现浇混凝土墙除按直形、弧形区分外，尚应按不同墙厚、部位、性质等分别编码列项。

如：一般的墙按厚度以 10cm 内、10cm 以上分别列项；地下室内墙与外墙、高度小于 1.2m 和大于 1.2m 的女儿墙、无筋混凝土或毛石混凝土挡土墙等应分别列项。

6）因《计量规范》中檐沟不分内、外且按"天沟"列项，按照计价定额整体现浇梁板组成的跨中排水沟（内天沟）按梁板规则列项，故清单特征必须描述部位并分别列项；挑檐板应按外挑尺寸、平挑还是带翻沿的予以区别。

7）现浇混凝土小型池槽、垫块等，应按《计量规范》附录表 E.7 中其他构件项目编码列项。独立现浇门框应根据浙江省计价定额规则按构造柱列项。

8）《计量规范》附录项目中列有两种计量单位的，如楼梯、扶手、压顶等，应结合浙江省计价定额子目的计量单位选取一种来计算列项。

9）当施工图设计要求混凝土掺外加剂时，项目特征应明确描述外加剂的品种、掺量。

（4）模板工程

1）根据《计量规范》，模板工程采用两种列项方式进行编制，一种为模板不单独列项，在构件混凝土浇捣的"工作内容"中包括模板工程的内容，这时不再编列现浇混凝土模板清单项目，模板工程与混凝土工程项目一起组成混凝土浇捣项目的综合单价，即现浇混凝土工程项目的综合单价包括了模板的工程费用。这时混凝土构件的项目特征需描述模板工程相关特征（如数量、招标人要求的模板种类等）。另一种为模板单独列项，在措施项目中编列现浇混凝土模板工程清单项目，单独组成综合单价，模板单独列项时，必须按《计量规范》所规定的计量单位、项目编码、项目特征描述编列清单，同时，现浇混凝土项目中不再含模板的工程费用。

根据浙江省计价定额的使用规则，以后一种清单编列较合适。

① 对于基础、柱、梁、板、墙等结构混凝土，模板应按措施项目单独列项。

② 对于建筑混凝土及附属工程混凝土项目，如混凝土找平层、混凝土散水、混凝土坡道等，其定额子目已包含支模费用，混凝土清单子目不需要再组合模板费用。

③ 不论采用哪种方法，都必须在编制说明或项目特征中予以说明；对于编制说明或项目特征中未说明的，模板工程按措施项目单独列项处理。

2）模板的工程量计算。按照《计量规范》对模板工程的两种列项方式，模板工程量的计算各有不同。

① 如按模板在混凝土浇捣项目内组价的，则模板工程量在清单中不能体现，见表 5-19。

表 5-19 现浇混凝土基础（编号：010501）

项目编码	项目名称	项目特征	计量单位	工程量计算规则	工作内容
010501001	垫层	1. 混凝土种类；2. 混凝土强度等级	m³	按设计图示尺寸以体积计算。不扣除伸入承台基础的桩头所占体积	1. 模板及支撑制作、安装、拆除、堆放、运输及清理模内杂物、刷隔离剂等。2. 混凝土制作、运输、浇筑、振捣、养护。
010501002	带形基础				
010501003	独立基础				

按浙江省现行定额计价的，则需由计价人另行按照图纸及计价定额规则计算模板工程的计价工程量，并按计算得到的模板工程量组合到混凝土浇捣项目内计价，形成相应构件的综合单价。该清单编制时也须按浙江省计价定额有关模板工程的使用规则对构件项目特征进行描述，以满足计价需要。

② 如将模板工程单独计量、编列清单项目的，模板工程量应按《计量规范》附录 S.2 相应项目工程量计算规则计算；同时应结合计价所采用的定额使用规则，对具体定额细分子目分别计算出清单项目组合的内容予以描述，或按涉及计价的不同特征项目以清单项目第五级编码分别列项。

对于《计量规范》附录中工程量计算规则与计价定额不同之处，按《计量规范》计算工程量时，应结合计价定额使用规则计算出相关项目特征值并予以描述。

3) 应注意的问题。具体有以下几个。

① 不采用支模施工的混凝土构件不应计算模板，如：满槽浇捣的基础垫层、基础等；《计量规范》未列出基础垫层的模板子目，如有发生可按附录 S.2 基础模板清单项目第五级编码列项。

②《计量规范》未列砖模子目，可按附录 S.2 基础模板清单项目第五级编码列项。地下室底板下翻构件不能拆模的一般采用砖模施工，计算砖模后不再计算模板工程量；而可以拆模的地下构件部位一般应按模板工程计算编列清单。

③ 当现浇混凝土柱、梁、板、墙等构件支模高度大于 3.6m 时，按支模高度（层高）不同进行描述并分别列项，或将支模超高工程量按不同超高（以 1m 为步距）单独以第五级编码分别列项。

④《计量规范》附录表 S.2 备注第 2 点与该表内部分构件模板工程量计算规则不符的，如：阳台、雨篷、楼梯、台阶，应以附录表 S.2 的规则为准计算工程量。

⑤ 悬挑式阳台、雨篷如带梁及 250mm 以内翻沿的，当支模高度超过 3.6m 时，工程量按《计量规范》计算规则计算，但应描述混凝土与模板接触面展开面积。半悬挑及非悬挑的阳台、雨篷，按梁、板有关编码列项。

⑥ 涉及弧形构件的模板，如在其模板定额中未考虑弧形，则在相应的构件模板清单里组合计价，项目特征必须描述相应的弧长。

⑦ 构件有外挑装饰线的，模板工程量不扣除装饰线所占位置，装饰线根据浙江省计价规则按表 5-20 补充编码列项。

项目特征中应描述线条的棱线道数和线条长度数量，当棱线道数有不同（即项目特征不同）时，应按第五级编码分别列项。

项目 5　混凝土及钢筋混凝土工程

表 5-20　线条模板增加费

序号	项目编号	项目名称	项目特征	计量单位	工程量计算规则	工作内容
1	011702033	线条模板增加费	线条形状、凸出宽度	m	按设计图示尺寸以长度计算	1. 模板制作 2. 模板安装、拆除、整理堆放及场内外运输 3. 清理模板粘结物及模内杂物、刷隔离剂等

⑧ 现浇混凝土构件设有后浇带时，模板工程量不扣除后浇带所占位置，但应在项目特征中描述后浇带长度及相应的计价定额划分步距。

2. 钢筋及螺栓、铁件工程量清单编制

房屋建筑工程钢筋及螺栓、铁件工程量清单应按《计量规范》附录项目列项。单位工程钢筋及螺栓、铁件工程量包括混凝土构件（含桩基础）、砌体加固及楼屋面构造层等包含的用钢量。

（1）项目设置　钢筋工程量清单项目按构件性质、钢种及工艺等划分，按《计量规范》附录 E.15 分为 10 个项目编码列项；螺栓、铁件工程量清单项目按《计量规范》附录 E.16 分为 3 个项目编码列项。

1）各类构件钢筋应根据构件性质按圆钢筋、带肋钢筋、箍筋、桩及地下连续墙钢筋笼（分圆钢筋、带肋钢筋）、后张法预应力钢筋束、钢筋焊接、机械连接、植筋、预埋铁件、螺栓制作安装等分别列项。

2）圆钢筋、带肋钢筋及箍筋应根据钢种、规格分别列项，如：$\phi 25$ 以内 HRB400 带肋钢筋。

3）后张法预应力钢筋应按钢丝束、钢绞线分别列项。

4）预埋铁件应按单只重量 25kg 以内和 25kg 以上分别列项。

5）设计规定采用直螺纹、锥螺纹、冷挤压、电渣压力焊、气压焊连接时，应分别列项。

6）砌体内的加固钢筋、屋面（或楼面）细石混凝土找平层内的钢筋制作、安装，按现浇混凝土钢筋或钢筋网片编码列项。

（2）清单项目的特征描述

1）钢筋工程项目特征中的钢筋种类按上述列项划分内容予以描述，并应结合浙江省计价定额钢筋相应子目的规格描述。

2）后张法预应力钢筋设计明确采用的锚具在项目特征中予以描述。

3）后张法预应力钢绞线、钢丝束应按设计要求描述有粘结还是无粘结的；如预应力孔道灌浆设计材料有特殊要求时需予以描述。

4）钢筋采用机械连接及需要单独计算的焊接接头，应描述具体接头方式。

5）预埋铁件除描述每块重量的界限以外，尚应描述组成铁件不同钢材的比例或用量。

6）如施工图设计标注做法见标准图集，项目特征注明标准图集的编码、页号及节点大样即可；但如果标准图集有要求单体设计予以明确的（如规格、品种等），必须要求设计图纸予以明确后按设计要求描述。

(3) 清单项目工程量计算　各类钢筋、预埋件的工程量按施工图设计图示钢筋（网）、钢丝束、钢绞线长度（面积）乘单位理论质量以净用量计算，计量单位为 t；机械连接按设计要求适用范围以个计算。

1) 制作、安装、运输损耗考虑在计价内。

2) 现浇构件中固定位置的支撑钢筋、双层钢筋用的撑脚、伸出构件的锚固钢筋、预制构件的吊钩等，应计算钢筋工程量，按所属构件和钢种、规格与构件钢筋合并编码列项或根据前述特征要求单独编码列项。

3) 现浇构件中伸出构件的锚固钢筋应并入钢筋工程量内。除设计（包括规范规定）标明的搭接外，其他施工搭接计价需要时可以列入清单工程量并在特征中描述。

4) 按机械连接、计价定额单独列项的焊接计算了接头时，不再计算钢筋搭接增加长度。

(4) 应注意的问题

1) 关于钢筋定尺长度引起的搭接：《计量规范》规定，现浇构件中的钢筋除设计（包括规范规定）标明的搭接外，其他施工搭接不计算工程量，在综合单价中综合考虑。

浙江省在具体贯彻实施时，对于现浇构件中因定尺长度引起的钢筋连接，应按以下原则处理：设计图纸注明的，按设计有关规定计算；设计图纸未注明的，单根钢筋连续长度超过 9m 时可按设计规定计算一个接头，该接头按绑扎搭接计算时，钢筋搭接工程量并入清单钢筋工程量。如按照本省计价定额规则钢筋定尺长度搭接需计入清单工程量的，应在清单说明中注明定尺长度；如未计入清单工程量，也应予以说明。

2) 发生植筋时，植筋按钢筋工程量清单第五级编码分别列项，并明确描述植筋规格和植筋根数。

3) 预应力构件中的非预应力筋应按钢种分别编码列项；预应力筋设计要求人工时效时，应在清单项目特征中明确。

4) 后张法预应力构件不能套用标准图集计算时，其预应力筋按设计构件尺寸，并区别不同的锚固类型，钢筋长度以孔道长度为基础分别计算；锚具按套计算，在项目特征中明确并应注明是单锚还是群锚。

5) 滑模工程如设计利用提升支撑杆作结构钢筋时，不得重复计算。

6) 除钢筋混凝土构件以外，其他分部工程内涉及的钢筋应按钢筋工程第五级编码分别列项，并描述具体配筋部位、钢种类别和规格等；如在其他分部分项内综合组价的，按其他分部分项工程量清单编制规定执行。

3. 房屋建筑工程装配式混凝土构件工程量清单编制

装配式混凝土结构构件工程量清单按浙江省规定补充 E.18 清单子目及计算规则编制。

(1) 项目设置

1) 清单项目列项。装配式混凝土构件按分项构件类型及后浇部位在 E.18 中分为 PC 矩形柱、异形柱、单梁、叠合梁、叠合楼板、阳台、楼梯等项目，项目编码为 Z010518001～Z010518020。

2) 项目特征描述。PC 构件项目主要描述图代号、单件体积、截面尺寸、混凝土强度等级、钢筋种类、规格及含量、其他预埋要求、灌（嵌）缝材料种类等。后浇连接项目主要描述混凝土种类、强度等级等。

(2) 工程量计算　PC 构件安装清单项目计量单位除了 m³ 外还有根、段、块等。以 m³ 计量，按设计图示尺寸以体积计算；以根、段、块计量，按设计图示尺寸以数量计算。

后浇连接混凝土浇捣项目计量单位为 m³，按设计图示尺寸以体积计算。

外墙嵌缝打胶按设计图示尺寸以长度计算。

(3) 应注意的问题

1) 预制构件安装以根、段、块等为单位计量时，必须描述单件体积。

2) 预制楼梯清单项目特征中的结构形式，可根据其受力形式按固支和简支进行描述。

3) 设计要求有套筒、结构连接用预埋件，以及水、电安装所需配管、线盒、线箱者，应在构件项目特征"其他预埋要求"中进行描述，其费用计入相应清单项目的综合单价内。

4) 工程量计算时，不扣除构件内钢筋、预埋铁件、线管、线盒及单个面积 300mm×300mm 以内孔洞所占体积，构件外露钢筋、预埋铁件所占体积也不增加。

5) 成品构件设有保温层者，保温层不另行编码列项，构件的单件体积及按体积计量时的工程量应包含保温层体积，其项目特征应增加对保温材料种类、保温层厚度的描述，并注明混凝土部分的体积。

6) 依附于外墙板制作的飘窗，并入外墙板内计算并单独列项；依附于阳台板制作的栏板、翻沿空调板，并入阳台板内计算。

7) PC 其他构件适用于未列项目，且单件构件体积在 0.3m³ 以内的混凝土预制构件。

二、混凝土及钢筋混凝土工程工程量清单项目及计算规则

1. 现浇混凝土基础（见表 5-21）

表 5-21　现浇混凝土基础

项目编码	项目名称	项目特征	计量单位	工程量计算规则	工作内容
010501001	垫层	1. 混凝土种类 2. 混凝土强度等级	m³	按设计图示尺寸以体积计算。不扣除伸入承台基础的桩头所占体积	1. 模板及支撑制作、安装、拆除、堆放、运输及清理模内杂物、刷隔离剂等 2. 混凝土制作、运输、浇筑、振捣、养护
010501002	带形基础				
010501003	独立基础				
010501004	满堂基础				
010501005	桩承台基础				
010501006	设备基础	1. 混凝土种类 2. 混凝土强度等级 3. 灌浆材料及其强度等级			

注：1. 有肋带形基础、无肋带形基础应按本表中相关项目列项，并注明肋高。
　　2. 箱式满堂基础中柱、梁、墙、板按表 5-22~表 5-25 相关项目分别编码列项；箱式满堂基础底板按本表的满堂基础项目列项。
　　3. 框架式设备基础中柱、梁、墙、板分别按表 5-22~表 5-25 相关项目编码列项；基础部分按本表相关项目编码列项。
　　4. 如为毛石混凝土基础，项目特征应描述毛石所占比例。

2. 现浇混凝土柱（见表5-22）

表5-22 现浇混凝土柱

项目编码	项目名称	项目特征	计量单位	工程量计算规则	工作内容
010502001	矩形柱	1. 混凝土种类 2. 混凝土强度等级	m^3	按设计图示尺寸以体积计算柱高： 1. 有梁板的柱高，应自柱基上表面（或楼板上表面）至上一层楼板上表面之间的高度计算 2. 无梁板的柱高，应自柱基上表面（或楼板上表面）至柱帽下表面之间的高度计算 3. 框架柱的柱高：应自柱基上表面至柱顶高度计算 4. 构造柱按全高计算，嵌接墙体部分（马牙槎）并入柱身体积 5. 依附柱上的牛腿和升板的柱帽，并入柱身体积计算	1. 模板及支架（撑）制作、安装、拆除、堆放、运输及清理模内杂物、刷隔离剂等 2. 混凝土制作、运输、浇筑、振捣、养护
010502002	构造柱				
010502003	异形柱	1. 柱形状 2. 混凝土种类 3. 混凝土强度等级			

注：混凝土种类指清水混凝土、彩色混凝土等，如在同一地区既使用预拌（商品）混凝土，又允许现场搅拌混凝土时，也应注明（下同）。

3. 现浇混凝土梁（见表5-23）

表5-23 现浇混凝土梁

项目编码	项目名称	项目特征	计量单位	工程量计算规则	工作内容
010503001	基础梁	1. 混凝土种类 2. 混凝土强度等级	m^3	按设计图示尺寸以体积计算。伸入墙内的梁头、梁垫并入梁体积内 梁长： 1. 梁与柱连接时，梁长算至柱侧面 2. 主梁与次梁连接时，次梁长算至主梁侧面	1. 模板及支架（撑）制作、安装、拆除、堆放、运输及清理模内杂物、刷隔离剂等 2. 混凝土制作、运输、浇筑、振捣、养护
010503002	矩形梁				
010503003	异形梁				
010503004	圈梁				
010503005	过梁				
010503006	弧形、拱形梁				

4. 现浇混凝土墙（见表 5-24）

表 5-24 现浇混凝土墙

项目编码	项目名称	项目特征	计量单位	工程量计算规则	工作内容
010504001	直形墙	1. 混凝土种类 2. 混凝土强度等级	m³	按设计图示尺寸以体积计算 扣除门窗洞口及单个面积>0.3m²的孔洞所占体积，墙垛及凸出墙面部分并入墙体体积计算内	1. 模板及支架（撑）制作、安装、拆除、堆放、运输及清理模内杂物、刷隔离剂等 2. 混凝土制作、运输、浇筑、振捣、养护
010504002	弧形墙				
010504003	短肢剪力墙				
010504004	挡土墙				

注：短肢剪力墙是指截面厚度不大于300mm、各肢截面高度与厚度之比的最大值大于4但不大于8的剪力墙；各肢截面高度与厚度之比的最大值不大于4的剪力墙按柱项目编码列项。

5. 现浇混凝土板（见表 5-25）

表 5-25 现浇混凝土板

项目编码	项目名称	项目特征	计量单位	工程量计算规则	工作内容
010505001	有梁板	1. 混凝土种类 2. 混凝土强度等级	m³	按设计图示尺寸以体积计算，不扣除单个体积≤0.3m²的柱、垛以及孔洞所占体积 压形钢板混凝土楼板扣除构件内压形钢板所占体积 有梁板（包括主、次梁与板）按梁、板体积之和计算，无梁板按板和柱帽体积之和计算，各类板伸入墙内的板头并入板体积内，薄壳板的肋、基梁并入薄壳体积内计算	1. 模板及支架（撑）制作、安装、拆除、堆放、运输及清理模内杂物、刷隔离剂等 2. 混凝土制作、运输、浇筑、振捣、养护
010505002	无梁板				
010505003	平板				
010505004	拱板				
010505005	薄壳板				
010505006	栏板				
010505007	天沟（檐沟）、挑檐板			按设计图示尺寸以体积计算	
010505008	雨篷、悬挑板、阳台板			按设计图示尺寸以墙外部体积计算。包括伸出墙外的牛腿和雨篷反挑檐的体积	
010505009	空心板			按设计图示尺寸以体积计算。空心板（GBF高强薄壁蜂巢芯板等）应扣除空心部分体积	
010505010	其他板			按设计图示尺寸以体积计算	

注：现浇挑檐、天沟板、雨篷、阳台与板（包括屋面板、楼板）连接时，以外墙外边线为分界线；与圈梁（包括其他梁）连接时，以梁外边线为分界线。外边线以外为挑檐、天沟、雨篷或阳台。

6. 现浇混凝土楼梯（见表5-26）

表5-26 现浇混凝土楼梯

项目编码	项目名称	项目特征	计量单位	工程量计算规则	工作内容
010506001	直形楼梯	1. 混凝土种类 2. 混凝土强度等级	1. m^2 2. m^3	1. 以 m^2 计量，按设计图示尺寸以水平投影面积计算。不扣除宽度≤500mm的楼梯井，伸入墙内部分不计算 2. 以 m^3 计量，按设计图示尺寸以体积计算	1. 模板及支架（撑）制作、安装、拆除、堆放、运输及清理模内杂物、刷隔离剂等 2. 混凝土的制作、运输、浇筑、振捣、养护
010506002	弧形楼梯				

注：整体楼梯（包括直形楼梯、弧形楼梯）水平投影面积包括休息平台、平台梁、斜梁和楼梯的连接梁。当整体楼梯与现浇楼板无梯梁连接时，以楼梯的最后一个踏步边缘加300mm为界。

7. 现浇混凝土其他构件（见表5-27）

表5-27 现浇混凝土其他构件

项目编码	项目名称	项目特征	计量单位	工程量计算规则	工作内容
010507001	散水、坡道	1. 垫层材料种类、厚度 2. 面层厚度 3. 混凝土种类 4. 混凝土强度等级 5. 变形缝填塞材料种类	m^2	按设计图示尺寸以水平投影面积计算。不扣除单个≤0.3m^2的孔洞所占面积	1. 地基夯实 2. 铺设垫层 3. 模板及支撑制作、安装、拆除、堆放、运输及清理模内杂物、刷隔离剂等 4. 混凝土制作、运输、浇筑、振捣、养护 5. 变形缝填塞
010507002	室外地坪	1. 地坪厚度 2. 混凝土强度等级			
010507003	电缆沟、地沟	1. 土壤类别 2. 沟截面净空尺寸 3. 垫层材料种类、厚度 4. 混凝土种类 5. 混凝土强度等级 6. 防护材料种类	m	按设计图示以中心线长度计算	1. 挖填、运土石方 2. 铺设垫层 3. 模板及支撑制作、安装、拆除、堆放、运输及清理模内杂物、刷隔离剂等 4. 混凝土制作、运输、浇筑、振捣、养护 5. 刷防护材料
010507004	台阶	1. 踏步高、宽 2. 混凝土种类 3. 混凝土强度等级	1. m^2 2. m^3	1. 以 m^2 计量，按设计图示尺寸水平投影面积计算 2. 以 m^3 计量，按设计图示尺寸以体积计算	1. 模板及支撑制作、安装、拆除、堆放、运输及清理模内杂物、刷隔离剂等 2. 混凝土制作、运输、浇筑、振捣、养护

项目5 混凝土及钢筋混凝土工程

（续）

项目编码	项目名称	项目特征	计量单位	工程量计算规则	工作内容
010507005	扶手、压顶	1. 断面尺寸 2. 混凝土种类 3. 混凝土强度等级	1. m 2. m³	1. 以 m 计量，按设计图示的中心线延长米计算 2. 以 m³ 计量，按设计图示尺寸以体积计算	1. 模板及支架（撑）制作、安装、拆除、堆放、运输及清理模内杂物、刷隔离剂等 2. 混凝土制作、运输、浇筑、振捣、养护
010507006	化粪池、检查井	1. 部位 2. 混凝土强度等级 3. 防水、抗渗要求	1. m³ 2. 座	1. 按设计图示尺寸以体积计算 2. 以座计量，按设计图示数量计算	
010507007	其他构件	1. 构件的类型 2. 构件规格 3. 部位 4. 混凝土种类 5. 混凝土强度等级	m³		

注：1. 现浇混凝土小型池槽、垫块、门框等，应按本表其他构件项目编码列项。
2. 架空式混凝土台阶，按现浇楼梯计算。

8. 后浇带（见表5-28）

表 5-28 后浇带

项目编码	项目名称	项目特征	计量单位	工程量计算规则	工作内容
010508001	后浇带	1. 混凝土种类 2. 混凝土强度等级	m³	按设计图示尺寸以体积计算	1. 模板及支架（撑）制作、安装、拆除、堆放、运输及清理模内杂物、刷隔离剂等 2. 混凝土制作、运输、浇筑、振捣、养护及混凝土交接面、钢筋等的清理

9. 预制混凝土柱（见表5-29）

表 5-29 预制混凝土柱

项目编码	项目名称	项目特征	计量单位	工程量计算规则	工作内容
010509001	矩形柱	1. 图代号 2. 单件体积 3. 安装高度 4. 混凝土强度等级 5. 砂浆（细石混凝土）强度等级、配合比	1. m³ 2. 根	1. 以 m³ 计量，按设计图示尺寸以体积计算 2. 以根计量，按设计图示尺寸以数量计算	1. 模板制作、安装、拆除、堆放、运输及清理模内杂物、刷隔离剂等 2. 混凝土制作、运输、浇筑、振捣、养护 3. 构件运输、安装 4. 砂浆制作、运输 5. 接头灌缝、养护
010509002	异形柱				

注：以根计量，必须描述单件体积。

10. 预制混凝土梁（见表5-30）

表5-30　预制混凝土梁

项目编码	项目名称	项目特征	计量单位	工程量计算规则	工作内容
010510001	矩形梁	1. 图代号 2. 单件体积 3. 安装高度 4. 混凝土强度等级 5. 砂浆（细石混凝土）强度等级、配合比	1. m³ 2. 根	1. 以 m³ 计量，按设计图示尺寸以体积计算 2. 以根计量，按设计图示尺寸以数量计算	1. 模板制作、安装、拆除、堆放、运输及清理模内杂物、刷隔离剂等 2. 混凝土制作、运输、浇筑、振捣、养护 3. 构件运输、安装 4. 砂浆制作、运输 5. 接头灌缝、养护
010510002	异形梁	^	^	^	^
010510003	过梁	^	^	^	^
010510004	拱形梁	^	^	^	^
010510005	鱼腹式吊车梁	^	^	^	^
010510006	其他梁	^	^	^	^

注：以根计量，必须描述单件体积。

11. 预制混凝土屋架（见表5-31）

表5-31　预制混凝土屋架

项目编码	项目名称	项目特征	计量单位	工程量计算规则	工作内容
010511001	折线型	1. 图代号 2. 单件体积 3. 安装高度 4. 混凝土强度等级 5. 砂浆（细石混凝土）强度等级、配合比	1. m³ 2. 榀	1. 以 m³ 计量，按设计图示尺寸以体积计算 2. 以榀计量，按设计图示尺寸以数量计算	1. 模板制作、安装、拆除、堆放、运输及清理模内杂物、刷隔离剂等 2. 混凝土制作、运输、浇筑、振捣、养护 3. 构件运输、安装 4. 砂浆制作、运输 5. 接头灌缝、养护
010511002	组合	^	^	^	^
010511003	薄腹	^	^	^	^
010511004	门式刚架	^	^	^	^
010511005	天窗架	^	^	^	^

注：1. 以榀计量，必须描述单件体积。
　　2. 三角形屋架按本表中折线型屋架项目编码列项。

12. 预制混凝土板（见表5-32）

表5-32　预制混凝土板

项目编码	项目名称	项目特征	计量单位	工程量计算规则	工作内容
010512001	平板	1. 图代号 2. 单件体积 3. 安装高度 4. 混凝土强度等级 5. 砂浆（细石混凝土）强度等级、配合比	1. m³ 2. 块	1. 以 m³ 计量，按设计图示尺寸以体积计算。不扣除单个面积≤300mm×300mm的孔洞所占体积，扣除空心板空洞体积 2. 以块计量，按设计图示尺寸以数量计算	1. 模板制作、安装、拆除、堆放、运输及清理模内杂物、刷隔离剂等 2. 混凝土制作、运输、浇筑、振捣、养护 3. 构件运输、安装 4. 砂浆制作、运输 5. 接头灌缝、养护
010512002	空心板	^	^	^	^
010512003	槽形板	^	^	^	^
010512004	网架板	^	^	^	^
010512005	折线板	^	^	^	^
010512006	带肋板	^	^	^	^
010512007	大型板	^	^	^	^

项目 5　混凝土及钢筋混凝土工程

（续）

项目编码	项目名称	项目特征	计量单位	工程量计算规则	工作内容
010512008	沟盖板、井盖板、井圈	1. 单件体积 2. 安装高度 3. 混凝土强度等级 4. 砂浆强度等级、配合比	1. m³ 2. 块（套）	1. 以 m³ 计量，按设计图示尺寸以体积计算 2. 以块计量，按设计图示尺寸以数量计算	1. 模板制作、安装、拆除、堆放、运输及清理模内杂物、刷隔离剂等 2. 混凝土制作、运输、浇筑、振捣、养护 3. 构件运输、安装 4. 砂浆制作、运输 5. 接头灌缝、养护

注：1. 以块、套计量，必须描述单件体积。
2. 不带肋的预制遮阳板、雨篷板、挑檐板、拦板等，应按本表平板项目编码列项。
3. 预制 F 形板、双 T 形板、单肋板和带反挑檐的雨篷板、挑檐板、遮阳板等，应按本表带肋项目编码列项。
4. 预制大型墙板、大型楼板、大型屋面板等，按本表中大型板项目编码列项。

13. 预制混凝土楼梯（见表 5-33）

表 5-33　预制混凝土楼梯

项目编码	项目名称	项目特征	计量单位	工程量计算规则	工作内容
010513001	楼梯	1. 楼体类型 2. 单件体积 3. 混凝土强度等级 4. 砂浆（细石混凝土）强度等级	1. m³ 2. 段	1. 以 m³ 计量，按设计图示尺寸以体积计算。扣除空心踏步板空洞体积 2. 以段计量，按设计图示数量计算	1. 模板制作、安装、拆除、堆放、运输及清理模内杂物、刷隔离剂等 2. 混凝土制作、运输、浇筑、振捣、养护 3. 构件运输、安装 4. 砂浆制作、运输 5. 接头灌缝、养护

注：以块计量，必须描述单件体积。

14. 其他预制构件（见表 5-34）

表 5-34　其他预制构件

项目编码	项目名称	项目特征	计量单位	工程量计算规则	工作内容
010514001	垃圾道、通风道、烟道	1. 单件体积 2. 混凝土强度等级 3. 砂浆强度等级	1. m³ 2. m² 3. 根（块、套）	1. 以 m³ 计量，按设计图示尺寸以体积计算。不扣除单个面积≤300mm×300mm 的孔洞所占体积，扣除烟道、垃圾道、通风道的孔洞所占体积 2. 以 m² 计量，按设计图示尺寸以面积计算。不扣除单个面积≤300mm×300mm 的孔洞所占面积 3. 以根计量，按设计图示尺寸以数量计算	1. 模板制作、安装、拆除、堆放、运输及清理模内杂物、刷隔离剂等 2. 混凝土制作、运输、浇筑、振捣、养护 3. 构件运输、安装 4. 砂浆制作、运输 5. 接头灌缝、养护
010514002	其他构件	1. 单件体积 2. 构件的类型 3. 混凝土强度等级 4. 砂浆强度等级			

注：1. 以块、根计量，必须描述单件体积。
2. 预制钢筋混凝土小型池槽、压顶、扶手、垫块、隔热板、花格等，按本表中其他构件项目编码列项。

15. 钢筋工程（见表5-35）

表5-35 钢筋工程

项目编码	项目名称	项目特征	计量单位	工程量计算规则	工作内容
010515001	现浇构件钢筋	钢筋种类、规格	t	按设计图示钢筋（网）长度（面积）乘单位理论质量计算	1. 钢筋制作、运输 2. 钢筋安装 3. 焊接（绑扎）
010515002	预制构件钢筋				
010515003	钢筋网片				1. 钢筋网制作、运输 2. 钢筋网安装 3. 焊接（绑扎）
010515004	钢筋笼				1. 钢筋笼制作、运输 2. 钢筋笼安装 3. 焊接（绑扎）
010515005	先张法预应力钢筋	1. 钢筋种类、规格 2. 锚具种类		按设计图示钢筋长度乘单位理论质量计算	1. 钢筋制作、运输 2. 钢筋张拉
010515006	后张法预应力钢筋	1. 钢筋种类、规格 2. 钢丝种类、规格 3. 钢绞线种类、规格 4. 锚具种类 5. 砂浆强度等级	t	按设计图示钢筋（丝束、绞线）长度乘单位理论质量计算 1. 低合金钢筋两端均采用螺杆锚具时，钢筋长度按孔道长度减0.35m计算，螺杆另行计算 2. 低合金钢筋一端采用镦头插片，另一端采用螺杆锚具时，钢筋长度按孔道长度计算，螺杆另行计算 3. 低合金钢筋一端采用镦头插片，另一端采用帮条锚具时，钢筋增加0.15m计算；两端均采用帮条锚具时，钢筋长度按孔道长度增加0.3m计算 4. 低合金钢筋采用后张混凝土自锚时，钢筋长度按孔道长度增加0.35m计算 5. 低合金钢筋（钢绞线）采用JM、XM、QM型锚具，孔道长度≤20m时，钢筋长度增加1m计算，孔道长度>20m时，钢筋长度增加1.8m计算 6. 碳素钢丝采用锥形锚具，孔道长度≤20m时，钢丝束长度按孔道长度增加1.8m计算 7. 碳素钢丝采用镦头锚具时，钢丝束长度按孔道长度增加0.35m计算	1. 钢筋、钢丝、钢绞线制作、运输 2. 钢筋、钢丝、钢绞线安装 3. 预埋孔管道铺设 4. 锚具安装 5. 砂浆制作、运输 6. 孔道压浆、养护
010515007	预应力钢丝				
010515008	预应力钢绞线				

（续）

项目编码	项目名称	项目特征	计量单位	工程量计算规则	工作内容
010515009	支持钢筋（铁马）	1. 钢筋种类 2. 规格	t	按钢筋长度乘单位理论质量计算	钢筋制作、焊接、安装
010515010	声测管	1. 材质 2. 规格型号		按设计图示尺寸以质量计算	1. 检测管截断、封头 2. 套管制作、焊接 3. 定位、固定

注：1. 现浇构件中伸出构件的锚固钢筋应并入钢筋工程量内。除设计（包括规范规定）标明的搭接外，其他施工搭接不计算工程量，在综合单价中综合考虑。
2. 现浇构件中固定位置的支撑钢筋、双层钢筋用的"铁马"在编制工程量清单时，如果设计未明确，其工程数量可为暂估量，结算时按现场签证数量计算。

16. 螺栓、铁件（见表5-36）

表 5-36 螺栓、铁件

项目编码	项目名称	项目特征	计量单位	工程量计算规则	工作内容
010516001	螺栓	1. 螺栓种类 2. 规格	t	按设计图示尺寸以质量计算	1. 螺栓、铁件制作、运输 2. 螺栓、铁件安装
010516002	预埋铁件	1. 钢材种类 2. 规格 3. 铁件尺寸			
010516003	机械连接	1. 连接方式 2. 螺纹套筒种类 3. 规格	个	按数量计算	1. 钢筋套丝 2. 套筒连接

注：编制工程量清单时，如果设计未明确，其工程数量可为暂估量，实际工程量按现场签证数量计算。

【例 5-21】 按照图 5-61 基础图，计算混凝土带形基础和柱下独立基础国标清单工程量，并编列项目清单（计算结果保留两位小数）。

【解答】

根据工程基础类型和断面规格，应按 1—1 和 J-1 应分别列项。

（1）国标清单工程量计算

混凝土基础的国标清单工程量计算规则和定额混凝土浇捣工程量计算规则相同。

① C30 无梁式带形基础（1—1 断面）

$V_{基础} = 断面积 \times 长度 + V_{搭接}$

$S_{断面积} = 1.0 \times 0.35 \text{m}^2 = 0.35 \text{m}^2$

$L_{1-1} = 54.76 \text{m}$

$V_{搭接} = 0 \text{m}^3$

$V = 0.35 \times 54.76 \text{m}^3 = 19.166 \text{m}^3$

② C30 独立基础（J-1）

$V = \{abh + [a_1b_1 + ab + (a_1+a)(b_1+b)]h_1/6\} \times 2$

$= [1.3 \times 1.3 \times 0.35 + (0.3 \times 0.3 + 1.3 \times 1.3 + 1.6 \times 1.6) \times 0.1/6] \times 2 \text{m}^3$

$= 1.328 \text{m}^3$

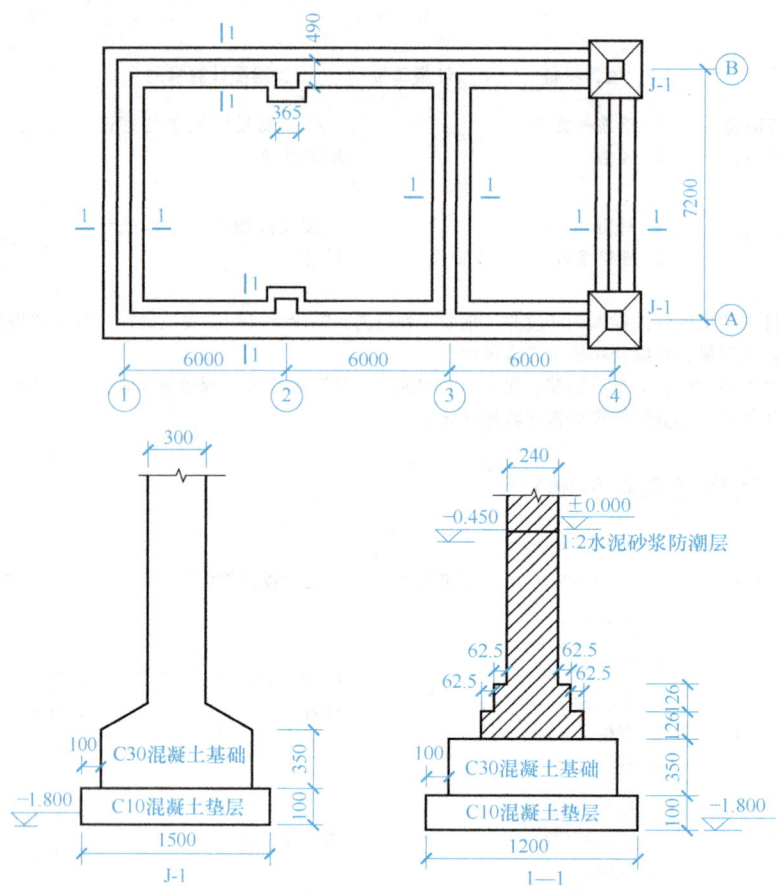

图 5-61 某房屋基础平面及断面图

（2）根据工程量清单格式，编列该工程基础工程量清单（见表 5-37）。

表 5-37 分部分项工程量清单

序号	项目编码	项目名称	项目特征	计量单位	工程数量
1	010501002001	带形基础	1—1，二类土，C30 钢筋混凝土无梁式带形基础，底宽 1.0m，厚 0.35m，基底长 54.76m	m³	19.17
2	010501003001	独立基础	C30 钢筋混凝土独立基础（共 2 只），基底 1.3m×1.3m，厚 0.35m，顶面 0.3m×0.3m，锥高 0.1m	m³	1.33

【例 5-22】 表 5-38 为某工程设计平法标注框架柱表，试计算 KZ1、KZ2 清单工程量并编列项目清单。

【解答】 根据题意，该工程框架柱列项应按断面形式分为矩形柱和圆形柱，矩形柱按断面周长应分为 1.2m 以上 1.8m 以内和 1.2m 以内三种，而 1.8m 以上在底层部分因层高超过 3.6m，也应分别列项。

项目 5　混凝土及钢筋混凝土工程

表 5-38　KZ1、KZ2 柱表

柱号	标高/m	断面/mm	备注
KZ1	-1.500~8.070	500×500	
	8.070~15.270	450×400	一层层高 4.5m，二~五层层高 3.6m，六、七层层高 3m
	15.270~24.870	300×300	各层平面外围尺寸相同，檐高 25m
KZ2	-1.500~4.470	φ500	KZ1 共 24 只，KZ2 共 10 只
	4.470~8.070	500×500	混凝土强度等级均为 C30
	8.070~15.270	450×400	
	15.270~24.870	300×300	

1. 工程量计算

（1）±0.000 以下工程量

① 矩形柱（断面周长 1.8m 以上）

KZ1：$V = 0.5×0.5×1.5×24 m^3 = 9 m^3$

② 圆形柱（断面 φ50cm）

KZ2：$V = 0.25×0.25×3.1416×1.5×10 m^3 = 2.95 m^3$

（2）矩形柱（断面周长 1.8m 以上，层高 3.6m 以内）

KZ1：$V = 0.5×0.5×(8.07-4.47)×24 m^3 = 21.6 m^3$

KZ2：$V = 0.5×0.5×(8.07-4.47)×10 m^3 = 9 m^3$

小计：$V = 30.6 m^3$

（3）矩形柱（断面周长 1.8m 以上，层高 4.5m）

KZ1：$V = 0.5×0.5×4.47×24 m^3 = 26.82 m^3$

（4）矩形柱（断面周长 1.8m 以内，层高 3.6m 以内）

KZ1：$V = 0.45×0.4×(15.27-8.07)×24 m^3 = 31.1 m^3$

KZ2：$V = 0.45×0.4×(15.27-8.07)×10 m^3 = 12.96 m^3$

小计：$V = 44.06 m^3$

（5）矩形柱（断面周长 1.2m 以内，层高 3.6m 以内）

KZ1：$V = 0.3×0.3×(24.87-15.27)×24 m^3 = 20.74 m^3$

KZ2：$V = 0.3×0.3×(24.87-15.27)×10 m^3 = 8.64 m^3$

小计：$V = 29.38 m^3$

（6）圆形柱（断面 φ50cm，层高 4.5m）

KZ2：$V = 0.25×0.25×3.1416×4.47×10 m^3 = 8.78 m^3$

2. 清单项目列表（见表 5-39）

表 5-39　分部分项工程量清单（国标清单）

序号	项目编码	项目名称	项目特征	计量单位	工程数量
1	010502001001	矩形柱	C30 钢筋混凝土矩形柱，断面周长 1.8m 以上，±0.000 以下，深 1.5m	m³	9.00

(续)

序号	项目编码	项目名称	项目特征	计量单位	工程数量
2	010502001002	矩形柱	C30 钢筋混凝土矩形柱，断面周长 1.8m 以上，层高 3.6m 以内，柱高 24.87m	m^3	30.60
3	010502001003	矩形柱	C30 钢筋混凝土矩形柱，断面周长 1.8m 以上，层高 4.5m，柱高 24.87m	m^3	26.82
4	010502001004	矩形柱	C30 钢筋混凝土矩形柱，断面周长 1.8m 以内，层高 3.6m 以内，柱高 24.87m	m^3	44.06
5	010502001005	矩形柱	C30 钢筋混凝土矩形柱，断面周长 1.2m 以内，层高 3.6m 以内，柱高 24.87m	m^3	29.38
6	010502002001	圆形柱	C30 钢筋混凝土圆形柱，断面直径 ϕ50cm，±0.00 以下，深 1.5m	m^3	2.95
7	010502002002	圆形柱	C30 钢筋混凝土圆形柱，断面直径 ϕ50cm，层高 4.5m，柱高 24.87m	m^3	8.78

【例 5-23】 某工程结构平面如图 5-62 所示，采用 C25 现拌混凝土浇捣，模板用组合钢模，层高为 5m（+6.00~+11.00），柱截面为 400mm×500mm，KL1 截面为 250mm×700mm，KL2 截面为 250mm×600mm，L 截面为 250mm×500mm，板厚 10cm。试计算该工程的梁板清单工程量，并编列清单。

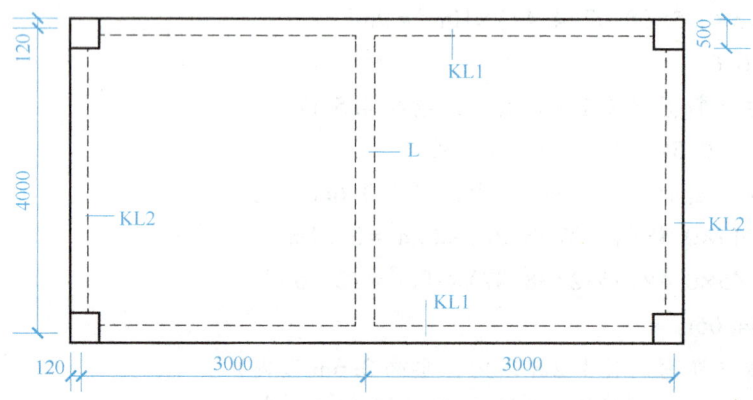

图 5-62 某工程结构平面图

【解答】

(1) 清单工程量计算（同定额混凝土浇捣工程量）

① C25 钢筋混凝土柱 $V = 0.4 \times 0.5 \times 5 \times 4 m^3 = 4 m^3$

② C25 钢筋混凝土梁

KL1：(6.24−0.4×2)×0.25×0.7×2m^3 = 1.904m^3

KL2：(4.24−0.5×2)×0.25×0.6×2m^3 = 0.972m^3

L：(4.24−0.25×2)×0.25×0.5m^3 = 0.468m^3

③ C25 钢筋混凝土板

V = (4.24−0.25×2)×(6.24−0.25×3)×0.1m^3 = 2.053m^3

(2) 清单项目列表（见表 5-40）

表 5-40 分部分项工程量清单（国标清单）

序号	项目编码	项目名称	项目特征	计量单位	工程数量
1	010502001001	矩形柱	C25 钢筋混凝土矩形柱，周长 1.8m 内，层高 5m	m³	4.0
2	010503002001	矩形梁	C25 钢筋混凝土矩形梁，梁高 0.6m 上，层高 5m	m³	1.904
3	010503002001	矩形梁	C25 钢筋混凝土矩形梁，梁高 0.6m 内，层高 5m	m³	1.44
4	010505003001	平板	C25 钢筋混凝土平板，板厚 100mm，层高 5m	m³	2.053

【例 5-24】 试编制图 5-63 中混凝土柱的模板措施项目清单，模板用组合钢模，层高为 5m（+6.000~+11.000）。

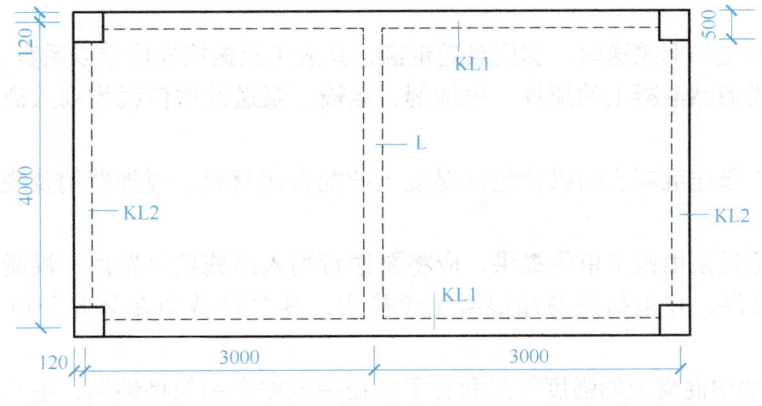

图 5-63 混凝土柱

【解答】

(1) 混凝土的侧面积

$S = (0.4 \times 2 + 0.5 \times 2) \times 5 \times 4 \text{m}^2 = 36 \text{m}^2$

(2) 应扣除的柱与梁、板的重叠面积

$S_1 = [0.25 \times 0.6 + (0.4 - 0.25) \times 0.1] \times 4 \text{m}^2 + [0.25 \times 0.7 + (0.5 - 0.25) \times 0.1] \times 4 \text{m}^2 = 1.46 \text{m}^2$

(3) $S - S_1 = 34.54 \text{m}^2$

(4) 清单项目列表（见表 5-41）

表 5-41 措施项目工程量清单

序号	项目编码	项目名称	项目特征	计量单位	工程数量
1	011702002001	矩形柱	组合钢模，层高为 5m	m²	34.54

三、国标工程量清单计价

工程量清单计价包括招标控制价、投标报价,清单计价时应按清单项目的列项及其描述结合定额使用规则进行。

(一) 建筑物现浇混凝土工程

1. 清单计价可组合的内容

建筑物现浇混凝土工程量清单计价涉及的项目列项一般较多,各清单项目的组合不尽相同。在对清单项目进行计价分析时,应结合项目特征的描述和工程内容进行施工子目的组合,同时还应该考虑《计算规范》附录 S 措施项目中混凝土模板及支架内容的计价因素。

2. 工程量清单计价与计价依据使用

工程量清单计价时,采用计价依据的有关规定和计算规则是确定清单项目综合工料机数量的基本规则,计价人必须熟练掌握。以下介绍《浙江省房屋建筑与装饰工程预算定额》(2018 版) 中现浇混凝土工程的定额使用和工程量计算。

1) 现浇混凝土浇捣按现拌混凝土和预拌泵送混凝土两部分列项。

① 现拌泵送混凝土按预拌泵送混凝土定额执行,混凝土单价按现场搅拌泵送混凝土组价。

② 预拌混凝土如非泵送时,套用泵送定额,其人工及振捣器应乘以系数予以调整。

③ 预拌泵送商品混凝土的搅拌、添加剂、运输、泵送及增值税均列入商品混凝土单价内计算。

④ 现场搅拌泵送混凝土的组价包括混凝土的配合比材料、搅拌费用及现场运输、泵送费用等。

⑤ 混凝土输送泵由施工单位提供,应将泵送费列入措施项目费内;混凝土输送泵由商品混凝土厂家提供,并包括在商品混凝土价格内,其泵送费列在分部分项工程量清单报价内。

2) 计价定额中混凝土的强度等级和石子粒径一般按常用规格编制,毛石混凝土子目中毛石的投入量按常规考虑。其中混凝土的强度等级,当设计与定额不同时,应作换算。混凝土骨料不同,应按配合比说明调整水泥用量。

3)《浙江省房屋建筑与装饰工程预算定额》(2018 版) 将混凝土、模板、钢筋分别列项计价,各节有关说明、工程量计算规则除另有具体规定外均互相适用。

4) 混凝土基础。

① 清单计价工程量计算规则与定额工程量计算规则相同,计量单位:m^3。

② 当清单包括基底垫层时,应计算出每一计量单位基础中垫层的含量,以便组合计价。

③ 混凝土浇捣按毛石混凝土、素混凝土及浇筑部位分别计价;钢筋混凝土基础除满堂基础单独套用定额外,其他(如带形基础、独立基础、桩承台等)均套用同一定额计价。

【例 5-25】 根据例 5-21 所提供的工程量清单(见表 5-42),计算带形基础 1—1 断面的清单综合单价。假设:要求采用泵送商品混凝土;计价人根据设定的施工方案,工料机消耗量按《浙江省房屋建筑与装饰工程预算定额》(2018 版) 确定,单价按市场价取定:人工 150 元/工日,C30 商品混凝土按 465 元/m^3,其余材料价格假设与定额价格相同;企业管理费 10%,利润 5%。

项目 5　混凝土及钢筋混凝土工程

表 5-42　分部分项工程量清单

序号	项目编码	项目名称	项目特征	计量单位	工程数量	综合单价/元	合价/元
1	010501002001	带形基础	1—1，二类土，C30 钢筋混凝土无梁式带形基础，底宽 1.0m 厚 0.35m，基底长 54.76m	m³	19.17		

【解答】

(1) C30 钢筋混凝土有梁式带形基础，套定额 5-3H。

人工费 = 0.1781×150 元/m³ = 26.715 元/m³

材料费 = [467.358+(465−461)×1.01] 元/m³ = 471.398 元/m³

机械费 = 0.251 元/m³

企业管理费 = (26.715+0.251) 元/m³×10% = 2.697 元/m³

利润 = (26.715+0.251) 元/m³×5% = 1.348 元/m³

(2) 按照以上所确定的工程单价，计算清单项目综合单价，见表 5-43 和表 5-44。

表 5-43　分部分项工程量清单综合单价计算表

序号	编号	项目名称	单位	数量	综合单价/元						合计/元
					人工费	材料费	机械费	管理费	利润	小计	
1	010501002001	C30 钢筋混凝土无梁式带形基础	m³	19.17	26.715	471.398	0.251	2.697	1.348	502.409	9631
	5-3H	带形基础	m³	19.17	26.715	471.398	0.251	2.697	1.348	502.409	9631

表 5-44　分部分项工程量清单与计价表

序号	项目编码	项目名称	项目特征	计量单位	工程数量	综合单价	合价	其中/元		备注
								人工费	机械费	
1	010501002001	带形基础	1—1，二类土，C30 钢筋混凝土无梁式带形基础，底宽 1.0m，厚 0.35m，基底长 54.76m	m³	19.17	502.409	9631	512.13	4.81	

5) 柱、梁、板、墙。

① 混凝土柱浇筑按独立柱与构造柱区别计价，独立柱浇捣不分断面形式均套用同一定额。

② 混凝土梁浇捣定额按梁的作用区别，按四个内容划分。其中基础梁不分有、无底模，地圈梁套用基础梁定额；矩形梁、异形梁、弧形梁及吊车梁均套用同一定额计价；圈梁、过梁、拱形梁套用同一定额计价。

③ 混凝土板浇筑仅拱板予以区别，其他板均套用同一定额计价。

除井字板、密肋板、拱形板以外，现浇板中的梁，按梁相应定额计价。

现浇钢筋混凝土板坡度大于 10°时，按 30°以内、以上区别，混凝土浇捣人工消耗量乘以系数予以调整；坡度大于 60°时，按墙相应定额计价。

④ 混凝土墙浇筑按墙厚区别计价；地下室内墙按一般墙计价。

⑤ 梁、板、墙设后浇带时，后浇带单独计算套用相应定额计价。

⑥ 地下室底板后浇带混凝土浇捣与底板套用同一定额，人工乘以系数1.1；地下室墙板后浇带按墙后浇带定额计算。

【例5-26】 根据表5-45和表5-46提供的混凝土柱工程量清单和模板措施项目清单，施工方案：商品泵送混凝土浇捣，模板组合钢模，材料价格假设与定额价格相同，企业管理费10%、利润10%；暂不考虑工程风险。试计算该清单的分部分项工程量综合单价和措施项目清单综合单价（计算结果保留两位小数）。

表5-45 分部分项工程量清单

序号	项目编码	项目名称	项目特征	计量单位	工程数量	综合单价/元	合计/元
1	010502001001	矩形柱	C25商品泵送钢筋混凝土矩形柱，周长1.8m内，层高5m	m³	4.0		

表5-46 措施项目工程量清单

序号	项目编码	项目名称	项目特征	计量单位	工程数量	综合单价/元	合计/元
1	011702002001	矩形柱	组合钢模，层高为5m	m²	34.54		

【解答】

（1）分部分项工程量清单综合单价，套定额5-6H。

计价工程量（定额工程量）= 清单工程量 = 4.0m³

人工费 = 87.615 元/m³

材料费 = 470.385 元/m³

机械费 = 0.419 元/m³

企业管理费 =（87.615+0.419）元/m³×10% = 8.803 元/m³

利润 =（87.615+0.419）元/m³×10% = 8.803 元/m³

清单项目综合单价见表5-47。

表5-47 分部分项工程量清单综合单价计算表

序号	编号	项目名称	单位	数量	综合单价/元						合计/元
					人工费	材料费	机械费	管理费	利润	小计	
1	010502001001	矩形柱，C25钢筋混凝土矩形柱，周长1.8m内，层高5m	m³	4	87.615	470.385	0.419	8.803	8.803	576.026	2304
	5-6H	C25矩形柱	m³	4	87.615	470.385	0.419	8.803	8.803	576.026	2304

（2）模板措施项目清单综合单价。

定额工程量 $S =（0.4×2+0.5×2）×5×4 m^2 = 36 m^2$

由于该矩形柱的支模高度 5.0m>3.6m，因此需要增加支模超高增加费。
(5-3.6)m=1.4m，套定额 5-117+(5-124)×2。

人工费 = (30.753+1.832×2) 元/m³ = 34.417 元/m³

材料费 = (11.9718+0.6952×2) 元/m³ = 13.362 元/m³

机械费 = (1.9457+0.0683×2) 元/m³ = 2.082 元/m³

企业管理费 = (34.417+2.082) 元/m³×10% = 3.650 元/m³

利润 = (34.417+2.082) 元/m³×10% = 3.650 元/m³

模板措施项目综合单价见表 5-48。

表 5-48 措施项目清单综合单价计算表

序号	编号	项目名称	单位	数量	综合单价/元						合计/元
					人工费	材料费	机械费	管理费	利润	小计	
1	011702002001	矩形柱模板措施费，周长1.8m内，层高5m	m³	34.54	35.872	13.927	2.170	3.804	3.804	59.583	2058
	5-117+(5-124)×2	矩形柱模板	m²	36	34.417	13.362	2.082	3.65	3.65	57.161	2058

6) 楼梯、阳台、雨篷。

① 工程量计算：楼梯、阳台、雨篷混凝土浇捣计价均按水平投影面积计算。

② 楼梯段底板设计尺寸超过定额取定厚度时，混凝土浇捣定额按比例调整。

③ 水平遮阳板、空调板按雨篷定额计价；非悬挑式阳台、雨篷及外挑大于 1.8m 的外挑梁板式阳台、雨篷，按梁、板有关规则计算，套用相应定额计价。

④ 阳台、雨篷定额不分弧形、直形，套用同一定额。

⑤ 雨篷翻沿净高大于 250mm 时，全部翻沿按栏板翻沿相应定额计价；外沿有梁的，梁并入雨篷工程量计算。

【例 5-27】 根据表 5-49 所提供的工程量清单，计算雨篷工程量清单项目综合单价。已知 C25 泵送商品混凝土市场价 480 元/m³，企业管理费和利润均为 10%。

表 5-49 分部分项工程量清单

序号	项目编码	项目名称	项目特征	计量单位	工程数量	综合单价/元	合计/元
1	010505008001	雨篷板	C25 泵送商品钢筋混凝土梁板式雨篷：外挑尺寸 1.50m×4.0m，梁上翻沿高 0.4m；分项体积：梁（高 0.6m 以内）0.40m³、板（厚 100mm）0.47m³、直形翻沿 0.22m³	m³	1.09		

【解答】

(1) 根据清单项目特征，计算该雨篷计价组合内容工程量。

① 现浇雨篷 $V=(0.4+0.47)m³=0.87m³$

② 翻沿 $V=0.22m³$，高度 $=0.4m>25cm$，套用翻沿定额计算。

(2) 定额项目单价计算。

① C25 泵送商品混凝土雨篷套用定额 5-22H。

人工费 = 70.794 元/m³

材料费 = [476.953+(480−461)×1.01] 元/m³ = 496.143 元/m³

机械费 = 0.614 元/m³

管理费 = (70.794+0.614) 元/m³×10% = 7.141 元/m³

利润 = (70.794+0.614) 元/m³×10% = 7.141 元/m³

② C25 泵送商品混凝土翻沿套用定额 5-20H。

人工费 = 131.45 元/m³

材料费 = [467.738+(480−461)×1.01] 元/m³ = 486.928 元/m³

机械费 = 0.632 元/m³

管理费 = (131.45+0.632) 元/m³×10% = 13.208 元/m³

利润 = (131.45+0.632) 元/m³×10% = 13.208 元/m³

③ 清单项目综合单价见表 5-50。

表 5-50　分部分项工程量清单综合单价计算表

序号	编号	项目名称	单位	数量	综合单价/元						合计/元
					人工费	材料费	机械费	管理费	利润	小计	
1	0105 05008 001	雨篷板，C25 钢筋混凝土梁板式雨篷	m³	1.09	83.036	494.283	0.618	8.365	8.365	594.667	648
	5-22H	C25 现浇雨篷	m³	0.87	70.794	496.143	0.614	7.141	7.141	581.833	506
	5-20H	C25 现浇翻沿	m³	0.22	131.450	486.928	0.632	13.208	13.208	645.426	142

3. 注意事项

1）现浇混凝土工程如果招标文件未注明是否泵送的，应按施工组织设计规定确定混凝土的计价类别。

2）采用无粘结、有粘接的后张法预应力现浇构件，按普通现浇混凝土构件浇捣相应定额计价。

3）采用轻质材料浇筑在有梁板内的，轻质材料应包括在报价内计算。

4）各类混凝土配合比均未考虑设计要求外加剂，实际发生时按设计、清单特征或施工方案内容列入计价；泵送混凝土在入模前的搅拌掺添加剂等各项消耗材料均在混凝土单价内考虑。

(二) 钢筋工程

1）钢筋工程计价定额按不同钢种，以现浇、预制、预应力构件划分。

2）除定额规定单独列项计算的机械接头以外，各类钢筋、埋件的绑扎、安装、接头、固定所用工料机消耗均已列入相应定额。

3）注意事项

① 钢筋机械接头包括套筒冷压、锥形螺纹头两项，适用于钢筋规格 Φ22 及以上且设计

或施工组织要求采用此方法施工的项目。

② 定额未考虑变形钢筋的理论重量差，根据钢筋的供货方式，如有发生时按实际比例计算。

③ 施工图注明且清单工程量也按Φ6计算的钢筋，在报价时要考虑市场供货情况，如实际供应的是Φ6.5规格，其重量差在计价中考虑。

④ 地下连续墙钢筋网片制作定额未考虑网片的制作平台，按施工方案列入措施费项目计算。

【小 结】

本项目主要介绍了混凝土及钢筋混凝土工程的定额使用规定、工程量计算规则以及砌筑工程的清单编制与综合单价的计算。重点是把握混凝土基础，柱、梁、墙、板及阳台、雨篷、楼梯的常用定额换算及浇捣和模板工程量计算，包括带形基础搭接体积的计算、柱高的取定、阳台雨篷翻沿高度的计算规定，掌握混凝土工程的清单编制与清单计价，同时要注意混凝土工程清单工程量计算规则与定额工程量计算的区别。

【思考与练习题】

1. 现浇混凝土柱定额工程量计算公式中高度和长度如何取定？
2. 写出下列项目的定额编号、计量单位、基价（如需换算，应列出换算式）。
（1）C25 现浇泵送混凝土直形楼梯（底板厚度 25mm）。
（2）商品混凝土非泵送 C20（20）钢筋混凝土阳台（混凝土单价 400 元/m³）。
（3）C30 现浇混凝土斜板模板，$\theta = 30°$。
3. 现浇雨篷、阳台的混凝土浇捣及模板工程量分别如何计算？
4. 预制构件制作、运输和安装工程量如何计算？
5. 混凝土工程报价包括哪两个部分的清单？
6. 党的二十大报告指出，"绿色、循环、低碳发展"，请结合本项目内容，谈谈你对建筑节能、绿色建筑和低碳经济等概念的理解。
7. 某工程基础平面及断面如图 5-64 所示，已知：二类土，地下静止水位-1.000m，设计室外地坪标高-0.300m，附墙跺凸出尺寸为 365mm×250mm。试计算该混凝土基础及垫层定额清单工程量，并编制定额清单。
8. 某工程现浇框架结构二层结构平面图如图 5-65 所示，柱、梁、板均采用 C20 现浇商品泵送混凝土，图中板厚度 120mm；KZ1 为 400mm×400mm；支模采用复合木模施工工艺。图中轴线居梁中，本层层高 4.3m（计算结果保留 2 位小数）。

① 试编制此楼层混凝土柱、梁、板的国标工程量清单。
② 计算 KL1 分部分项工程量清单综合单价及其模板工程措施项目清单综合单价（管理费、利润费率均为 10%，风险不计）。

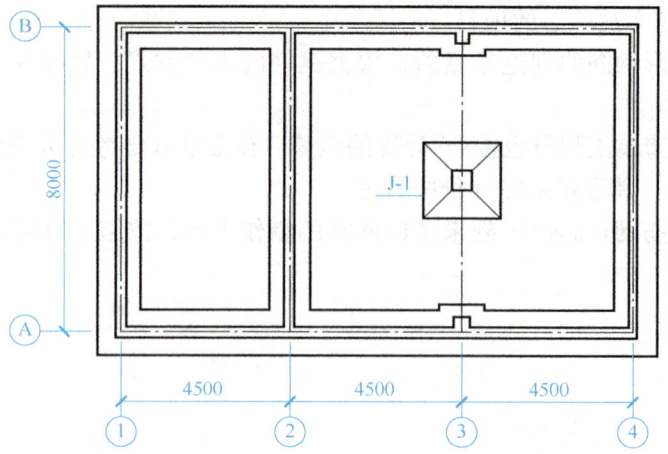

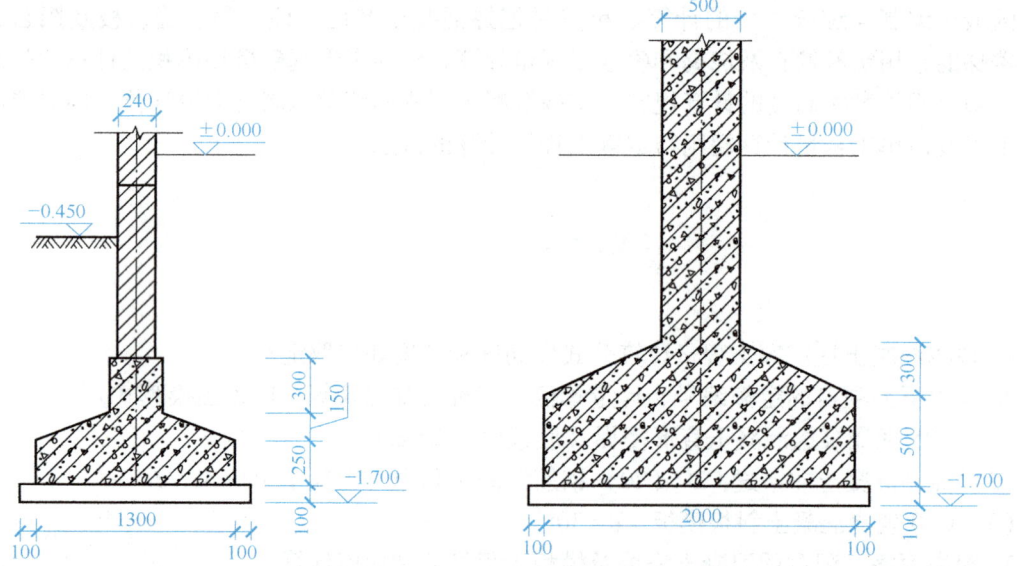

图 5-64　基础平面及剖面图

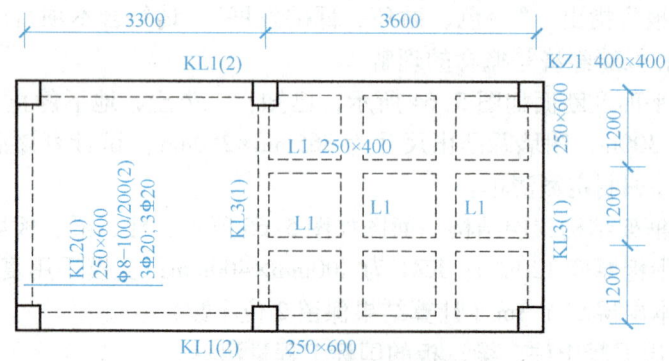

图 5-65　结构平面图

9. 计算图 5-66 中 C25 现浇单跨混凝土矩形梁（共 10 根）的钢筋清单工程量，并编列国标工程量清单。

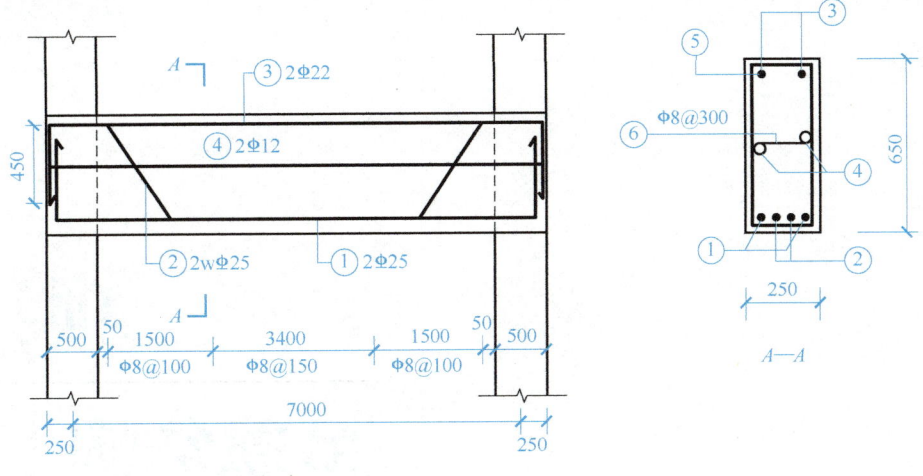

图 5-66　梁配筋图

10. 计算图 5-67 中 C20 钢筋混凝土雨篷的模板国标清单工程量和混凝土浇捣工程量（组合钢模）。

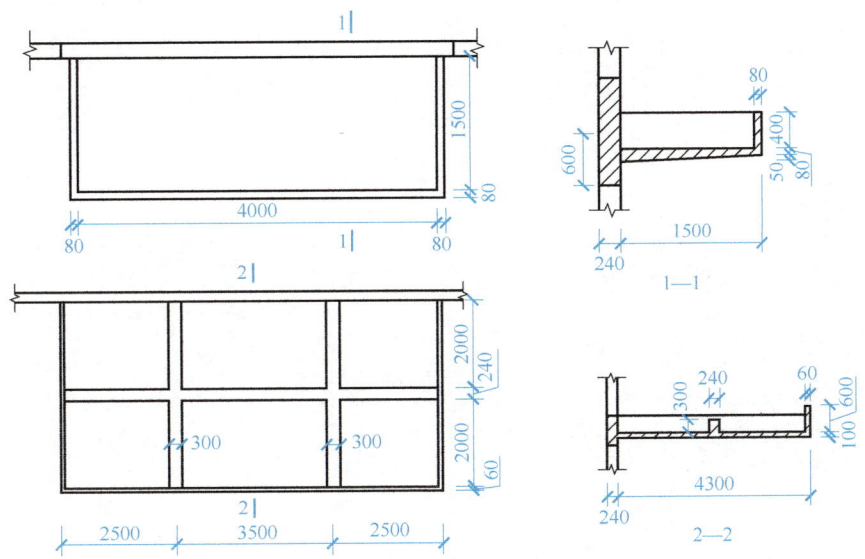

图 5-67　C20 钢筋混凝土雨篷示意图

项目6
金属结构工程

任务 1　金属结构工程基础知识

一、金属结构

金属结构是指用角钢、工字钢、槽钢、钢板、钢管、圆钢等各种钢材制造而成的构件。金属结构具有承载能力高、吊装方便、重量轻、工厂化程度高、易装易卸、灵活性大等优点，适用于大跨度和荷载大的构件。

在建筑工程中，金属结构主要有钢柱、钢梁、钢屋架、钢支撑、钢栏杆、钢梯、钢平台等构件。

二、钢的种类

建筑结构常用钢材为普通碳素钢的 Q235 钢和普通低合金钢的 Q335 钢。

三、钢材类型表示法

1. 圆钢

圆钢断面呈圆形，一般用直径 d 表示，ϕ 表示一级钢，Φ 表示二级钢。如 ϕ12 表示直径为 12mm 的一级钢，Φ20 表示直径为 20mm 的二级钢。

2. 方钢

方钢断面呈正方形，一般用边长 a 表示，其符号为 □，如 □18 表示边长为 18mm 的方钢。

3. 角钢

（1）等边角钢

等边角钢的断面呈 ∟ 形，角钢的两肢宽度相等，一般用 ∟$b×d$ 表示，如 ∟50×4 表示肢宽为 50mm、肢厚为 4mm 的等边角钢。

（2）不等边角钢

不等边角钢的断面呈 ∟ 形，角钢的两肢宽度不相等，一般用 ∟$B×b×d$ 表示，如 ∟56×36×4 表示长肢宽为 56mm、短肢宽为 36mm、肢厚为 4mm 的不等边角钢。

4. 槽钢

槽钢的断面呈 [形，一般用型号来表示，如 [25a 表示 25 槽钢，槽钢的号数为槽钢高度的 1/10，[25 槽钢的高度是 250mm。同一型号的槽钢其宽度和厚度均有差别，分别用 a、b、c 来表示。如 [25a 表示肢宽为 78mm、高为 250mm、腹板厚为 7mm；[25b 表示肢宽为 82mm、高为 250mm、腹板厚为 9mm；[25c 表示肢宽为 82mm、高为 250mm、腹板厚为 11mm。

5. 工字钢

工字钢断面呈工字形，一般用型号来表示，如 Ⅰ 32a 表示 32 号工字钢，工字钢的号数为工字钢高度的 1/10，Ⅰ 32 钢的高度是 320mm。同一型号工字钢的宽度和厚度均有差别，分别用 a、b、c 来表示。如 I 32a 表示 32 号工字钢宽度为 130mm、厚度为 9.5mm；I 32b 表示 32 号工字钢宽度为 132mm、厚度为 11.5mm；I 32c 表示 32 号工字钢宽度为 134mm、厚度为 13.5mm。

6. 钢板

钢板一般用厚度来表示，符号为 —δ，其中 — 为钢板代号，δ 为板厚，例如 —8 表示厚度为 8mm 的钢板。

7. 扁钢

扁钢为长条式钢板，一般宽度均有统一标准，它的表示方法为 —a×δ，其中 — 表示钢板，a 表示钢板宽度，δ 表示钢板厚度。如 —60×5 表示宽度为 60mm、厚度为 5mm 的扁钢。

8. 钢管

钢管一般用 $\phi D \times t \times l$ 来表示。如 $\phi 102 \times 4 \times 700$ 表示外径为 102mm、厚度为 4mm、长度为 700mm 的钢管。

四、钢材理论重量计算方法

1. 各种规格型钢的计算

型钢包括等边角钢、不等边角钢、槽钢、工字钢等，每米理论重量均可从型钢表中查得。

2. 钢板的计算

钢材的密度为 7850kg/m³，1mm 厚钢板每平方米重量为 7850kg/m³×0.001m = 7.85kg/m²。计算不同厚度钢板时，其每平方米理论重量为 7.850kg/m²×δ（δ 为钢板厚度）。

3. 扁钢、钢带的计算

计算不同厚度扁钢、钢带时，其每米理论重量（kg/m）为 0.00785aδ（a 和 δ 为扁钢宽度及厚度）。

4. 方钢的计算

$$G = 0.00785a^2 \text{（a 为方钢的边长）}$$

5. 圆钢的计算

$$G = 0.00617d^2 \text{（d 为圆钢的直径）}$$

6. 钢管的计算

$$G = 0.02466 \times 8(D-\delta) \text{（δ 为钢管的壁厚，D 为钢管的外径）}$$

以上公式中，G 为每米长度的重量（kg/m），其他计算单位均为 mm。

五、名词解释

（1）轻钢屋架　采用圆钢筋、小角钢（小于 ∟45×4 等边角钢、小于 ∟56×36×4 不等边角钢）和薄钢板（其厚一般不大于 4mm）等材料组成的轻型钢屋架。

（2）薄壁型钢屋架　指厚度在 2~6mm 的钢板或带钢经冷弯或冷拔等方式弯曲而成的型钢组成的屋架。

（3）钢管混凝土柱　指将普通混凝土填入薄壁圆型钢管内形成的组合结构。

（4）型钢混凝土柱、梁　指由混凝土包裹型钢组成的柱、梁。

任务 2　金属结构工程定额清单编制与计价

一、定额使用说明

本项目定额包括预制钢构件安装、围护体系安装、钢构件现场制作及除锈。

预制钢构件安装包括钢网架安装、厂（库）房钢结构安装、住宅钢结构安装等内容。大卖场、物流中心等钢结构安装工程可参照厂（库）房钢结构安装的相应定额；高层商务楼、商住楼、医院、教学楼等钢结构安装工程可参照住宅钢结构安装的相应定额。

金属结构工程定额说明（上）

本项目定额中预制构件均按购入成品到场考虑，不再考虑场外运输费用。

本项目定额钢构件安装定额中已包含现场施工发生的零星油漆破坏的修补、节点焊接或切割需要的除锈及补漆费用。

预制钢构件的除锈、油漆及防火涂料费用应在成品价格内包含；若成品价格中未包括除锈、油漆及防火涂料等，另按"油漆、涂料、裱糊工程"相应定额及规定执行。

1. 预制钢构件安装

1）钢构件安装定额中，预制钢构件以外购成品编制，不考虑施工损耗。

2）预制钢结构构件安装按构件种类、重量不同分别套用定额。

3）钢构件安装定额中已包括了施工企业按照质量验收规范要求所需的超声波探伤费用，但未包括 X 光拍片检测费用；如设计要求，X 光拍片检测费用另行计取。

4）不锈钢螺栓球网架安装套用螺栓球节点网架安装定额，同时取消定额中油漆及稀释剂含量，人工消耗量乘以系数 0.95。

5）钢支座定额适用于单独成品支座安装。

6）厂（库）房钢结构的柱间支撑、屋面支撑、系杆、撑杆、隅撑、墙梁、钢天窗架、通风器支架、钢天沟支架、钢板天沟等安装套用"钢支撑等其他构件"安装定额。钢墙架柱、钢墙架梁和配套连接杆件套用钢墙架（挡风架）安装定额。

7）零星钢构件安装定额适用于本定额未列项目且单件重量在 50kg 以内的小型构件。住宅钢结构的钢平台、钢走道及零星钢构件安装套用厂（库）房零星钢构件安装定额，同时定额中汽车式起重机消耗量乘以系数 0.20。

8）组合钢板剪力墙安装套用住宅钢结构 3t 以内钢柱安装定额，相应人工、机械及除预制钢柱外的材料用量乘以系数 1.50。

9）钢网架安装按平面网格网架安装考虑，如设计为筒壳、球壳及其他曲面结构时，安装人工、机械乘以系数 1.20。

10）钢桁架安装按直线线桁架安装考虑，如设计为曲线、折线线或其他非直线线桁架，安装人工、机械乘以系数 1.20。

11）型钢混凝土组合结构中，钢构件安装套用本项目相应定额，人工、机械乘以系数 1.15。

12)螺旋形楼梯安装套用踏步式楼梯安装定额,人工、机械乘以系数1.30。

13)钢构件安装定额中已考虑现场拼装费用,但未考虑分块或整体吊装的钢网架、钢桁架等施工现场地面平台拼装摊销,如发生,套用现场拼装平台摊销定额项目。

14)厂(库)房钢结构安装机械按常规方案综合考虑,除另有规定或特殊要求者外,实际发生不同时均按定额执行,不作调整。

15)住宅钢结构安装定额内的汽车式起重机台班用量为钢构件场内转运消耗量,垂直运输按"垂直运输工程"相应定额执行。

16)基坑围护中的格构柱安装套用相应项目乘以系数0.50,同时考虑钢格构柱的拆除及回收残值等因素。

金属结构工程
定额说明(下)

2. 围护体系安装

1)钢楼(承)板上混凝土浇捣所需收边板的用量,均已包含在定额消耗量中,不再单独计取工程量。

2)屋面板、墙面板安装需要的包角、包边、窗台泛水等用量,均已包含在相应定额的消耗量中,不再单独计取工程量。

3)墙面板安装按竖装考虑,如发生横向铺设,按相应定额子目人工、机械乘以系数1.20。

4)屋面保温棉已考虑铺设需要的钢丝网费用,如不发生,扣除不锈钢丝含量,同时按1工日/100m² 予以扣减人工费。

5)本项目屋面墙面保温棉铺设按厚50mm列入,实际铺设厚度不同时保温棉主材价调整,其他不变。

6)硅酸钙板灌浆墙面板定额中施工需要的包角、包边、窗台泛水等硅酸钙板用量,均已包含在相应定额的消耗量中,不再单独计取工程量。

7)硅酸钙板墙面板项目中双面隔墙定额墙体厚度按180mm、镀锌钢龙骨按15kg/m² 编制,设计与定额不同时材料调整换算。

8)蒸压砂加气保温块贴面按厚60mm考虑,如发生厚度变化,相应保温块用量调整。

9)钢楼(承)板如因顶棚施工需要拆除,增加拆除用工0.15工日/m²。

10)钢楼(承)板安装需要增设的临时支撑消耗量定额中未考虑,如有发生另行计算。

11)本项目围护体系适用于金属结构屋面工程;如为其他屋面,套用"屋面及防水工程"相应定额。钢结构屋面配套的不锈钢天沟、彩钢板天沟安装套用相应定额。

12)本项目保温岩棉铺设仅限于硅酸钙板墙面板配套使用,蒸压砂加气保温块贴面子目仅用于组合钢板墙体配套使用,屋面墙面玻纤保温棉子目配合钢结构围护体系使用;如为其他形式保温,套用"保温、隔热、防腐工程"相应定额。硅酸钙板包梁包柱仅用于钢结构配套使用。

3. 钢构件现场制作

1)本定额适用于非工厂制作的构件,除钢柱、钢梁、钢屋架外的钢构件均套用其他构件定额。本定额按直线形构件编制,如为弧形、曲线形构件,制作人工、机械乘以系数1.30。

2)现场制作的钢构件安装套用厂(库)房钢结构安装定额。

3)现场制作钢构件的工程,其围护体系套用装配式钢结构围护体系安装定额。

二、金属结构工程定额清单编制

（一）预制钢构件安装

1) 构件安装工程量按设计图示尺寸以质量计算，不扣除单个 0.3m² 以内的孔洞质量，焊缝、铆钉、螺栓等不另增加质量。

2) 钢网架安装工程量不扣除孔眼的质量，焊缝、铆钉等不另增加质量。焊接空心球网架质量包括连接钢管杆件、连接球、支托和网架支座等零件的质量；螺栓球节点网架质量包括连接钢管杆件（含高强螺栓、销子、套筒、锥头或封板）、螺栓球、支托和网架支座等零件的质量。

3) 依附在钢柱上的牛腿及悬臂梁的质量等并入钢柱的质量内，钢柱上的柱脚板、加劲板、柱顶板、隔板和肋板并入钢柱工程量内。

4) 钢管柱上的节点板、加强环、内衬板（管）、牛腿等并入钢管柱工程量内。

5) 钢平台的工程量包括钢平台的柱、梁、板、斜撑等的质量，依附于钢平台上的钢格栅、钢扶梯及平台栏杆，并入钢平台工程量内。

6) 钢楼梯的工程量包括楼梯平台、楼梯梁、楼梯踏步等的质量，钢楼梯上的扶手、栏杆并入钢楼梯工程量内。钢平台、钢楼梯上不锈钢、铸铁或其他非钢材类栏杆、扶手套用装饰部分相应定额。

7) 钢构件现场拼装平台摊销工程量按现场在平台上实施拼装的构件工程量计算。

8) 高强螺栓、栓钉、花篮螺栓等安装配件工程量按设计图示节点工程量计算。

（二）围护体系安装

1) 钢楼（承）板、屋面板按设计图示尺寸以铺设面积计算，不扣除单个 0.3m² 以内柱、垛及孔洞所占面积，屋面玻纤保温棉面积同单层压型钢板屋面板面积。

2) 压型钢板、彩钢夹心板、采光板墙面板、墙面玻纤保温棉按设计图示尺寸以铺挂面积计算，不扣除单个 0.3m² 以内的孔洞所占面积，墙面玻纤保温棉面积同单层压型钢板墙面板面积。

3) 硅酸钙板墙面板按设计图示尺寸的墙体面积以 m² 计算，不扣除单个面积 0.3m² 以内的孔洞所占面积。保温岩棉铺设、EPS混凝土浇灌按设计图示尺寸的铺设或浇灌体积以 m³ 计算，不扣除单个 0.3m² 以内的孔洞所占体积。

4) 硅酸钙板包柱、包梁及蒸压砂加气保温块贴面工程量按钢构件设计断面周长乘以构件长度，以 m² 计算。

（三）钢构件现场制作

构件制作工程量按设计图示尺寸以质量计算，不扣除单个 0.3m² 以内的孔洞质量，焊缝、铆钉、螺栓等不另增加质量。

【例 6-1】 试计算图 6-1 所示的钢栏杆制作的定额清单工程量。

【解答】

钢栏杆制作工程量：

① 号钢管：φ25×2.5　　　　1×0.733×2kg=1.466kg
② 号钢管：φ42.5×3.5　　　2×1.76×2kg=7.04kg
③ 号圆钢：φ18　　　　　　1×1.999×3kg=5.977kg

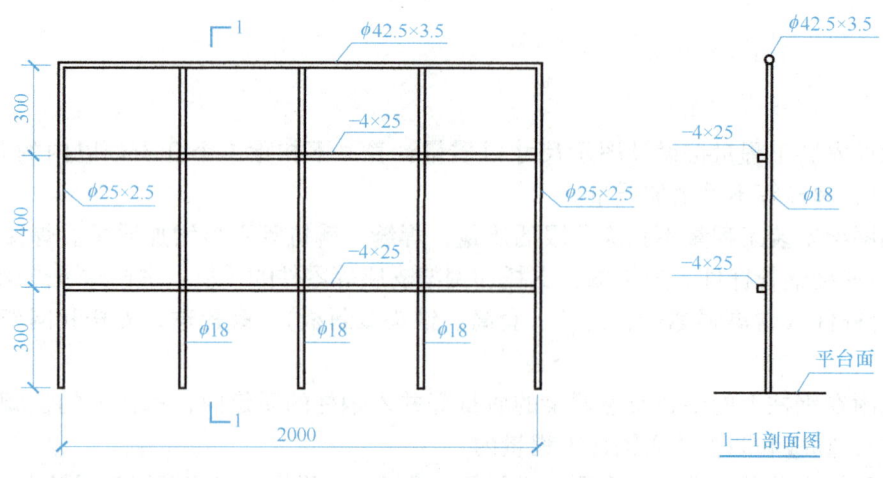

图 6-1　钢栏杆示意图

④ 号扁钢：-4×25　　　　2×0.785×2kg=3.14kg
合计=(1.466+7.04+5.977+3.14)kg=17.623kg

三、金属结构工程定额清单计价

金属结构工程定额清单综合单价计算方法与前述分部工程一致。

任务 3　金属结构工程国标清单编制与计价

一、国标工程量清单编制

本工程项目按《房屋建筑与装饰工程工程量计算规范》(GB 50854—2013)(简称《计量规范》)附录 F 设置，包括 7 个部分，共 31 个清单项目。

1. 钢网架

(1) 项目设置　列有钢网架一个项目，按 010601001×××设置项目编码。

(2) 项目特征描述　按清单规范项目特征需描述的内容应包括：钢材品种、规格，网架节点形式、连接方式、网架跨度、安装高度、探伤要求、防火要求。

(3) 工程量计算　按设计图示尺寸以质量计算。不扣除孔眼的质量，焊条、铆钉等不另增加质量。

(4) 注意事项　钢网架应描述是平面结构还是筒壳、球壳或其他曲面形式；描述节点形式采用焊接空心球还是螺栓球节点，若为焊接空心球，应标明球壁厚度；网架的管壁厚度。

2. 钢屋架、钢托架、钢桁架、钢架桥

(1) 项目设置　列有钢屋架、钢托架、钢桁架、钢架桥 4 个清单项目，分别按 010602001×××~010602004×××设置项目编码。

(2) 项目特征描述　按清单规范项目特征需描述的内容应包括：钢材品种、规格，单榀质量、屋架跨度、安装高度、钢桥架类型、钢构件安装高度、螺栓种类、探伤要求、防火要求。

（3）工程量计算　按设计图示尺寸以质量计算，不扣除孔眼的质量，焊条、铆钉、螺栓等不另增加质量。钢屋架还可以以榀为计量单位，按设计图示数量计算。

（4）注意事项　以榀计量，按标准图设计的应注明标准图代号，按非标准图设计的项目特征必须描述单榀屋架的质量。

3．钢柱

（1）项目设置　列有实腹钢柱、空腹钢柱、钢管柱3个清单项目，分别按010603001×××~010603003×××设置项目编码。

同一类柱如用钢比例、单根柱质量等不同时应分别列项。本项目钢柱也适用于劲性混凝土柱内的钢骨架列项。

（2）项目特征描述　按清单规范项目特征需描述的内容应包括：柱类型，钢材品种、规格，单根柱质量，螺栓种类，探伤要求，防火要求。

（3）工程量计算

1）按设计图示尺寸以质量计算。不扣除孔眼的质量，焊条、铆钉、螺栓等不另增加质量。

2）依附在钢柱上的牛腿及悬臂梁等并入钢柱工程量内。

3）钢管柱上的节点板、加强环、内衬管、牛腿等并入钢管柱工程量内。

（4）注意事项

1）实腹钢柱类型是指腹部构件能够在模型中参与承受轴力及弯矩，如：H型钢柱、角钢、槽钢、工字钢、方管、矩管、箱形构件、T型钢、C型钢、Z型钢、圆管等。

2）空腹钢柱类型是指格构柱、腹板连续开孔并且无补强的柱等。

3）型钢混凝土柱浇筑钢筋混凝土，其混凝土和钢筋应按《计量规范》附录E混凝土及钢筋混凝土工程中相关项目编码列项。

4．钢梁

（1）项目设置　列有钢梁和钢吊车梁两个项目，分别按010604001×××~010604002×××设置项目编码，适用于各类钢梁及劲性混凝土构件内的钢骨架列项。

（2）项目特征描述　按《计量规范》项目特征需描述的内容应包括：梁类型，钢材品种、规格，单根质量，螺栓种类，安装高度，探伤要求，防火要求。

（3）工程量计算

1）按设计图示尺寸以质量计算。不扣除孔眼的质量，焊条、铆钉、螺栓等不另增加质量。

2）制动梁、制动板、制动桁架、车挡并入钢吊车梁工程量内。

（4）注意事项

1）梁类型指H形、L形、T形、箱形、格构式等。

2）型钢混凝土梁浇筑钢筋混凝土，其混凝土和钢筋应按《计量规范》附录E混凝土及钢筋混凝土工程中相关项目编码列项。

5．钢板楼板、墙板

（1）项目设置　列有钢板楼板和钢板墙板两个项目，分别按010605001×××~010605002×××设置项目编码。

（2）项目特征描述　按《计量规范》项目特征需描述的内容应包括：钢材品种、规格，钢板厚度、复合板厚度、复合板夹芯材料种类、层数、型号、规格，螺栓种类，防火要求。

（3）工程量计算

1）钢板楼板。按设计图示尺寸以铺设水平投影面积计算。不扣除单个面积≤0.3m²的柱、垛及孔洞所占面积。

2）钢板墙板。按设计图示尺寸以铺挂展开面积计算。不扣除单个面积≤0.3m²的梁、孔洞所占面积，包角、包边、窗台泛水等不另加面积。

（4）注意事项

1）钢板楼板上浇筑钢筋混凝土，其混凝土和钢筋应按《计量规范》附录E混凝土及钢筋混凝土中相关项目编码列项。

2）压型钢楼板按钢板楼板编码列项。

6. 钢构件

（1）项目设置　钢构件包括前述各项目以外的其他一系列钢构件，列有钢支撑及钢拉条、钢檩条、钢天窗架、钢挡风架、钢墙架、钢平台、钢走道、钢梯、钢护栏、钢漏斗、钢板天沟、钢支架、零星钢构件13个清单项目，分别按010606001×××～010606013×××设置项目编码。

（2）项目特征描述　按清单规范项目特征需描述的内容，各构件项目均应该描述钢材品种、规格，不同构件中的特征应按清单规范要求进行描述。

1）钢支撑、钢拉条应描述其构件类型（如水平、垂直、单式、复式等）、安装高度、螺栓种类、探伤要求、防火要求。

2）钢檩条应描述构件类型（如型钢式、格构式）、单根质量、安装高度、螺栓种类、探伤要求、防火要求。

3）钢天窗架应描述单榀质量、安装高度、螺栓种类、探伤要求、防火要求。

4）钢挡风架、钢墙架应描述单榀质量、螺栓种类、探伤要求、防火要求。钢墙架包括墙架柱、墙架梁和连接杆件。

5）钢平台、钢走道应描述螺栓种类、防火要求。

6）钢梯应描述钢梯形式（单跑、双跑、直梯、踏步式、爬式）、螺栓种类、防火要求。

7）钢护栏应描述防火要求。

8）钢漏斗、钢板天沟应描述漏斗形式（方形、圆形）、天沟形式（矩形沟、半圆形沟）、安装高度、探伤要求。

9）钢支架应描述安装高度、防火要求。

10）零星钢构件应描述构件名称。

（3）工程量计算

1）按设计图示尺寸以质量计算。不扣除孔眼的质量，焊条、铆钉、螺栓等不另增加质量。

2）依附漏斗或天沟的型钢并入漏斗或天沟工程量内。

（4）注意事项

1）钢墙架项目包括墙架柱、墙架梁和连接杆件。

2）加工铁件等小型构件应按零星钢构件项目编码列项。

7. 金属制品

（1）项目设置　列有成品空调金属百叶护栏、成品栅栏、成品雨篷、金属网栏、砌块墙钢丝网加固、后浇带金属网 6 个清单项目，分别按 010607001×××～010607006×××设置项目编码。

金属网栏适用于工程围护、围栏等金属网体系项目，砌块墙钢丝网加固适用于装饰抹灰工程项目。

（2）项目特征描述　按《计量规范》项目特征需描述的内容包括：材料品种、规格，边框及立柱型钢品种、规格。进行项目特征描述时，成品雨篷需描述雨篷宽度，如带晾衣杆的，需描述晾衣杆的品种、规格；砌块墙钢丝网加固、后浇带金属网需描述加固方式。

（3）工程量计算

1）成品空调金属百叶护栏、成品栅栏按设计图示尺寸以框外围展开面积计算。

2）成品雨篷，以 m 计量时按设计图示接触边以 m 计算，以 m^2 计量时按设计图示尺寸以展开面积计算。

3）金属网栏按设计图示尺寸以框外围展开面积计算。

4）砌块墙钢丝网加固、后浇带金属网按设计图示尺寸以面积计算。

（4）注意事项

1）当清单项目包含边框及立柱型钢时，工程量计算尺寸应计算至边框及立柱型钢外侧，但框、柱不予展开；清单项目特征中对自主加工制作的边框、柱应该描述边框及立柱的施工图净用钢量及其钢材品种、规格。对成品的边框及立柱型钢则不需描述此特征。

2）成品雨篷接触边如果部位不同，会造成不同理解的，建议以 m^2 计量。

3）抹灰钢丝网（或纤维网）加固按砌块墙钢丝网加固项目编码列项。

8. 清单编制时应注意的共性事项

（1）压型钢楼板上混凝土浇捣和混凝土配筋　应按《计量规范》附录 E 中相关项目编码列项。

（2）需分别列项情况　同一清单项目名称需分别列项时，以第五级清单编码按顺序予以划分。

1）构件类型、钢材品种、用材比例、节点构造等不同时应分别列项。

2）单榀质量不同时应分别列项。

3）具体构件所涉及的工程内容有所不同时应分别列项。

（3）清单项目描述时应注意的事项　除按《计量规范》附录表内所列项目特征描述以外，结合拟采用的计价定额项目划分、定额使用规则等进行描述。

1）各钢构件用钢不是单一品种时，应描述不同的钢材品种比例或数量。同一项目不同构件用材品种、用钢比例等不同时，应分别列项。

2）工程设计用材有关特殊要求应予以描述，如：钢材（焊条）级别、H 型钢是钢板焊接还是定型 H 钢、钢管是否采用钢板自行卷管、采用镀锌成品钢材还是要求后镀锌等均应按设计要求描述。

3）工程设计的工艺要求，如构件是否要求机械除锈、采用抛丸工艺还是喷砂工艺等应按设计要求描述。

4）涉及计价的组合工程量（如高强螺栓、剪力栓钉等）应按设计用量予以描述。

5）涉及施工方案、图纸设计有关内容的清单项目描述如下：

①《计量规范》是按照市场成品构件考虑的，招标人一般不需规定构件的制作地点，故

项目特征可不描述构件的运输距离，投标人在报价时自行确定构件制作地点并考虑费用；如招标人需要指定钢构件制作地点，则应描述运输距离。

② 劲性构件的开孔设计有具体要求时，应在清单项目特征中描述。

③ 钢构件探伤（包括：射线探伤、超声波探伤、磁粉探伤、金相探伤、着色探伤、荧光探伤等）如要求第三方检测的，应在工程量清单项目特征中描述。

6）金属构件的切边，不规则及多边形钢板发生的损耗在综合单价中考虑。

二、金属结构工程工程量清单项目及计算规则

1. 钢网架（表6-1）

表6-1 钢网架工程量清单项目及计算规则

项目编码	项目名称	项目特征	计量单位	工程量计算规则	工作内容
010601001	钢网架	1. 钢材品种、规格 2. 网架节点形式、连接方式 3. 网架跨度、安装高度 4. 探伤要求 5. 防火要求	t	按设计图示尺寸以质量计算。不扣除孔眼的质量，焊条、铆钉等不另增加质量	1. 拼装 2. 安装 3. 探伤 4. 补刷油漆

2. 钢屋架、钢托架、钢桁架、钢架桥（表6-2）

表6-2 钢屋架、钢托架、钢桁架、钢架桥工程量清单项目及计算规则

项目编码	项目名称	项目特征	计量单位	工程量计算规则	工作内容
010602001	钢屋架	1. 钢材品种、规格 2. 单榀质量 3. 屋架跨度、安装高度 4. 螺栓种类 5. 探伤要求 6. 防火要求	1. 榀 2. t	1. 以榀计量，按设计图示数量计算 2. 以t计量，按设计图示尺寸以质量计算。不扣除孔眼的质量，焊条、铆钉、螺栓等不另增加质量	1. 拼装 2. 安装 3. 探伤 4. 补刷油漆
010602002	钢托架	1. 钢材品种、规格 2. 单榀质量 3. 安装高度	t	按设计图示尺寸以质量计算。不扣除孔眼的质量，焊条、铆钉、螺栓等不另增加质量	
010602003	钢桁架	4. 螺栓种类 5. 探伤要求 6. 防火要求			
010602004	钢架桥	1. 桥类型 2. 钢材品种、规格 3. 单榀质量 4. 安装高度 5. 螺栓种类 6. 探伤要求			

注：以榀计量，按标准图设计的应注明标准图代号，按非标准图设计的项目特征必须描述单榀屋架的质量。

项目6 金属结构工程

3. 钢柱（表6-3）

表6-3 钢柱工程量清单项目及计算规则

项目编码	项目名称	项目特征	计量单位	工程量计算规则	工作内容
010603001	实腹钢柱	1. 柱类型 2. 钢材品种、规格 3. 单根柱质量 4. 螺栓种类 5. 探伤要求 6. 防火要求	t	按设计图示尺寸以质量计算。不扣除孔眼的质量，焊条、铆钉、螺栓等不另增加质量，依附在钢柱上的牛腿及悬臂梁等并入钢柱工程量内	1. 拼装 2. 安装 3. 探伤 4. 补刷油漆
010603002	空腹钢柱				
010603003	钢管柱	1. 钢材品种、规格 2. 单根柱质量 3. 螺栓种类 4. 探伤要求 5. 防火要求		按设计图示尺寸以质量计算。不扣除孔眼的质量，焊条、铆钉、螺栓等不另增加质量，钢管柱上的节点板、加强环、内衬管、牛腿等并入钢管柱工程量内	

注：1. 实腹钢柱类型指十字形、T形、L形、H形等。
2. 空腹钢柱类型指箱形、格构等。
3. 型钢混凝土柱浇筑钢筋混凝土，其混凝土和钢筋应按《计量规范》附录E混凝土及钢筋混凝土工程中相关项目编码列项。

4. 钢梁（表6-4）

表6-4 钢梁工程量清单项目及计算规则

项目编码	项目名称	项目特征	计量单位	工程量计算规则	工作内容
010604001	钢梁	1. 梁类型 2. 钢材品种、规格 3. 单根质量 4. 螺栓种类 5. 安装高度 6. 探伤要求 7. 防火要求	t	按设计图示尺寸以质量计算。不扣除孔眼的质量，焊条、铆钉、螺栓等不另增加质量，制动梁、制动板、制动桁架、车挡并入钢吊车梁工程量内	1. 拼装 2. 安装 3. 探伤 4. 补刷油漆
010604002	钢吊车梁	1. 钢材品种、规格 2. 单根质量 3. 螺栓种类 4. 安装高度 5. 探伤要求 6. 防火要求			

注：1. 梁类型指H形、L形、T形、箱形、格构式等。
2. 型钢混凝土梁浇筑钢筋混凝土，其混凝土和钢筋应按《计量规范》附录E混凝土及钢筋混凝土工程中相关项目编码列项。

5. 钢板楼板、墙板（表6-5）

表6-5 钢板楼板、墙板工程量清单项目及计算规则

项目编码	项目名称	项目特征	计量单位	工程量计算规则	工作内容
010605001	钢板楼板	1. 钢材品种、规格 2. 钢板厚度 3. 螺栓种类 4. 防火要求	m^2	按设计图示尺寸以铺设水平投影面积计算。不扣除单个面积≤0.3m^2柱、垛及孔洞所占面积	1. 拼装 2. 安装 3. 探伤 4. 补刷油漆
010605002	钢板墙板	1. 钢材品种、规格 2. 钢板厚度、复合板厚度 3. 螺栓种类 4. 复合板夹芯材料种类、层数、型号、规格 5. 防火要求		按设计图示尺寸以铺挂展开面积计算。不扣除单个面积≤0.3m^2的梁、孔洞所占面积，包角、包边、窗台泛水等不另加面积	

注：1. 钢板楼板上浇筑钢筋混凝土，其混凝土和钢筋应按《计量规范》附录E混凝土及钢筋混凝土工程中相关项目编码列项。
　　2. 压型钢楼板按本表中钢板楼板项目编码列项。

6. 钢构件（表6-6）

表6-6 钢构件工程量清单项目及计算规则

项目编码	项目名称	项目特征	计量单位	工程量计算规则	工作内容
010606001	钢支撑、钢拉条	1. 钢材品种、规格 2. 构件类型 3. 安装高度 4. 螺栓种类 5. 探伤要求 6. 防火要求	t	按设计图示尺寸以质量计算，不扣除孔眼的质量，焊条、铆钉、螺栓等不另增加质量	1. 拼装 2. 安装 3. 探伤 4. 补刷油漆
010606002	钢檩条	1. 钢材品种、规格 2. 构件类型 3. 单根质量 4. 安装高度 5. 螺栓种类 6. 探伤要求 7. 防火要求			
010606003	钢天窗架	1. 钢材品种、规格 2. 单榀质量 3. 安装高度 4. 螺栓种类 5. 探伤要求 6. 防火要求			
010606004	钢挡风架	1. 钢材品种、规格 2. 单榀质量 3. 螺栓种类 4. 探伤要求 5. 防火要求			
010606005	钢墙架				

项目 6　金属结构工程

（续）

项目编码	项目名称	项目特征	计量单位	工程量计算规则	工作内容
010606006	钢平台	1. 钢材品种、规格 2. 螺栓种类 3. 防火要求	t	按设计图示尺寸以质量计算，不扣除孔眼的质量，焊条、铆钉、螺栓等不另增加质量	1. 拼装 2. 安装 3. 探伤 4. 补刷油漆
010606007	钢走道				
010606008	钢梯	1. 钢材品种、规格 2. 钢梯形式 3. 螺栓品种 4. 防火要求			
010606009	钢护栏	1. 钢材品种、规格 2. 防火要求			
010606010	钢漏斗	1. 钢材品种、规格 2. 漏斗、天沟形式 3. 安装高度 4. 探伤要求		按设计图示尺寸以质量计算，不扣除孔眼的质量，焊条、铆钉、螺栓等不另增加质量，依附漏斗或天沟的型钢并入漏斗或天沟工程量内	
010606011	钢板天沟				
010606012	钢支架	1. 钢材品种、规格 2. 安装高度 3. 防火要求		按设计图示尺寸以质量计算，不扣除孔眼的质量，焊条、铆钉、螺栓等不另增加质量	
010606013	零星钢构件	1. 构件名称 2. 钢材品种、规格			

注：1. 钢墙架项目包括墙架柱、墙架梁和连接杆件。
　　2. 钢支撑、钢拉条类型指单式、复式；钢檩条类型指型钢式、格构式；钢漏斗形式指方形、圆形；天沟形式指矩形沟或半圆形沟。
　　3. 加工铁件等小型构件，按本表中零星钢构件项目编码列项。

7. 金属制品（表 6-7）

表 6-7　金属制品工程量清单项目及计算规则

项目编码	项目名称	项目特征	计量单位	工程量计算规则	工作内容
010607001	成品空调金属百叶护栏	1. 材料品种、规格 2. 边框材质	m²	按设计图示尺寸以框外围展开面积计算	1. 安装 2. 校正 3. 预埋铁件及螺栓
010607002	成品栅栏	1. 材料品种、规格 2. 边框及立柱型钢品种、规格			1. 安装 2. 校正 3. 预埋铁件 4. 安螺栓及金属立柱
010607003	成品雨篷	1. 材料品种、规格 2. 雨篷宽度 3. 晾衣杆品种、规格	1. m 2. m²	1. 以 m 计量，按设计图示接触边以 m 计算 2. 以 m² 计量，按设计图示尺寸以展开面积计算	1. 安装 2. 校正 3. 预埋铁件及螺栓

185

(续)

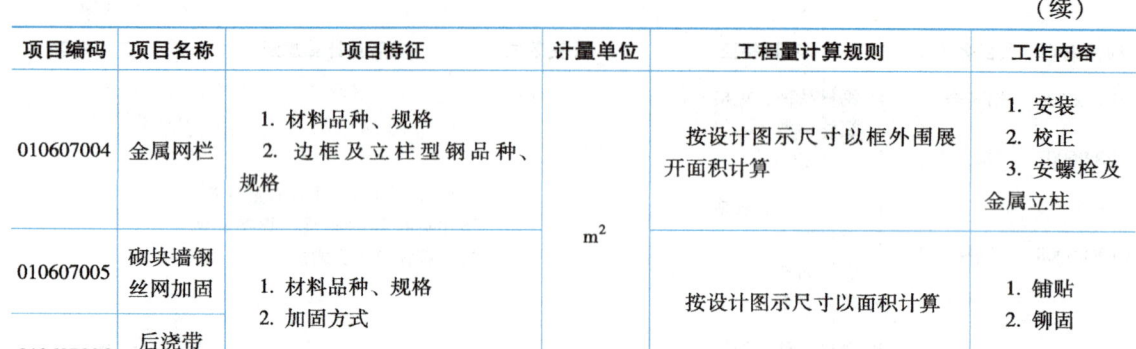

注：抹灰钢丝网加固按本表中砌块墙钢丝网加固项目编码列项。

【例 6-2】 试编制表 6-8 的钢护栏杆国标清单（栏杆表面刷防锈漆一遍，银粉漆两遍）。
【解答】
项目名称：钢护栏杆　　项目编码：010606009
清单工程量＝定额工程量＝14.10kg

表 6-8　分部分项工程量清单（国标清单）

序号	项目编码	项目名称	项目特征	计量单位	工程数量
1	010606009001	钢护栏杆	由钢管 φ25×2.5、φ42.5×3.5、圆钢 φ18 以及扁钢—25×4 组成，栏杆表面刷防锈漆一遍，银粉漆两遍	t	0.014

三、国标工程量清单计价

1）《计量规范》附录 F 与《浙江省房屋建筑与装饰工程预算定额》(2018 版) 金属结构工程分部定额所列子目不完全对应的，在工程量清单计价时，应根据计价定额的使用规则选用相应定额。

① 清单项目 010606007 钢走道，应视具体部位，如为吊车梁制动梁、板、桁架兼作人行走道、检修平台的，应按吊车梁相应定额计价；若为单独的钢走道，则应按钢平台相应定额计价。故工程量清单编制时，项目特征必须描述钢走道的具体部位。

② 表 6-6 注 3 规定加工铁件按零星钢构件列项，而在《计量规范》附录 E.16 中的铁件以及《浙江省房屋建筑与装饰工程预算定额》(2018 版) 中铁件预埋子目已经包括制作，故加工铁件仅适用于预埋铁件单独制作而不包括预埋时才可按此列项。

③ 压型钢板墙板清单子目不适用于室内的装饰隔墙及墙面采用压型钢板作为装饰饰面材料项目列项，发生时应按《计量规范》M.7～M.10 相应编码列项。

④《浙江省房屋建筑与装饰工程预算定额》(2018 版) 金属结构工程分部工程所列钢结构屋面板子目适用于《计量规范》附录 J.1 中型材屋面的计价。

2）金属构件的油漆按《计量规范》附录 P.5 编码分别列项。

3）钢板墙板的国标清单工程量计算中包角、包边、窗台泛水等不另增加，在项目特征中予以描述，但在定额说明中明确屋面板、墙面板安装需要的包角、包边、窗台泛水等用量，均已包含在相应定额的消耗量中，不再单独计取工程量。在定额组价时要特别注意，包角、包边、窗台泛水不再需单独计价。

4）涉及施工方案的计价应注意以下几点。

① 若钢构件按预制构件成品采购到场，则不再考虑场外运输费用。

② 厂（库）房钢结构安装机械定额中按常规方案综合考虑，除另有规定或特殊要求者外，实际发生不同时均按定额执行，不作调整。

③ 住宅钢结构安装定额内的汽车式起重机台班用量仅考虑钢构件场内转运消耗量；如实际发生垂直运输费用，在组价时垂直运输费按垂直运输工程相应定额另行考虑。

④ 工程量清单项目特征中涉及钢构件探伤描述的，计价时按检测要求确定；如需第三方检测时，按第三方检测需要的费用计价。

工程量清单计价项目的组合应结合项目特征的描述、工程内容及计价定额使用规则确定适用的计价定额子目。如钢梯工程量清单项目计价可组合的内容及对应定额项目见表6-9。

表6-9 钢梯可组合的内容

序号	项目编码	项目名称	可组合的计价项目	计价项目定额编号
1	010606008	钢梯	钢梯制作	6-74
			钢梯安装	6-31、6-32、6-49
			机械除锈	6-75
			高强螺栓	6-50
			其他	按清单描述内容选用或补充子目

【小 结】

本项目主要介绍了金属结构工程的基本知识，《浙江省房屋建筑与装饰工程预算定额》(2018版)中金属结构工程定额套用及计算规则，定额清单的编制和综合单价的计算，以及《建设工程工程量清单计价规范》(GB 50500—2013) 金属结构工程国标清单的编制与计价。重点是掌握金属结构工程的定额及国标清单的编制与计价。

【思考与练习题】

某单层檐高20m内工业建筑上料平台踏步式钢楼梯工程量清单见表6-10，试按工程量清单描述确定该钢梯清单计价时的组合子目、计价工程量，并列出按《浙江省房屋建筑与装饰工程预算定额》(2018版) 所套用的计价子目定额编号（假设投标人施工方案考虑该钢梯在现场制作；工程垂直运输采用汽车式起重机）。

表 6-10　分部分项工程量清单（国标清单）

序号	项目编码	项目名称	项目特征	计量单位	工程量
1	010606008001	钢梯	上料平台直形踏步式钢梯制作、安装（20m内），现场制作，喷砂除锈。做法按15J401图集钢梯代号T5D12-33；用钢比例为槽钢36.55%、角钢3.43%、扁豆型4mm厚花纹钢板60.02%	t	0.635

注：按清单特征，防锈底漆应另行列项，本钢梯制作组价不包括油漆。

项目7

木结构工程

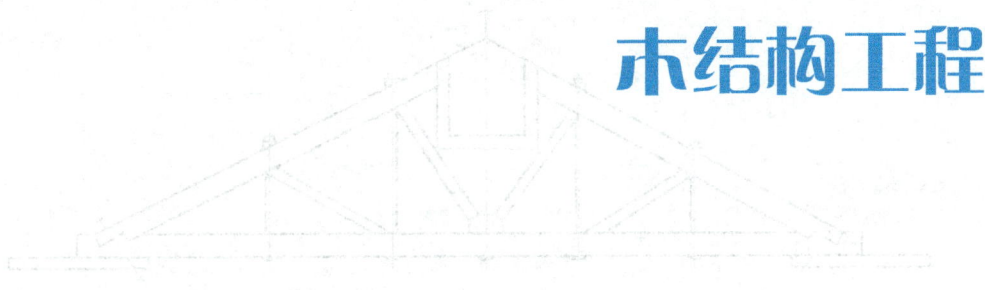

任务1　木结构工程基础知识

木结构工程
基础知识

一、木结构

屋面系统的木结构是由木屋架（或钢木屋架）和屋面木基层两部分组成。

（一）屋架

屋架是由一组杆件在同一平面内相互结合成整体的承重构件。各杆件组成及杆件名称如图7-1所示。

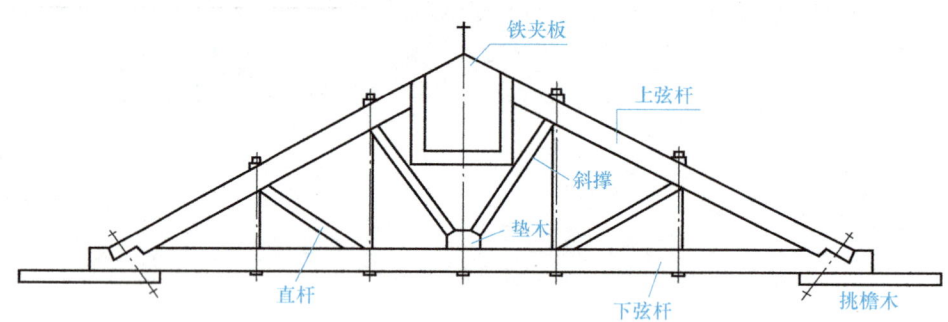

图7-1　屋架构造示意图

图中的三角形屋架由上弦杆（人字木）、下弦杆和腹杆组成，腹杆又包括斜杆（斜撑）、直杆（拉杆）两种。

当屋架跨度较小时，上、下弦可用单根原木制作；当屋架跨度较大时，上、下弦可用多根原木以铁夹板或木板拼接而成。

1. 木屋架

木屋架是指全部杆件可采用方木或圆木制作的屋架。

2. 钢木屋架

钢木屋架是指受压杆件（如上弦杆及斜杆）均采用木材制作，受拉杆件（如下弦杆及拉杆）均采用钢材制作，拉杆一般用圆钢材料，下弦杆可以采用圆钢或型钢材料的屋架。

（二）屋面木基层

屋面木基层包括木檩条、椽子、屋面板、油毡、挂瓦条、顺水条等。

二、木构件

木构件包括木柱、木梁、木楼梯、木楼地楞、封檐板、博风板、大刀头等。

1. 木楼梯

木楼梯结构中的扶手、踏步、踢脚板、斜梁、栏杆均可采用木料制作。

2. 木楼地楞

木地板的结构构造由木楞和面板组成。木楞有圆木和方木两种。木地板可铺设在木楞上、细木工板上、水泥楼面上、混凝土面上。

3. 封檐板、博风板、大刀头

封檐板如图 7-2 所示。博风板、大刀头如图 7-3 所示。

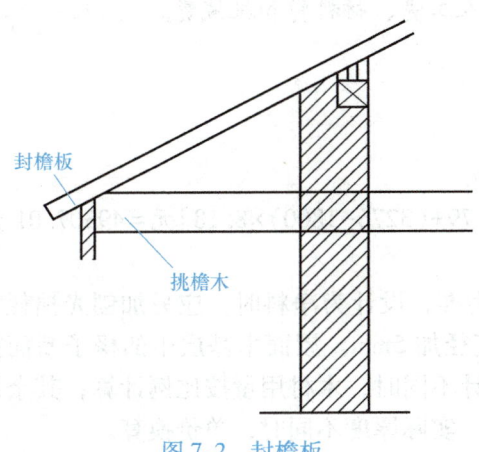

图 7-2 封檐板

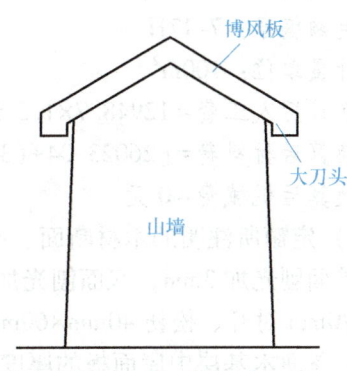

图 7-3 博风板、大刀头

三、名词解释

（1）马尾　四坡水屋顶建筑物的两端屋面的端头坡面部分。

（2）折角　构成 L 形坡屋顶建筑横向和竖向相交的部位。

（3）正交部分　构成丁字形坡屋顶建筑横向和竖向相交的部位（图 7-4）。

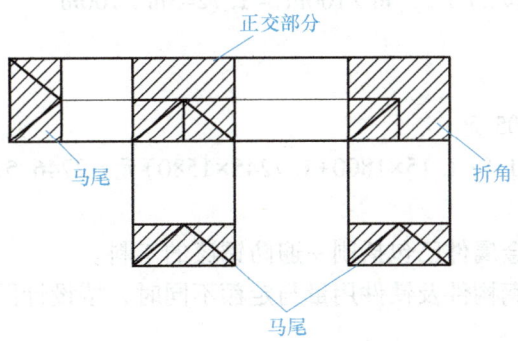

图 7-4 马尾、折角、正交部分示意图

任务 2　木结构工程定额清单编制与计价

一、定额使用说明

1）本项目定额包括木屋架、其他木构件、屋面木基层三部分。

2）本项目定额按机械和手工操作综合编制，实际不同均按定额

木结构工程定额说明

执行。

3）本项目定额采用的木材木种，除另有注明外，均以一、二类为准；如采用三、四类木种时，木材单价调整，相应定额制作人工和机械乘以系数1.30。

【例7-1】 已知进口硬木楼梯，试计算定额人工费、材料费和机械费。

【解答】

定额编号：7-17H

计量单位：100m^2

换算后人工费=12948.7×1.3元=16833.31元

换算后材料费=[26023.04+(3276-1625)×6.79+(3276-1800)×8.18]元=49307.01元

换算后机械费=0元

4）定额所注明的木材断面、厚度均以毛料为准，设计为净料时，应另加刨光损耗，板枋材单面刨光加3mm，双面刨光加5mm，圆木直径加5mm。屋面木基层中的椽子断面按杉圆木70mm对开、松枋40mm×60mm确定，如设计不同时，木材用量按比例计算，其余用量不变。屋面木基层中屋面板的厚度按15mm确定，实际厚度不同时，单价换算。

【例7-2】 某工程小青瓦屋面采用刨光ϕ60mm不对开杉原木椽子基层，已知椽子杉原木价格为1580元/m^3，其他价格均与定额取定价格相同。分别求出换算后的定额人工费、材料费和机械费。

【解答】

调整定额杉原木含量：按设计刨光用材规格加刨耗5mm后为ϕ65mm（不对开）。

定额调整后的杉圆木用量：

$V = \{1×(65/2)^2 / [(70/2)^2/2]\}$ m^3/100m^2 = 1.7245m^3/100m^2

定额编号：7-29H

计量单位：100m^2

换算后人工费=544.05元

换算后材料费=(2091.8-1.15×1800+1.7245×1580)元=2746.51元

换算后机械费=0元

5）本项目定额中的金属件已包括刷一遍防锈漆的工料。

6）设计木构件中的钢构件及铁件用量与定额不同时，按设计图示用量调整。

二、木结构工程定额清单编制

1）计算木材材积，均不扣除孔眼、开榫、切肢、切边的体积。

2）屋架体积包括剪刀撑、挑檐木、上下弦之间的拉杆、夹木等，不包括中立人在下弦上的硬木垫块。气楼屋架、马尾屋架、半屋架均按正屋架计算。

3）木柱、木梁按设计图示尺寸以体积计算。木地板按设计图示尺寸以面积计算。

4）木楼地楞体积按m^{3}计算。定额已包括平撑、剪刀撑、沿油木的体积。

5）木楼梯按水平投影面积计算。不扣除宽度小于300mm的楼梯井，其踢面板、平台和伸入墙内部分不另计算；楼梯扶手、栏杆按其他装饰工程相应定额另行计算。

6）檩木按设计图示尺寸以体积计算。檩条垫木包括在檩木定额中，不另计算体积。单独挑檐木，每根木材体积按0.018m^{3}计算，套用檩木定额。

7) 屋面木基层的工程量，按设计图示尺寸以斜面积计算。不扣除房上烟囱、风帽底座、风道、小气窗和斜沟等所占的面积。屋面小气窗的出檐部分面积另行增加。

8) 封檐板按延长米计算。

三、木结构工程定额清单计价

木结构工程定额清单综合单价计算方法与前述分部工程一致。

任务 3　木结构工程国标清单编制与计价

一、国标工程量清单编制

木结构工程按《房屋建筑与装饰工程工程量计算规范》（GB 50854—2013）（简称《计量规范》）附录 G 设置，包括三个部分。

1. 木屋架

（1）项目设置　木屋架列有木屋架和钢木屋架两个项目，分别按 010701001×××和 010701002×××设置。

1) 木屋架项目适用于各种方木、圆木屋架。

2) 钢木屋架项目适用于各种方木、圆木的钢木组合屋架。

3) 带气楼的屋架和马尾、折角以及正交部分的半屋架，应按相关屋架项目编码列项。

（2）清单项目特征描述　按《计量规范》，需要描述的项目特征包括：跨度，材料品种、规格，刨光要求，拉杆及夹板种类，防护材料种类。

屋架的跨度应以上、下弦中心线两交点之间的距离计算。

除《计量规范》要求的特征以外，清单项目特征应根据使用的木屋架计价定额内容进行描述。如应描述屋架的类型（如马尾屋架、半屋架等），每榀屋架的木材体积，拉杆及夹板的类型和数量（根数、副数），每榀屋架钢构件、铁件的用量，屋架防护及涂刷的面积或面积计算时需要的有关尺寸等。

（3）工程量的计算　按设计图示数量以榀计算。清单编制时除按设计数量统计榀或 m^3 外，还应根据设计说明，按照上述项目特征描述的要求，计算出相关子目的计价工程量。

（4）注意事项

1) 木屋架清单工程量计量单位为榀和 m^3，钢木屋架清单工程量计量单位为榀。因定额计量单位为 m^3，故屋架的尺寸、类型等所有项目特征只要有不同的，均应分别列项。

2) 项目特征的描述及工程数量，均应体现计价定额使用规则需要的内容，如：屋架的下弦杆是木拉杆还是铁拉杆关系到套用人字屋架还是钢木屋架定额，每榀屋架铁拉杆的根数关系到套用木拉杆还是铁拉杆定额计价；接头夹板数量的描述关系到组合子目的计价工程量等。

3) 与屋架相连的挑檐木应并入屋架体积内计算。

【例 7-3】　某工程如图 7-5 所示，屋架跨度 6.24m，高 1.8m，屋架的设计参数见表 7-1。试计算一榀该屋架的制作、安装工程量，并编制该屋架的国标工程量清单。

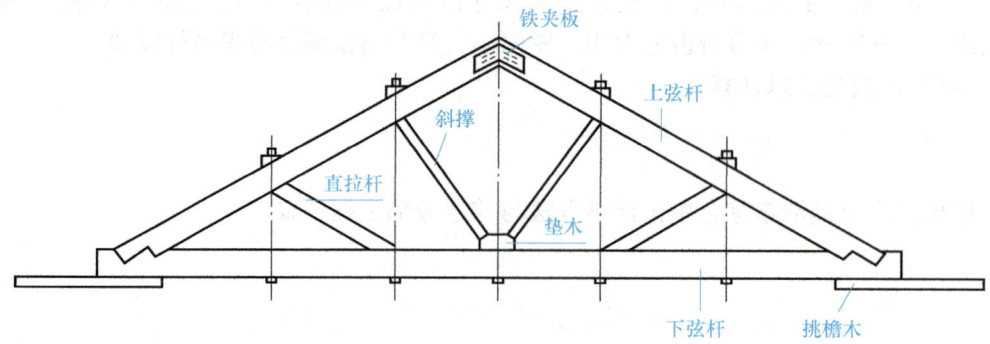

图 7-5 屋架构造示意图

表 7-1 屋架设计主要参数表

序号	名称	件数	规格、长度或数量		备注
1	上弦杆	2 根	ϕ14cm	3.60m	杉原木，刨光净料
2	下弦杆	1 根	ϕ18cm	6.54m	
3	斜撑1	2 根	ϕ10cm	1.65m	
4	斜撑2	2 根	ϕ10cm	1.1m	
5	挑檐木	2 根	ϕ6cm	1.2m	杉原木，不刨光
6	直拉杆	5 根	18.5kg		圆钢、铁件（含损耗）
7	铁夹板	1 副	4.2kg		

【解答】

根据《原木检验》（GB/T 144—2013）提供的原木体积计算公式如下。

原木直径 ϕ4~12cm：$V = 0.7854L(D+0.45L+0.20)^2/10000$

原木直径 >ϕ12cm：$V = 0.7854L[D+0.5L+0.005L^2+0.000125L(14-L)^2(D-10)]^2/10000$

式中　V——体积（m³）；

　　　L——检尺长（m）；

　　　D——检尺径（即圆木小头直径，cm）。

按上述公式计算上、下弦杆及斜撑的体积（也可按体积表直接查得体积）。

ϕ14cm 上弦：$V = 0.7854 \times 3.6 \times [14.5+0.5 \times 3.6+0.005 \times 3.6^2+0.000125 \times 3.6 \times (14-3.6)^2 \times (14.5-10)]^2/10000 \times 2 m^3 = 0.156 m^3$

ϕ18cm 下弦：$V = 0.7854 \times 6.54 \times [18.5+0.5 \times 6.54+0.005 \times 6.54^2+0.000125 \times 6.54 \times (14-6.54)^2 \times (18.5-10)]^2/10000 \times 1 m^3 = 0.257 m^3$

ϕ10cm 斜撑1：$V = 0.7854 \times 1.65 \times (10.5+0.45 \times 1.65+0.2)^2 \div 10000 \times 2 m^3 = 0.034 m^3$

ϕ10cm 斜撑2：$V = 0.7854 \times 1.1 \times (10.5+0.45 \times 1.1+0.2)^2/10000 \times 2 m^3$
$= 0.011 \times 2 m^3 = 0.022 m^3$

ϕ6cm 挑檐木：$V = 0.7854 \times 1.2 \times (6+0.45 \times 1.2+0.2)^2/10000 \times 2 m^3$
$= 0.0043 \times 2 m^3 = 0.009 m^3$

一榀屋架工程量 $V = (0.156+0.257+0.034+0.022+0.009) m^3 = 0.478 m^3$

利用上述计算及设计要求内容,编制该木屋架的工程量清单见表 7-2。

表 7-2 分部分项工程量清单(国标清单)

序号	项目编码	项目名称	项目特征	计量单位	工程数量
1	010701001001	木屋架	人字正屋架,跨度 6.24m,屋架高 1.8m;杉原木刨光;上弦两根原木、一副接头铁夹板;下弦单根圆木,无接头夹板;每榀屋架体积为 0.478m^3,5 根圆钢拉杆及夹板铁件(含损耗)共 22.7kg	榀	5

注:项目特征中刷防火涂料面积及铁件防锈漆均设计未说明,可单独列项或者在项目特征中描述。

2. 木构件(除木屋架以外部分)

(1)项目设置 木构件列有木柱、木梁、木檩、木楼梯和其他木构件 5 个项目,分别按 010702001×××~010702005×××设置。

1)木柱、木梁项目适用于建筑物各部位的柱、梁。

2)木檩项目适用于搁在屋架或山墙上用来承受屋顶荷载的木檩条。

3)木楼梯项目适用于踏步式楼梯,不适用于竖立的爬式梯。

4)其他木构件项目适用于木地板、封檐板、博风板等构件。

5)木楼梯的栏杆(栏板)、扶手应按《计量规范》附录 Q 中相关项目编码列项。

(2)项目特征描述

1)按《计量规范》,需要描述的项目特征包括:构件规格尺寸、木材种类、刨光要求、防护材料种类等。

2)除《计量规范》特征中要求描述的特征以外,清单项目特征应根据使用的计价定额内容进行描述。如:木楼梯项目特征描述时应考虑计价定额中规定不单独列项计算的(如定额已包含的踢面板、平台等)和需单独列项计算的[如楼梯的饰面、栏杆(栏板)扶手等]内容;对于包含在楼梯定额内、需作为组合子目列入计价的,必须予以描述,否则应按相应分部分项项目清单单独列项。

3)以 m 计算的项目,如木檩、其他木构件等,项目特征必须描述构件规格尺寸。

4)其他木构件项目特征描述应根据工程设计内容及参照计价定额项目注明构件名称,并结合计价定额的使用条件描述,如:平口木地板、企口木地板分别列项、分别描述。

(3)工程量计算

1)木柱、木梁。按设计图示尺寸以体积计算。

2)木檩。以 m^3 计量,按设计图示尺寸以体积计算;以 m 计量,按设计图示尺寸以长度计算。

3)木楼梯。按设计图示尺寸以水平投影面积计算。不扣除宽度≤300mm 的楼梯井,伸入墙内部分不计算。

4)其他木构件。以 m^3 计量,按设计图示尺寸以体积计算;以 m 计量,按设计图示尺寸以长度计算。

3. 屋面木基层

(1)项目设置 屋面木基层列有屋面木基层一个项目,按 010703001×××设置。屋面木基层包含椽子、望板、顺水条、挂瓦条、防护材料等构件。

（2）项目特征描述

1）按清单规范，需要描述的项目特征包括：椽子断面尺寸及椽距、望板材料种类及厚度、防护材料种类等。

2）除清单规范中要求描述的特征以外，清单项目特征还应根据使用的计价定额内容进行描述。

（3）工程量计算　按设计图示尺寸以斜面积计算。不扣除房上烟囱、风帽底座、风道、小气窗、斜沟等所占面积。小气窗的出檐部分不增加面积。

二、木结构工程工程量清单项目及计算规则

1. 木屋架（见表7-3）

表7-3　木屋架

项目编码	项目名称	项目特征	计量单位	工程量计算规则	工作内容
010701001	木屋架	1. 跨度 2. 材料品种、规格 3. 刨光要求 4. 拉杆及夹板种类 5. 防护材料种类	1. 榀 2. m³	1. 以榀计量，按设计图示数量计算 2. 以m³计量，按设计图示规格尺寸以体积计算	1. 制作 2. 运输 3. 安装 4. 刷防护材料
010701002	钢木屋架	1. 跨度 2. 木材品种、规格 3. 刨光要求 4. 钢材品种、规格 5. 防护材料种类	榀	以榀计量，按设计图示数量计算	

注：1. 屋架的跨度应以上、下弦中心线两交点之间的距离计算。
　　2. 带气楼的屋架和马尾、折角以及正交部分的半屋架，按相关屋架项目编码列项。
　　3. 以榀计量，按标准图设计的应注明标准图代号，按非标准图设计的项目特征必须按本表要求予以描述。

2. 木构件（见表7-4）

表7-4　木构件

项目编码	项目名称	项目特征	计量单位	工程量计算规则	工作内容
010702001	木柱		m³	按设计图示尺寸以体积计算	
010702002	木梁	1. 构件规格尺寸 2. 木材种类 3. 刨光要求 4. 防护材料种类	1. m³ 2. m	1. 以m³计量，按设计图示尺寸以体积计算 2. 以m计量，按设计图示尺寸以长度计算	1. 制作 2. 运输 3. 安装 4. 刷防护材料
010702003	木檩				
010702004	木楼梯	1. 楼梯形式 2. 木材种类 3. 刨光要求 4. 防护材料种类	m²	按设计图示尺寸以水平投影面积计算。不扣除宽度≤300mm的楼梯井，伸入墙内部分不计算	

项目 7　木结构工程

(续)

项目编码	项目名称	项目特征	计量单位	工程量计算规则	工作内容
010702005	其他木构件	1. 构件名称 2. 构件规格尺寸 3. 木材种类 4. 刨光要求 5. 防护材料种类	1. m³ 2. m	1. 以 m³ 计量，按设计图示尺寸以体积计算 2. 以 m 计量，按设计图示尺寸以长度计算	1. 制作 2. 运输 3. 安装 4. 刷防护材料

注：1. 木楼梯的栏杆（栏板）、扶手，应按《计量规范》附录 Q 中的相关项目编码列项。
　　2. 以 m 计量，项目特征必须描述构件规格尺寸。

3. 屋面木基层（见表 7-5）

表 7-5　屋面木基层

项目编码	项目名称	项目特征	计量单位	工程量计算规则	工作内容
010703001	屋面木基层	1. 椽子断面尺寸及椽距 2. 望板材料种类、厚度 3. 防护材料种类	m²	按设计图示尺寸以斜面积计算 不扣除房上烟囱、风帽底座、风道、小气窗、斜沟等所占面积。小气窗的出檐部分不增加面积	1. 椽子制作、安装 2. 望板制作、安装 3. 顺水条和挂瓦条制作、安装 4. 刷防护材料

三、国标工程量清单计价

木结构工程分部分项工程量清单编制与计价应注意的问题如下。

设计要求木结构有防虫要求时，防虫药剂应包括在报价内。例如：木屋架计价使用的定额可按定额子目 7-1~7-6 选用，组合项可根据设计内容及清单描述按相应分部分项子目选用合适的定额子目。木屋架计价时常见可组合内容见表 7-6。

表 7-6　木屋架可组合内容

序号	项目编码	项目名称	可组合的主要内容	对应的定额子目
1	010701001	木屋架	1. 人字屋架制作、拼（安）装 2. 其他	7-1~7-5 视设计要求内容选用
2	010701002	钢木屋架	1. 钢木屋架制作、安装 2. 其他	7-6 视设计要求内容选用

【例 7-4】　按例 7-3 提供的工程量清单，设定工料机价格均同定额取定价，按人工费、机械费为基数计取 10%企管费、5%利润，不考虑风险费用。试编制该工程量清单综合单价计算表。

【解答】

(1) 根据例 7-3 提供的工程量清单项目特征，确定计价工程量。

① 人字木屋架（5 根铁拉杆）$V = 0.478 \times 5 \text{m}^3 = 2.39 \text{m}^3$

其中：屋架铁件 $= 22.7 \times 5 \text{kg} = 113.5 \text{kg}$

折合每立方米：（113.5/2.39）kg/m³ = 47.49kg/m³

② 按定额附注铁拉杆屋架定额中包括上、下弦接头各一副，本工程下弦无接头夹板，每根屋架扣一副下弦铁夹板：$N = -1 \times 5$ 副 $= -5$ 副

（2）确定各计价子目定额套用及人工费、材料费、机械费。

① 人字木屋架（铁拉杆）：套用定额 7-2H。

人工费 = 695.95 元/m³

材料费 = [2159.57+(47.49−55)×6.9] 元/m³ = 2107.75 元/m³

② 扣下弦铁夹板：套用定额 7-3H。

人工费 = 17.05 元/副

材料费 = 0 元/副

注：因屋架子目换算时，屋架铁件已按工程实际用量计算，扣除铁夹板时不再扣除夹板定额中的屋架铁件用量，定额中材料仅铁拉杆一项，故扣除夹板子目材料费为零。

（3）清单项目综合单价计算表见表 7-7。

表 7-7 分部分项工程量清单综合单价计算表

序号	编号	项目名称	计量单位	数量	综合单价/元						合计/元
					人工费	材料费	机械费	管理费	利润	小计	
1	010701001001	木屋架	榀	5	315.61	1007.5	0	31.56	15.78	1370.45	6852
2	7-2H	人字屋架（铁拉杆）	m³	2.39	695.95	2107.75	0	69.6	34.8	2908.1	6950
3	7-3H	减下弦铁夹板	副	−5	17.05	0	0	1.71	0.85	19.61	−98

【小　结】

本项目主要介绍了木结构工程的基本知识、《浙江省房屋建筑与装饰工程预算定额》（2018 版）的木结构工程定额套用及计算规则，定额清单的编制与综合单价的计算，《建设工程工程量清单计价规范》（GB 50500—2013）木结构工程国标清单的编制与计价。重点是掌握木结构工程的定额及国标清单的编制与计价。

【思考与练习题】

1. 三类木材钢木屋架制作及安装，其中铁架施工图净用量为 86kg/m³，计算换算后的人工费、材料费和机械费。

2. 在"双碳"战略实施背景下，我国建筑领域具有巨大的碳减排潜力和市场发展潜力，探索升级新型绿色建筑发展已成为相关行业致力研究的重要课题。现代木结构建筑是建设领域践行绿色高质量发展的重要手段，是实现双碳目标的重要举措。请结合本项目内容，谈谈木结构在建筑业碳中和发挥的作用。

项目 8

门窗工程

任务 1　门窗工程基础知识

门窗工程基础知识

建筑工程中所用的门窗种类很多，按材质分为木门窗、铝合金门窗、钢门窗、塑钢门窗、特殊门窗以及配件材料；按功能可分为普通门窗、保温门窗、隔声门窗、防火门窗、防爆门等；按结构形式可分为推拉门窗、平开门窗、弹簧门窗、自动门窗等。

一、铝合金门窗

铝合金材料由纯铝加入猛、镁等金属元素而成，具有质轻、高强、耐蚀、耐磨、韧度大等特点。经氧化着色表面处理后，可得到银白色、金色、翠绿色、米黄色、青铜色和古铜色等几种颜色，其外表色泽雅致、美观、经久、耐用。

铝合金门窗的制作及安装工艺可归纳为：门窗扇制作、门窗框制作、定位、划线、调正、找平、框周边塞缝、安装。

二、塑钢门窗

塑料门窗的种类很多。根据原材料的不同，塑料门窗可以分为以聚氯乙烯树脂为主要原材料的钙塑门窗（又称硬PVC门窗）；以改性聚氯乙烯为主要原材料的改性聚氯乙烯门窗（又称改性PVC门窗）；以合成树脂为基料，以玻璃纤维及其制品为增强材料的玻璃钢门窗。

塑钢门窗的制作及安装和铝合金门窗一样，只是使用的型材不同，此外有些有地弹簧的安装。塑钢门窗的制作及安装工艺可归纳为：门窗扇制作、门窗框制作、门窗框安装、门窗扇安装、调节、封胶、门窗锁安装。

任务 2　门窗工程定额清单编制与计价

门窗工程定额说明

一、定额使用说明

1）本项目定额包括木门，金属门，金属卷帘门，厂（库）房大门，特种门，其他门，木窗，金属窗、门钢架、门窗套，窗台板，窗帘盒、轨，门五金等。

2）本项目中的普通木门、装饰门扇、木窗按现场制作安装综合编制，厂（库）房大门按制作、安装分别编制，其余门窗均按成品安装编制。

3）采用一、二类木材木种编制的定额，如设计采用三、四类木种时，除木材单价调整外，按相应项目执行，人工和机械乘以系数1.35。

4）定额所注木材断面、厚度均以毛料为准，如设计为净料，应另加刨光损耗：板枋材单面加3mm，双面加5mm，其中普通门门板双面刨光加3mm，木材断面、厚度如设计与

表 8-1 不同时，木材用量按比例调整，其余不变。

表 8-1 木门窗用料断面规格尺寸表

门窗名称		门窗框尺寸/cm	门窗扇立框尺寸/cm	门板尺寸/cm
普通门	镶板门	5.5×10.0	4.5×8.0	1.5
	胶合板门		3.9×3.9	—
	半玻门		4.5×10.0	1.5
自由门	全玻门	5.5×12.0	5.0×10.5	—
	带玻胶合板门	5.5×10.0	4.5×6.5	—
厂（库）房木板大门	带框平开门	5.3×12.0	5.0×10.5	2.1
	不带框平开门	—	5.5×12.5	
	不带框推拉门	—		
普通窗	平开窗	5.5×8.0	4.5×6.0	—
	翻窗	5.5×9.5		

5）木门。

① 成品套装门安装包括门套（含门套线）和门扇的安装；纱门按成品安装考虑。

② 成品套装木门、成品木移门的门规格不同时，调整套装木门、成品木移门的单价，其余不调整。

6）金属门窗。

① 铝合金成品门窗安装项目按隔热断桥铝合金型材考虑，如设计为普通铝合金型材时，按相应定额项目执行。采用单片玻璃时，除材料换算外，相应定额子目的人工乘以系数 0.80；采用中空玻璃时，除材料换算外，相应定额子目的人工乘以系数 0.90。

② 铝合金百叶门、窗和格栅门按普通铝合金型材考虑。

③ 当设计为组合门、组合窗时，按设计明确的门窗图集类型套用相应定额。

④ 飘窗按窗材质类型分别套用相应定额。

⑤ 弧形门窗套相应定额，人工乘以系数 1.15；型材弯弧形费用另行增加。

7）防火卷帘按金属卷帘（闸）项目执行，定额材料中的金属卷帘替换为相应的防火卷帘，其余不变。

8）厂（库）房大门、特种门。

① 厂（库）房大门的钢骨架制作以钢材重量表示，已包括在定额中，不再另列项计算。

② 厂（库）房大门、特种门门扇上所用铁件均已列入定额内。当设计用量与定额不同时，定额用量按比例调整；墙、柱、楼地面等部位的预埋铁件，按设计要求另行计算。

③ 厂（库）房大门、特种门定额取定的钢材品种、比例与设计不同时，可按设计比例调整；设计木门中的钢构件及铁件用量与定额不同时，按设计图示用量调整。

④ 人防门、防护密闭封堵板、密闭观察窗的规格、型号与定额不同时，只调整主材的材料费，其余不作调整。

⑤ 厂（库）房大门如实际为购入构件，则套用安装定额，材料费按实计入。

9）其他门。

① 全玻璃门扇安装项目按地弹门考虑，其中地弹簧消耗量可按实际调整。

② 全玻璃门门框、横梁、立柱钢架的制作安装及饰面装饰，按门钢架相应项目执行。

③ 全玻璃门有框亮子安装按全玻璃有框门扇安装项目执行，人工乘以系数0.75，地弹簧换为膨胀螺栓，消耗量调整为277.55个/100m²；无框亮子安装按固定玻璃安装项目执行。

④ 电子感应自动门传感装置、伸缩门电动装置安装已包括调试用工。

10）门钢架、门窗套。

① 门窗套（筒子板）、门钢架基层、面层项目未包括封边线条，设计要求时，另按其他装饰工程中相应线条项目执行。

② 门窗套、门窗筒子板均执行门窗套（筒子板）项目。

11）窗台板。

① 窗台板与暖气罩相连时，窗台板并入暖气罩，按其他装饰工程中相应暖气罩项目执行。

② 石材窗台板安装项目按成品窗台板考虑。

12）门五金。

① 普通木门窗一般小五金，如普通折页、蝴蝶折页、铁插销、风钩、铁拉手、木螺钉等已综合在五金材料费内，不另计算。地弹簧、门锁、门拉手、闭门器及铜合页等特殊五金另套相应定额计算。

② 成品木门（扇）、成品全玻璃门扇安装项目中，五金配件的安装仅包括门普通合页、地弹簧安装，其中合页材料费包括在成品门（扇）内，设计要求的其他五金另按门五金中门特殊五金相应项目执行。

③ 成品金属门窗、金属卷帘门、特种门、其他门安装项目包括五金安装人工，五金材料费包括在成品门窗价格中。

④ 防火门安装项目包括门体五金安装人工，门体五金材料费包括在防火门价格中，不包括防火闭门器、防火顺位器等特殊五金，设计要求时另按门五金中门特殊五金相应项目执行。

⑤ 厂（库）房大门项目均包括五金铁件安装人工，五金铁件材料费另执行相应项目；当设计与定额取定不同时，按设计规定计算。

13）门连窗，门、窗应分别执行相应项目；木门窗定额采用普通玻璃，如设计玻璃品种与定额不同时，单价调整；厚度增加时，另按定额的玻璃面积每10m²增加玻璃用工0.73工日。

二、门窗工程定额清单编制

1. 木门窗

1）普通木门窗按设计门窗洞口面积计算。

2）装饰木门扇工程量按门扇外围面积计算。

3）成品木门框安装按设计图示框的外围尺寸以长度计算。

4）成品木门扇安装按设计图示扇面积计算。

5）成品套装木门安装按设计图示数量以樘计算。

6）木质防火门安装按设计图示洞口面积计算。

7）纱门扇安装按门扇外围面积计算。

8）弧形门窗工程量按展开面积计算。

2. 金属门窗

1）铝合金门窗塑钢门窗均按设计图示门、窗洞口面积计算（飘窗除外）。

2）门连窗按设计图示洞口面积分别计算门、窗面积，设计有明确时按设计明确尺寸分别计算，设计不明确时，门的宽度算至门框线的外边线。

3）纱门、纱窗扇按设计图示扇外围面积计算。

4）飘窗按设计图示框型材外边线尺寸以展开面积计算。

5）钢质防火门、防盗门按设计图示门洞口面积计算。

6）防盗窗按外围展开面积计算。

7）彩钢板门窗按设计图示门、窗洞口面积计算。

3. 金属卷帘门

金属卷帘门按设计门洞口面积计算。电动装置按套计算，活动小门按个计算。

4. 厂（库）房大门、特种门

1）厂（库）房大门、特种门按设计图示门洞口面积计算，无框门按扇外围面积计算。

2）人防、密闭观察窗的安装按设计图示数量以樘计算，防护密闭封堵板安装按框（扇）外围以展开面积计算。

5. 其他门

1）全玻有框门扇按设计图示框外边线尺寸以面积计算，有框亮子按门扇与亮子分界线以面积计算。

2）全玻无框（条夹）门扇按设计图示扇面积计算，高度算至条夹外边线，宽度算至玻璃外边线。

3）全玻无框（点夹）门扇按设计图示玻璃外边线尺寸以面积计算。

4）无框亮子（固定玻璃）按设计图示亮子与横梁或立柱内边缘尺寸以面积计算。

5）电子感应门传感装置安装按设计图示数量以套计算。

6）旋转门按设计图示数量以樘计算。

7）电动伸缩门安装按设计图示尺寸以长度计算，电动装置按设计图示数量以套计算。

6. 门钢架、门窗套

1）门钢架按设计图示尺寸以重量计算。

2）门钢架基层、面层按设计图示饰面外围尺寸展开面积计算。

3）门窗套（筒子板）龙骨、面层、基层均按设计图示饰面外围尺寸展开面积计算。

4）成品门窗套按设计图示饰面外围尺寸展开面积计算。

7. 窗台板，窗帘盒、轨

1）窗台板按设计图示长度乘宽度以面积计算。图纸未注明尺寸的，窗台板长度可按窗框的外围宽度两边共加100mm计算。窗台板凸出墙面的宽度按墙面外加50mm计算。

2）窗帘盒基层工程量按单面展开面积计算，饰面板按实铺面积计算。

三、门窗工程定额清单计价

定额清单综合单价计算方法与前述分部工程一致。

任务3 门窗工程国标清单编制与计价

一、门窗工程国标工程量清单编制

《房屋建筑与装饰工程工程量计算规范》(GB 50854—2013)(简称《计量规范》) 附录 H 门窗工程包括：木门、金属门、金属卷帘（闸）门、厂库房大门、特种门、其他门、木窗、金属窗、门窗套、窗台板、窗帘、窗帘盒、轨，共 10 个部分 55 个项目。

1. 木门

（1）项目设置 包括木质门、木质门带套、木质连窗门、木质防火门、木门框、门锁安装 6 个项目。清单项目编码为 010801001×××~010801006×××。

（2）工作内容 门制作（或成品采购）、安装、五金、玻璃安装。

（3）项目特征描述 门代号及洞口尺寸、框截面尺寸、单扇面积、骨架材料种类、面层材料品种、规格、品牌、颜色、玻璃品种、厚度、五金材料品种、规格。

（4）工程量计算 木门项目以樘或 m^2 计量。以樘计量时，按设计图示数量计算；以 m^2 计量时，按图示洞口尺寸以面积计算。单独木门框项目以樘或 m 计量。以樘计量时，按设计图示数量计算；以 m 计量时，按设计图示框的中心线以延长米计算。门锁安装按图示数量以个或套计算。

（5）清单项目编制注意的问题

1）项目特征中的木质门分镶板木门、企口木板门、实木装饰门、胶合板门、夹板装饰门、木纱门、全玻门（带木质扇框）、木质半玻门（带木质扇框）等项目，分别编码列项。

2）木门五金包括：折页、插销、门碰珠、弓背拉手、搭机、木螺钉、弹簧折页（自动门）、管子拉手（自由门、地弹门）、地弹簧（地弹门）、铁角、门轧头（地弹门、自由门）等。

3）木质门带套计量按洞口尺寸以面积计算，不包括门套的面积，但门套应计算在综合单价中。此项目只适用于门与门套是成品整体供应时。

4）以樘计量时，项目特征必须描述洞口尺寸；以 m^2 计量时，项目特征可不描述洞口尺寸。

5）单独制作安装木门框按木门框项目编码列项。

6）如果按樘计量，图示门的大小不同或用材不同时，应分列清单子目。

7）凡面层材料有品种、规格、品牌、颜色要求的，应在项目特征中进行描述。

【例 8-1】 有 1 樘成品木门（单扇），其尺寸为 900mm×2100mm，安装执手锁（单开）和门吸。试编制该工程成品套装木门（单扇）的清单项目。

【解答】

（1）清单项目设置：本例门的工程量清单项目为木质门（010801001001）。

（2）工程量清单编制：其工程内容包括成品木门（单扇）安装、执手锁（单开）安装、门吸安装。

（3）清单工程量的计算：门安装为 1 樘，门锁安装为 1 把。工程量清单见表 8-2。

表 8-2　分部分项工程量清单与计价表

序号	项目编码	项目名称	项目特征	计量单位	工程数量
1	010801001001	木质门	成品木门（单扇）安装、900mm×2100mm；门吸	樘	1
2	010801006001	门锁安装	执手锁（单开）	个	1

2. 金属门

（1）项目设置　包括金属（塑钢）门、彩板门、钢质防火门、防盗门4个项目。清单项目编码为010802001×××~010802004×××。

（2）工作内容　门安装、五金安装、玻璃安装。

（3）项目特征描述　门代号及洞口尺寸、门框或扇外围尺寸、门框及门扇材质、玻璃品种及厚度。

（4）工程量计算　以樘或 m^2 计量。以樘计量时，按设计图示数量计算；以 m^2 计量时，按图示洞口尺寸以面积计算。

（5）清单项目编制应注意的问题

1）金属门应区分断桥隔热铝合金门、普通铝合金门、塑钢门、彩板门、钢制防火门、钢制防盗门等，并区分开启方式分别编码列项。

2）铝合金门五金包括：地弹簧、门锁、拉手、门插、门铰、螺钉等。

3）金属门五金包括L形执手插锁（双舌）、执手锁（单舌）、门轨头、地锁、防盗门机、门眼（猫眼）、门碰珠、电子锁（磁卡锁）、闭门器、装饰拉手等。

4）以樘计量时，项目特征必须描述洞口尺寸，没有洞口尺寸时必须描述门框和扇外围尺寸；以 m^2 计量时，项目特征可不描述洞口尺寸及框、扇外围尺寸。

5）特殊五金是指贵重五金及业主认为应单独列项的五金配件。

3. 金属卷帘（闸）门

（1）项目设置　包括金属卷帘（闸）门、防火卷帘（闸）门2个项目。清单项目编码为010803001×××~010803002×××。

（2）工作内容　门运输、安装，启动装置、活动小门、五金安装。

（3）项目特征描述　门代号及洞口尺寸，门材质，启动装置品种、规格。

（4）工程量计算　以樘或 m^2 为计量单位。以樘计量时，按设计图示数量计算；以 m^2 计量时，按设计图示洞口尺寸以面积计算。

（5）清单项目编制应注意的问题

1）在编制工程量清单的过程中必须把金属卷帘门的材质、门高、洞口面积、是手动还是电动、是否有小门、两侧轨道的材质及长度描述清楚。

2）以樘计量时，项目特征必须描述洞口尺寸；以 m^2 计量时，项目特征可不描述洞口尺寸。

4. 厂库房大门、特种门

（1）项目设置　包括木板大门、钢木大门、全钢板大门、防护铁丝门、金属格栅门、钢质花饰大门、特种门7个项目。清单项目编码为010804001×××~010804007×××。

(2) 工程内容　门（骨架）制作、运输、安装，启动装置、五金配件安装，刷防护材料。

(3) 项目特征描述　门代号及洞口尺寸，门框或扇外围尺寸，门框、扇材质，启动装置的品种、规格，五金种类、规格，防护材料种类。

(4) 工程量计算　以樘或 m^2 计量。以樘计量时，按设计图示数量计算；以 m^2 计量时，木板大门、钢木大门、全钢板大门、金属格栅门、特种门，按设计图示洞口尺寸以面积计算，防护铁丝门、钢质花饰大门按设计图示门框或扇以面积计算。

(5) 清单项目编制应注意的问题

1) 特种门应区分冷藏门、冷冻间门、保温门、变电室门、隔音门、防射线门、人防门、金库门等项目，分别编码列项。

2) 以樘计量时，项目特征必须描述洞口尺寸，没有洞口尺寸必须描述门框和扇外围尺寸；以 m^2 计量时，项目特征可不描述洞口尺寸及框、扇的外围尺寸。

3) 以 m^2 计量时，无设计图示洞口尺寸，按门框、扇外围以面积计算。

5. 其他门

(1) 项目设置　包括电子感应门、旋转门、电动对讲门、电动伸缩门、全玻自由门、镜面不锈钢饰面门、复合材料门 7 个项目。清单项目编码为 010805001×××～010805007×××。

(2) 工作内容　门安装，启动装置、五金、电子配件安装。

(3) 项目特征描述　门材质、品牌，框外围尺寸，玻璃品种、厚度，五金材料品种、规格，电子配件品种、规格、品牌。

(4) 工程量计算　以樘或 m^2 计量。以樘计量时，按设计图示数量计算；以 m^2 计量时，按设计图示洞口尺寸以面积计算。

(5) 清单项目编制应注意的问题

1) 以樘计量时，项目特征必须描述洞口尺寸，没有洞口尺寸必须描述门框（或条夹）或扇外围尺寸；以 m^2 计量时，项目特征可不描述洞口尺寸及框、扇外围尺寸。

2) 以 m^2 计量时，无设计图示洞口尺寸，按门框、扇外围以面积计算。

6. 木窗

(1) 项目设置　包括木质窗、木飘（凸）窗、木橱窗、木纱窗 4 个项目。清单项目编码为 010806001×××～010806004×××。

(2) 工作内容　窗制作（或成品采购）、运输、安装，五金、玻璃安装，刷防护材料。

(3) 项目特征描述　窗代号及洞口尺寸，框截面及外围展开面积，玻璃品种、厚度，窗纱材料品种、规格，五金材料品种、规格。

(4) 工程量计算　以樘或 m^2 计量。以樘计量时，按设计图示数量计算；以 m^2 计量时，木质窗按设计图示洞口尺寸以面积计算，木飘（凸）窗、木橱窗、木纱窗按框的外围尺寸以面积计算。

(5) 清单项目编制应注意的问题

1) 木质窗应区分平开窗、玻璃推拉窗、百叶窗、翻窗、半圆形玻璃窗等项目，分别编码列项。

2) 木橱窗、木飘（凸）窗以樘计量，项目特征必须描述框截面及外围展开面积。

3) 木窗五金包括：折页、插销、风钩、木螺钉、滑轮滑轨（推拉窗）等。

4）窗框与洞之间的填塞应包括在报价内。

5）如遇框架结构的连续长窗也以樘计算，对连续长窗的扇数和洞口尺寸应在工程量清单中进行描述。

6）以樘计量时，项目特征必须描述洞口尺寸，没有洞口尺寸必须描述窗框外围尺寸；以 m^2 计量时，项目特征可不描述洞口尺寸及框的外围尺寸。

7）以 m^2 计量时，无设计图示洞口尺寸，按窗框外围以面积计算。

7. 金属窗

（1）项目设置　包括金属（塑钢、断桥）窗、金属防火窗、金属百叶窗、金属纱窗、金属格栅窗、金属（塑钢、断桥）橱窗、金属（塑钢、断桥）飘（凸）窗、彩板窗、复合材料窗 9 个项目。清单项目编码为 010807001×××～010807009×××。

（2）工作内容　窗制作、运输、安装、五金、玻璃安装，刷防护材料。

（3）工程量计算　以樘计量时，按设计图示数量计算；以 m^2 计量时，金属百叶窗、金属格栅窗按图示洞口尺寸以面积计算，金属纱窗、金属格橱窗、金属（塑钢、断桥）飘（凸）窗按设计图示尺寸以框外围展开面积计算，彩板窗、复合材料窗按设计图示洞口尺寸或框外围以面积计算。

（4）清单项目编制应注意的问题

1）金属窗应区分金属组合窗、防盗窗等项目，分别编码列项。

2）金属橱窗、飘（凸）窗以樘计量，项目特征必须描述框外围展开面积。

3）金属窗五金包括：折页、螺钉、执手、卡锁、铰拉、风撑、滑轮、滑轨、拉把、拉手、角码、牛角制等。

4）以樘计量时，项目特征必须描述洞口尺寸，没有洞口尺寸必须描述窗框外围尺寸；以 m^2 计量时，项目特征可不描述洞口尺寸及框的外围尺寸。

5）以 m^2 计量时，无设计图示洞口尺寸，按窗框外围以面积计算。

8. 门窗套

（1）项目设置　包括木门窗套、木筒子板、饰面夹板筒子板、金属门窗套、石材门窗套、门窗木贴脸、成品木门窗套 7 个项目。清单项目编码为 010808001×××～010808007×××。

（2）工作内容　清理基层，立筋制作、安装，基层抹灰，基层板安装，面层铺贴，线条安装，刷防护材料。

（3）项目特征描述　窗代号及洞口尺寸，门窗套展开宽度，筒子板宽度，基层材料种类，面层材料品种、规格，贴脸板宽度，粘结层厚度、砂浆配合比，线条品种、规格，防护材料种类。

（4）工程量计算　以樘计量时，按设计图示数量计算；以 m^2 计量时，按设计图示尺寸以展开面积计算；以 m 计量时，按设计图示中心以延长米计算。

（5）清单项目编制应注意的问题

1）以樘计量时，项目特征必须描述洞口尺寸、门窗套展开宽度。

2）以 m^2 计量时，项目特征可不描述洞口尺寸、门窗套展开宽度。

3）以 m 计量时，项目特征必须描述门窗套展开宽度、筒子板及贴脸宽度。

4）木门窗套适用于单独门窗套的制作、安装。

9. 窗台板

（1）项目设置　包括木窗台板、铝塑窗台板、金属窗台板、石材窗台板4个项目。清单项目编码为010809001×××～010809004×××。

（2）工作内容　基层清理，基层制作、安装，抹找平层，窗台板制作、安装，刷防护材料。

（3）项目特征描述　基层材料种类，粘结层厚度，砂浆配合比，窗台面板材质、规格、颜色，防护材料种类。

（4）工程量计算　按设计图示尺寸以展开面积计算。

10. 窗帘、窗帘盒、轨

（1）项目设置　包括窗帘，木窗帘盒，饰面夹板、塑料窗帘盒，铝合金窗帘盒，窗帘轨5个项目。清单项目编码为010810001×××～010810005×××。

（2）工程内容　制作、运输、安装，刷防护材料。

（3）项目特征描述　窗帘材质，窗帘高度、宽度，窗帘层数，带幔要求，窗帘盒材质、规格，窗帘轨材质、规格，轨的数量。

（4）工程量计算　按图示尺寸以长度计算，其中窗帘按图示尺寸以成活后展开面积计算。

（5）清单项目编制应注意的问题

1）窗帘若是双层，项目特征必须描述每层材质。

2）窗帘以m计量时，项目特征必须描述窗帘高度和宽度。

二、门窗工程工程量清单项目及计算规则

1. 木门（见表8-3）

表8-3　木门

项目编码	项目名称	项目特征	计量单位	工程量计算规则	工作内容
010801001	木质门	1. 门代号及洞口尺寸 2. 镶嵌玻璃品种、厚度	1. 樘 2. m²	1. 以樘计量，按设计图示数量计算 2. 以m²计量，按设计图示洞口尺寸以面积计算	1. 门安装 2. 玻璃安装 3. 五金安装
010801002	木质门带套				
010801003	木质连窗门				
010801004	木质防火门				
010801005	木门框	1. 门代号及洞口尺寸 2. 框截面尺寸 3. 防护材料种类	1. 樘 2. m	1. 以樘计量，按设计图示数量计算 2. 以m计量，按设计图示框的中心线以延长米计算	1. 木门框制作、安装 2. 运输 3. 刷防护材料
010801006	门锁安装	1. 锁品种 2. 锁规格	个（套）	按设计图示数量计算	安装

注：1. 木质门应区分镶板木门、企口木板门、实木装饰门、胶合板门、夹板装饰门、木纱门、全玻门（带木质扇框）、木质半玻门（带木质扇框）等项目，分别编码列项。
2. 木门五金应包括：折页、插销、门碰珠、弓背拉手、搭机、木螺钉、弹簧折页（自动门）、管子.手（自由门、地弹门）、地弹簧（地弹门）、角铁、门轧头（地弹门、自由门）等。
3. 木质门带套计量按洞口尺寸以面积计算，不包括门套的面积，但门套应计算在综合单价中。
4. 以樘计量，项目特征必须描述洞口尺寸；以m²计量，项目特征可不描述洞口尺寸。
5. 单独制作安装木门框按木门框项目编码列项。

项目 8 门窗工程

2. 金属门（见表8-4）

表8-4 金属门

项目编码	项目名称	项目特征	计量单位	工程量计算规则	工作内容
010802001	金属（塑钢）门	1. 门代号及洞口尺寸 2. 门框或扇外围尺寸 3. 门框、扇材质 4. 玻璃品种、厚度	1. 樘 2. m²	1. 以樘计量，按设计图示数量计算 2. 以 m² 计量，按设计图示洞口尺寸以面积计算	1. 门安装 2. 五金安装 3. 玻璃安装
010802002	彩板门	1. 门代号及洞口尺寸 2. 门框或扇外围尺寸			
010802003	钢质防火门	1. 门代号及洞口尺寸 2. 门框或扇外围尺寸 3. 门框、扇材质			1. 门安装 2. 五金安装
010802004	防盗门				

注：1. 金属门应区分金属平开门、金属推拉门、金属地弹门、全玻门（带金属扇框）、金属半玻门（带扇框）等项目，分别编码列项。
  2. 铝合金门五金包括：地弹簧、门锁、拉手、门插、门铰、螺钉等。
  3. 金属门五金包括L形执手插锁（双舌）、执手锁（单舌）、门轨头、地锁、防盗门机、门眼（猫眼）、门碰珠、电子锁（磁卡锁）、闭门器、装饰拉手等。
  4. 以樘计量，项目特征必须描述洞口尺寸，没有洞口尺寸必须描述门框或扇外围尺寸；以 m² 计量，项目特征可不描述洞口尺寸及框、扇的外围尺寸。
  5. 以 m² 计量，无设计图示洞口尺寸，按门框、扇外围以面积计算。

3. 金属卷帘（闸）门（见表8-5）

表8-5 金属卷帘（闸）门

项目编码	项目名称	项目特征	计量单位	工程量计算规则	工作内容
010803001	金属卷帘（闸）门	1. 门代号及洞口尺寸 2. 门材质 3. 启动装置品种、规格	1. 樘 2. m²	1. 以樘计量，按设计图示数量计算 2. 以 m² 计量，按设计图示洞口尺寸以面积计算	1. 门运输、安装 2. 启动装置、活动小门、五金安装
010803002	防火卷帘（闸）门				

注：以樘计量，项目特征必须描述洞口尺寸；以 m² 计量，项目特征可不描述洞口尺寸。

4. 厂库房大门、特种门（见表8-6）

表8-6 厂库房大门、特种门

项目编码	项目名称	项目特征	计量单位	工程量计算规则	工作内容
010804001	木板大门	1. 门代号及洞口尺寸 2. 门框或扇外围尺寸 3. 门框、扇材质 4. 五金种类、规格 5. 防护材料种类	1. 樘 2. m²	1. 以樘计量，按设计图示数量计算 2. 以 m² 计量，按设计图示洞口尺寸以面积计算	1. 门（骨架）制作、运输 2. 门、五金配件安装 3. 刷防护材料
010804002	钢木大门				
010804003	全钢板大门				

209

(续)

项目编码	项目名称	项目特征	计量单位	工程量计算规则	工作内容
010804004	防护铁丝门	1. 门代号及洞口尺寸 2. 门框或扇外围尺寸 3. 门框、扇材质 4. 五金种类、规格 5. 防护材料种类	1. 樘 2. m²	1. 以樘计量，按设计图示数量计算 2. 以 m² 计量，按设计图示门框或扇以面积计算	1. 门（骨架）制作、运输 2. 门、五金配件安装 3. 刷防护材料
010804005	金属格栅门	1. 门代号及洞口尺寸 2. 门框或扇外围尺寸 3. 门框、扇材质 4. 启动装置的品种、规格		1. 以樘计量，按设计图示数量计算 2. 以 m² 计量，按设计图示洞口尺寸以面积计算	1. 门安装 2. 启动装置、五金配件安装
010804006	钢质花饰大门	1. 门代号及洞口尺寸 2. 门框或扇外围尺寸 3. 门框、扇材质		1. 以樘计量，按设计图示数量计算 2. 以 m² 计量，按设计图示门框或扇以面积计算	1. 门安装 2. 五金配件安装
010804007	特种门			1. 以樘计量，按设计图示数量计算 2. 以 m² 计量，按设计图示洞口尺寸以面积计算	

注：1. 特种门应区分冷藏门、冷冻间门、保温门、变电室门、隔音门、防射线门、人防门、金库门等项目，分别编码列项。
2. 以樘计量，项目特征必须描述洞口尺寸，没有洞口尺寸必须描述门框或扇外围尺寸；以 m² 计量，项目特征可不描述洞口尺寸及框、扇的外围尺寸。
3. 以 m² 计量，无设计图示洞口尺寸，按门框、扇外围以面积计算。

5. 其他门（见表 8-7）

表 8-7　其他门

项目编码	项目名称	项目特征	计量单位	工程量计算规则	工作内容
010805001	电子感应门	1. 门代号及洞口尺寸 2. 门框及扇外围尺寸 3. 门框、扇材质 4. 玻璃品种、厚度 5. 启动装置的品种、规格 6. 电子配件品种、规格	1. 樘 2. m²	1. 以樘计量，按设计图示数量计算 2. 以 m² 计量，按设计图示洞口尺寸以面积计算	1. 门安装 2. 启动装置、五金、电子配件安装
010805002	旋转门				
010805003	电子对讲门	1. 门代号及洞口尺寸 2. 门框或扇外围尺寸 3. 门材质 4. 玻璃品种、厚度 5. 启动装置的品种、规格 6. 电子配件的品种、规格			
010805004	电动伸缩门				

项目 8 门窗工程

（续）

项目编码	项目名称	项目特征	计量单位	工程量计算规则	工作内容
010805005	全玻自由门	1. 门代号及洞口尺寸 2. 门框或扇外围尺寸 3. 框材质 4. 玻璃品种、厚度	1. 樘 2. m²	1. 以樘计量，按设计图示数量计算 2. 以 m² 计量，按设计图示洞口尺寸以面积计算	1. 门安装 2. 五金安装
010805006	镜面不锈钢饰面门	1. 门代号及洞口尺寸 2. 门框或扇外围尺寸 3. 框、扇材质 4. 玻璃品种、厚度			
010805007	复合材料门				

注：1. 以樘计量，项目特征必须描述洞口尺寸，没有洞口尺寸必须描述门框或扇外围尺寸；以 m² 计量，项目特征可不描述洞口尺寸及框、扇的外围尺寸。
2. 以 m² 计量，无设计图示洞口尺寸，按门框、扇外围以面积计算。

6. 木窗（见表 8-8）

表 8-8 木窗

项目编码	项目名称	项目特征	计量单位	工程量计算规则	工作内容
010806001	木质窗	1. 窗代号及洞口尺寸 2. 玻璃品种、厚度	1. 樘 2. m²	1. 以樘计量，按设计图示数量计算 2. 以 m² 计量，按设计图示洞口尺寸以面积计算	1. 窗安装 2. 五金、玻璃安装
010806002	木飘（凸）窗			1. 以樘计量，按设计图示数量计算 2. 以 m² 计量，按设计图示尺寸以框外围展开面积计算	1. 窗制作、运输、安装 2. 五金、玻璃安装 3. 刷防护材料
010806003	木橱窗	1. 窗代号 2. 框截面及外围展开面积 3. 玻璃品种、厚度 4. 防护材料种类			
010806004	木纱窗	1. 窗代号及框的外围尺寸 2. 窗纱材料品种、规格	1. 樘 2. m²	1. 以樘计量，按设计图示数量计算 2. 以 m² 计量，按框的外围尺寸以面积计算	1. 窗安装 2. 五金安装

注：1. 木质窗应区分木百叶窗、木组合窗、木天窗、木固定窗、木装饰空花窗等项目，分别编码列项。
2. 以樘计量，项目特征必须描述洞口尺寸，没有洞口尺寸必须描述窗框外围尺寸；以 m² 计量，项目特征可不描述洞口尺寸及框的外围尺寸。
3. 以 m² 计量，无设计图示洞口尺寸，按窗框外围以面积计算。
4. 木橱窗、木飘（凸）窗以樘计量，项目特征必须描述框截面及外围展开面积。
5. 木窗五金包括：折页、插销、风钩、木螺钉、滑轮滑轨（推拉窗）等。

211

7. 金属窗（见表8-9）

表8-9 金属窗

项目编码	项目名称	项目特征	计量单位	工程量计算规则	工作内容
010807001	金属（塑钢、断桥）窗	1. 窗代号及洞口尺寸 2. 框、扇材质 3. 玻璃品种、厚度	1. 樘 2. m²	1. 以樘计量，按设计图示数量计算 2. 以m²计量，按设计图示洞口尺寸以面积计算	1. 窗安装 2. 五金、玻璃安装
010807002	金属防火窗				
010807003	金属百叶窗	1. 窗代号及洞口尺寸 2. 框、扇材质 3. 玻璃品种、厚度		1. 以樘计量，按设计图示数量计算 2. 以m²计量，按设计图示洞口尺寸以面积计算	
010807004	金属纱窗	1. 窗代号及框的外围尺寸 2. 框材质 3. 窗纱材料品种、规格		1. 以樘计量，按设计图示数量计算 2. 以m²计量，按框的外围尺寸以面积计算	1. 窗安装 2. 五金安装
010807005	金属格栅窗	1. 窗代号及洞口尺寸 2. 框外围尺寸 3. 框、扇材质		1. 以樘计量，按设计图示数量计算 2. 以m²计量，按设计图示洞口尺寸以面积计算	
010807006	金属（塑钢、断桥）橱窗	1. 窗代号 2. 框外围展开面积 3. 框、扇材质 4. 玻璃品种、厚度 5. 防护材料种类		1. 以樘计量，按设计图示数量计算 2. 以m²计量，按设计图示尺寸以框外围展开面积计算	1. 窗制作、运输、安装 2. 五金、玻璃安装 3. 刷防护材料
010807007	金属（塑钢、断桥）飘（凸）窗	1. 窗代号 2. 框外围展开面积 3. 框、扇材质 4. 玻璃品种、厚度			1. 窗安装 2. 五金、玻璃安装
010807008	彩板窗	1. 窗代号及洞口尺寸 2. 框外围尺寸 3. 框、扇材质 4. 玻璃品种、厚度		1. 以樘计量，按设计图示数量计算 2. 以m²计量，按设计图示洞口尺寸或框外围以面积计算	
010807009	复合材料窗				

注：1. 金属窗应区分金属组合窗、防盗窗等项目，分别编码列项。
  2. 以樘计量，项目特征必须描述洞口尺寸，没有洞口尺寸必须描述窗框外围尺寸；以m²计量，项目特征可不描述洞口尺寸及框的外围尺寸。
  3. 以m²计量，无设计图示洞口尺寸，按窗框外围以面积计算。
  4. 金属橱窗、飘（凸）窗以樘计量，项目特征必须描述框外围展开面积。
  5. 金属窗五金包括：折页、螺钉、执手、卡锁、铰拉、风撑、滑轮、滑轨、拉把、拉手、角码、牛角制等。

项目 8　门窗工程

8. 门窗套（见表 8-10）

表 8-10　门窗套

项目编码	项目名称	项目特征	计量单位	工程量计算规则	工作内容
010808001	木门窗套	1. 窗代号及洞口尺寸 2. 门窗套展开宽度 3. 基层材料种类 4. 面层材料品种、规格 5. 线条品种、规格 6. 防护材料种类	1. 樘 2. m² 3. m	1. 以樘计量，按设计图示数量计算 2. 以 m² 计量，按设计图示尺寸以展开面积计算 3. 以 m 计量，按设计图示中心以延长米计算	1. 清理基层 2. 立筋制作、安装 3. 基层板安装 4. 面层铺贴 5. 线条安装 6. 刷防护材料
010808002	木筒子板	1. 筒子板宽度 2. 基层材料种类 3. 面层材料品种、规格 4. 线条品种、规格 5. 防护材料种类			
010808003	饰面夹板筒子板				
010808004	金属门窗套	1. 窗代号及洞口尺寸 2. 门窗套展开宽度 3. 基层材料种类 4. 面层材料品种、规格 5. 防护材料种类			1. 清理基层 2. 立筋制作、安装 3. 基层板安装 4. 面层铺贴 5. 刷防护材料
010808005	石材门窗套	1. 窗代号及洞口尺寸 2. 门窗套展开宽度 3. 粘结层厚度、砂浆配合比 4. 面层材料品种、规格 5. 线条品种、规格			1. 清理基层 2. 立筋制作、安装 3. 基层抹灰 4. 面层铺贴 5. 线条安装
010808006	门窗木贴脸	1. 门窗代号及洞口尺寸 2. 贴脸板宽度 3. 防护材料种类	1. 樘 2. m	1. 以樘计量，按设计图示数量计算 2. 以 m 计量，按设计图示尺寸以延长米计算	安装
010808007	成品木门窗套	1. 门窗代号及洞口尺寸 2. 门窗套展开宽度 3. 门窗套材料品种、规格	1. 樘 2. m² 3. m	1. 以樘计量，按设计图示数量计算 2. 以 m² 计量，按设计图示尺寸以展开面积计算 3. 以 m 计量，按设计图示中心以延长米计算	1. 清理基层 2. 立筋制作、安装 3. 板安装

注：1. 以樘计量，项目特征必须描述洞口尺寸、门窗套展开宽度。
　　2. 以 m² 计量，项目特征可不描述洞口尺寸、门窗套展开宽度。
　　3. 以 m 计量，项目特征必须描述门窗套展开高度、筒子板及贴脸宽度。
　　4. 木门窗套适用于单独门窗套的制作、安装。

9. 窗台板（见表 8-11）

表 8-11　窗台板

项目编码	项目名称	项目特征	计量单位	工程量计算规则	工作内容
010809001	木窗台板	1. 基层材料种类 2. 窗台面板材质、规格、颜色 3. 防护材料种类	m²	按设计图示尺寸以展开面积计算	1. 基层清理 2. 基层制作、安装 3. 窗台板制作、安装 4. 刷防护材料
010809002	铝塑窗台板				
010809003	金属窗台板				
010809004	石材窗台板	1. 粘结层厚度、砂浆配合比 2. 窗台板材质、规格、颜色			1. 基层清理 2. 抹找平层 3. 窗台板制作、安装

10. 窗帘、窗帘盒、轨（见表 8-12）

表 8-12　窗帘、窗帘盒、轨

项目编码	项目名称	项目特征	计量单位	工程量计算规则	工作内容
010810001	窗帘	1. 窗帘材质 2. 窗帘高度、宽度 3. 窗帘层数 4. 带幔要求	1. m 2. m²	1. 以 m 计量，按设计图示尺寸以成活后长度计算 2. 以 m² 计量，按图示尺寸以成活后展开面积计算	1. 制作、运输 2. 安装
010810002	木窗帘盒	1. 窗帘盒材质、规格 2. 防护材料种类	m	按设计图示尺寸以长度计算	1. 制作、运输、安装 2. 刷防护材料
010810003	饰面夹板、塑料窗帘盒				
010810004	铝合金窗帘盒				
010810005	窗帘轨	1. 窗帘轨材质、规格 2. 轨的数量 3. 防护材料种类			

注：1. 窗帘若是双层，项目特征必须描述每层材质。
　　2. 窗帘以 m 计量，项目特征必须描述窗帘高度和宽度。

三、门窗工程国标工程量清单计价

门窗工程国标清单综合单价计算方法与前述分部工程一致。

【小　结】

本项目主要介绍了门窗工程的基本知识、《浙江省房屋建筑与装饰工程预算定额》(2018版)的门窗工程定额套用及计算规则，定额清单的编制及综合单价的计算，《建设工程工程量清单计价规范》(GB 50500—2013)门窗工程国标清单的编制与计价。重点是掌握门窗工程的定额及国标清单的编制与计价。

【思考与练习题】

有1扇成品木门（单扇），其尺寸为900mm×2100mm，安装执手锁（单开）和门吸。试编制该工程成品木门（单扇）的定额清单项目。

项目 9
屋面及防水工程

任务 1　屋面及防水工程基础知识

屋面是房屋最上部起覆盖作用的外围构件，用来抵抗风霜、雪雨、水雹的侵袭并减少日晒、寒冷等自然条件对室内的影响。屋面的首要功能是防水和排水，在寒冷地区要求具有保温功能，在炎热地区要求具有隔热功能。

一、屋面的构成

屋面由结构层、找平层、保温隔热层、防水层、面层等构成。

二、屋面的分类

1. 按坡度不同分

（1）平屋面　坡度较小，倾斜度一般为 2%~3%。
（2）坡屋面　坡度较大。

2. 按采用材料不同分

屋面按采用材料不同可分为刚性屋面（图 9-1）、卷材屋面（柔性屋面，如图 9-2 所示）、瓦屋面（图 9-3）、涂膜屋面、履土屋面和膜屋面。

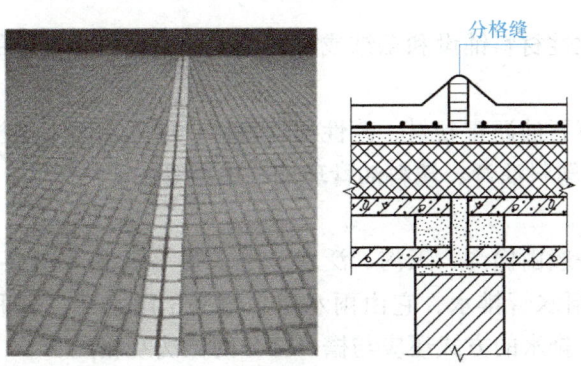

图 9-1　刚性屋面

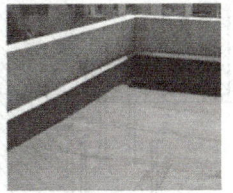

图 9-2　卷材屋面

三、平屋面

平屋面是指屋面坡度较小（倾斜度一般为 2%~3%）的屋面，适用于城市住宅、学校、

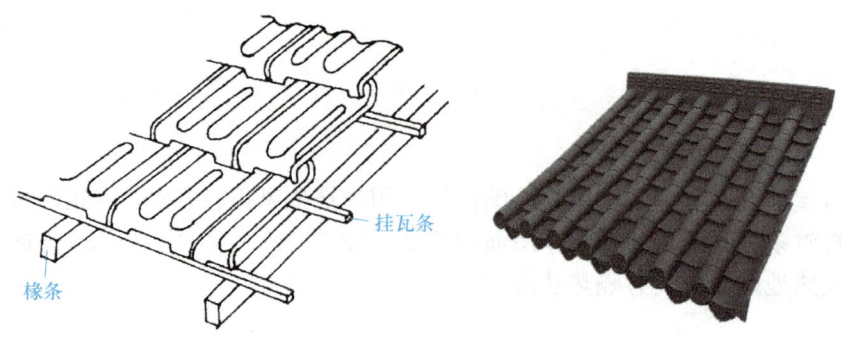

图 9-3 瓦屋面

办公楼和医院等类建筑。

（一）平屋面的防水层

根据所用防水材料不同，屋面可分为刚性防水屋面和柔性防水屋面。

1. 刚性防水屋面

以细石混凝土、防水砂浆等刚性材料作为防水层的屋面叫刚性防水屋面。为了防止屋面因受温度变化或房屋不均匀沉陷而引起开裂，在细石混凝土或防水砂浆面层中应设分格缝。

平屋面基础知识

2. 柔性防水屋面

以沥青、油毡等柔性材料铺设和粘结或将高分子合成材料为主体的材料作为防水层的屋面叫柔性防水屋面。

柔性防水层材料有石油沥青卷材、改性沥青卷材、三元乙丙丁基橡胶卷材、氯丁橡胶卷材、858 焦油聚氨脂、塑料油膏、塑料油膏玻璃纤维布等。

（二）平屋面的排水

屋面的排水系统一般由檐沟、天沟、泛水、雨水管等组成（图 9-4）。最常见的排水方式是铸铁（或 PVC）雨水管排水，它由雨水口、弯头、雨水斗（又称接水口）、铸铁（或 PVC）雨水管等组成。排水的方式还应与檐口部分的做法互相配合。

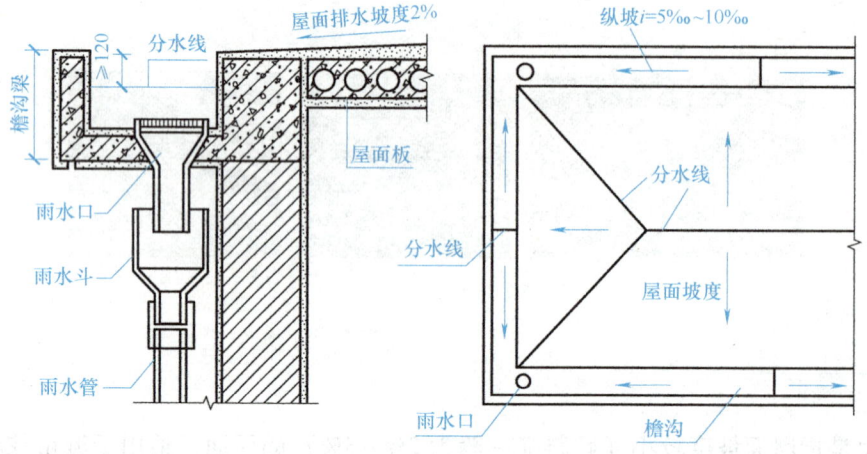

图 9-4 平屋面排水

1. 自由落水

屋面板伸出外墙做成平挑檐，屋面雨水经挑檐自由落下。挑檐的作用是防止屋面落水冲墙面，渗入墙内，檐口下面要做出滴水。这种排水方法适用于低层建筑物。

2. 檐沟外排水

屋面伸出墙外做成檐沟，屋面雨水先排入檐沟，再经雨水管排到地面，檐沟纵坡应不小 0.5%。雨水管常采用镀锌铁皮管、铸铁管、PVC 塑料管，间距一般在 15m 左右。

3. 女儿墙外排水

屋顶四周做女儿墙，在女儿墙根部每隔一定距离设排水口，雨水经排水口、雨水管排到地面。

4. 内排水

有些建筑屋面面积大，雨水流经屋面的距离过长，可在屋顶中央隔一定距离设排水口，与设置在房屋内部的排水管相连，把雨水排入地下水管引出屋外。

四、坡屋面

1. 坡屋面类型

坡屋面（图 9-5）常用木结构或钢筋混凝土结构或钢结构承重，用瓦防水。常用的有：黏土平瓦、小青瓦、彩色水泥瓦、石棉水泥瓦、玻璃钢瓦、多彩油毡瓦及卡普隆板。

2. 坡屋面的局部构造

檐口部分的重量通过檐檩、挑檐木传到墙上，檐口下边常做吊顶。檐口上边第一排瓦下端的瓦条要比其他瓦条加高，使瓦面与上边瓦尽量平行。瓦和油毡必须盖过封檐板 50mm，防止雨水流到檐口内部。

坡屋面分为两坡和四坡，两坡屋面在尽端山墙外有两种做法：一种叫悬山，一种叫硬山，一般坡屋面的雨水从檐口自由下落。也可以在封檐板下设镀锌铁皮天沟和雨水管，把雨水引至地面排出。

图 9-5　坡屋面

五、膜结构屋面

膜结构屋面（图 9-6），也称索膜结构屋面，是一种以膜布支撑（柱、网架等）和拉结结构（拉杆、钢丝绳等）组成的屋盖、篷顶结构。

图 9-6　膜结构屋面

六、变形缝

变形缝包括沉降缝和伸缩缝。

沉降缝，即将建筑物或构筑物从基础到顶部分隔成段的竖直缝。它通常设置在荷载或地基承载力差别较大的各部分之间，或在新旧建筑的连接处。

伸缩缝，又称温度缝，即在长度较大的建筑物或构筑物中，在基础以上设置直缝，把建筑物或构筑物分隔成段，借以适应温度变化而引起的伸缩，以避免产生裂缝。

变形缝的构造做法有嵌缝、盖缝和贴缝三种。

任务 2　屋面及防水工程定额清单编制与计价

一、定额使用说明

本项目包括屋面工程、防水工程及其他。

本项目按标准或常用材料编制，当设计与定额不同时，材料可以换算，人工、机械不变；屋面保温等项目执行"保温、隔热、防腐工程"相应项目，找平层等项目执行"楼地面工程"相应项目。

瓦规格的调整

（一）屋面工程

1）细石混凝土防水层定额，已综合考虑了滴水线、泛水和伸缩缝翻边等各种加高的工料，但伸缩缝应另列项目计算。使用钢筋网时，执行"混凝土及钢筋混凝土工程"相关项目。

2）细石混凝土防水层定额按非泵送商品混凝土编制；如使用泵送商品混凝土时，除材料换算外相应项目人工乘以系数 0.95。

3）水泥砂浆保护层定额已综合了预留伸缩缝的工料，掺防水剂时材料费另加。

4）本定额瓦规格按以下考虑：水泥瓦 420mm×330mm、水泥天沟瓦及脊瓦 420mm×220mm、小青瓦 180mm×(170~180) mm、黏土平瓦（380~400）mm×240mm、黏土脊瓦 460mm×200mm、西班牙瓦 310mm×310mm、西班牙脊瓦 285mm×180mm、西班牙 S 盾瓦 250mm×90mm、瓷质波形瓦 150mm×150mm、石棉水泥瓦及玻璃钢瓦 1800mm×720mm；如设计规格不同，瓦的数量按比例调整，其余不变。

【例 9-1】 彩色水泥瓦屋面，杉木条基层。设计采用 450×380mm 的瓦，单价为 2500 元/千张，试计算定额人工费、材料费和机械费。

【解答】

定额编号：9-10H

计量单位：100m²

换算比例为 (420×330)/(450×380)=0.81

换算后的定额含量为 0.81×1.113 千张/100m²=0.902 千张/100m²

换算后的人工费=799.20 元

换算后的材料费=(2045.72+0.902×2500-1.113×1810) 元=2286.19 元

换算后的机械费=0 元

5）瓦的搭接按常规尺寸编制，除小青瓦按 2/3 长度搭接，搭接不同可调整瓦的数量外，其余瓦的搭接尺寸均按常规工艺要求综合考虑。

6）瓦屋面定额未包括木基层，木基层项目执行"木结构工程"相应项目。

7）黏土平瓦若穿铁丝钉圆钉，每 100m² 增加 11 工日，增加镀锌低碳钢丝（22 号）3.5kg，圆钉 2.5kg。

8）采光板屋面如设计为滑动式采光顶，可以按设计增加 U 形滑动盖帽等部件，调整材料，人工乘以系数 1.05。

9）膜结构屋面的钢支柱、锚固支座混凝土基础等执行相关项目。膜结构屋面中膜材料可以调整含量。

10）瓦屋面以坡度≤25%为准，25%<坡度≤45%的，相应项目的人工乘以系数 1.3；坡度>45%的，人工乘以系数 1.43。

（二）防水工程及其他

1．防水

1）平（屋）面以坡度≤15%为准，15%<坡度≤25%的，相应项目的人工乘以系数 1.18；25%<坡度≤45%的，人工乘以系数 1.3；坡度>45%的，人工乘以系数 1.43。

2）防水卷材、防水涂料及防水砂浆，定额以平面和立面列项，实际施工桩头、地沟时，相应项目的人工乘以系数 1.43。

3）胶粘法以满铺为依据编制，点、条铺粘者按其相应项目的人工乘以系数 0.91，黏合剂乘以系数 0.7。

4）防水卷材的接缝、收头（含收头处油膏）、冷底子油、胶黏剂等工料已计入定额内，不另行计算。设计有金属压条时，材料费另计。

5）卷材部分"每增一层"特指双层卷材叠合，中间无其他构造层。

6）卷材厚度大于 4mm 时，相应项目的人工乘以系数 1.1。

7）要求对混凝土基面进行抛丸处理的，套用基面抛丸处理定额，对应的卷材或涂料防水层扣除清理基层人工 0.912 工日/100m²。

2. 变形缝与止水带

变形缝断面或展开尺寸与定额不同时，材料用量按比例换算。

二、屋面及防水工程定额清单编制

（一）屋面工程

1）各种屋面和型材屋面（包括挑檐部分）均按设计图示尺寸以面积计算（斜屋面按斜面面积计算），不扣除房上烟囱、风帽底座、风道、小气窗、斜沟和脊瓦等所占面积，小气窗的出檐部分也不增加。瓦屋面挑出基层的尺寸，按设计规定计算，如设计无规定时，水泥瓦、黏土平瓦、西班牙瓦、瓷质波形瓦按水平尺寸加 70mm，小青瓦按水平尺寸加 50mm 计算。

2）西班牙瓦、瓷质波形瓦、水泥瓦屋面的正斜脊瓦、檐口线，按设计图示尺寸以长度计算。

3）采光板屋面和玻璃采光顶屋面按设计图示尺寸以面积计算，不扣除单个 0.3m² 以内的孔洞所占面积。

4）膜结构屋面按设计图示尺寸以需要覆盖的水平投影面积计算。

5）种植屋面按设计尺寸以铺设范围计算；不扣除房上烟囱、风帽底座、风道、屋面小气窗等所占面积，以及单个 0.3m² 以内的孔洞所占面积，屋面小气窗的出檐部分也不增加。

（二）防水及其他

1. 防水

1）屋面防水，按设计图示尺寸以面积计算（斜屋面按斜面面积计算），天沟、挑檐按展开面积计算并入相应防水工程量，不扣除房上烟囱、风帽底座、风道、屋面小气窗和斜沟等所占面积，上翻部分也不另计算；屋面的女儿墙、伸缩缝和天窗等处的弯起部分，按设计图示尺寸计算；设计无规定时，伸缩缝、女儿墙、天窗的弯起部分按 500mm 计算，计入屋面工程量内。

2）楼地面防水、防潮层按设计图示尺寸以主墙间净空面积计算，扣除凸出地面的构筑物、设备基础等所占面积，不扣除间壁墙及单个 0.3m² 以内的柱、垛、烟囱和孔洞所占面积。平面与立面交接处，上翻高度小于 300mm 时，按展开面积并入平面工程量内计算；高度大于 300mm 时，上翻高度全部按立面防水层计算。

3）墙基防水、防潮层，按设计图示尺寸以面积计算。

4）墙的立面防水、防潮层，不论内墙、外墙，均按设计图示尺寸以面积计算。

5）基础底板的防水、防潮层按设计图示尺寸以面积计算，不扣除桩头所占面积。桩头处外包防水按桩头投影面积每侧外扩 300mm 以面积计算，地沟处防水按展开面积计算，均计入平面工程量，执行相应规定。

6）屋面、楼地面及墙面、基础底板等，其防水搭接、拼缝、压边、留槎用量已综合考虑，不另行计算，卷材防水附加层、加强层按设计铺贴尺寸以面积计算。

2. 屋面排水

金属板排水、泛水按延长米乘以展开宽度计算，其他泛水按延长米计算。

3. 变形缝与止水带（条）

变形缝（嵌填缝与盖板）与止水带（条）按设计图示尺寸，以长度计算。

【例 9-2】 某工程屋面平面及断面图如图 9-7 所示,试计算该屋面的定额清单工程量,并编制定额清单。

屋面具体做法如下:三元乙丙防水卷材;20mm 厚 DS M20.0 干混砂浆找平层;干铺珍珠岩保温层,最薄处 30mm 厚;钢筋混凝土屋面板。

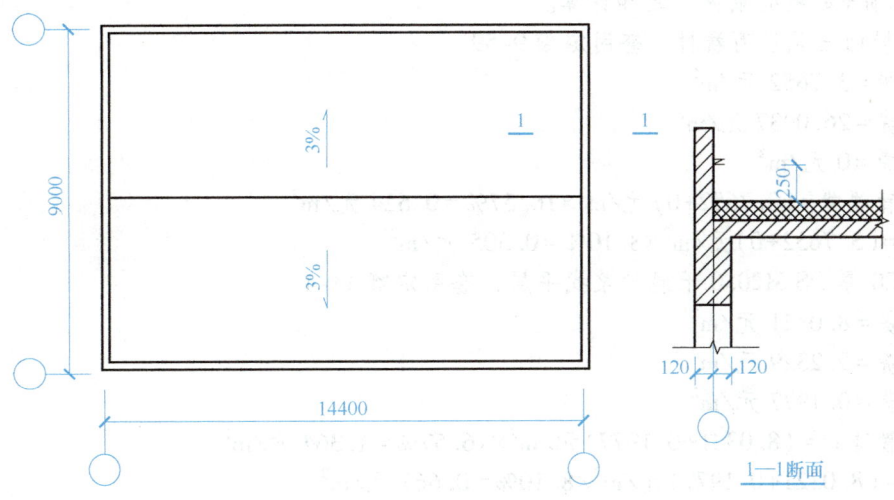

图 9-7 某工程屋面平面及断面图

【解答】

(1) 三元乙丙防水卷材,套用定额 9-59。

$S=[14.4×9+(14.4+9)×2×0.25]m^2=141.30m^2$

(2) 20mm 厚 DS M20.0 干混砂浆找平层,套用定额 11-2。

$S=(14.4×9)m^2=129.6m^2$

(3) 干铺珍珠岩保温层,最薄处 30mm 厚,套用定额 10-43。

$δ=(0.03+4.5×3\%×1/2)m=0.0975m$

$V=(14.4×9×0.0975)m^3=12.64m^3$

(4) 该屋面工程定额工程量清单见表 9-1。

表 9-1 分部分项工程量清单(定额清单)

序号	定额编号	项目名称	项目特征	计量单位	工程量
1	9-59	防水卷材	三元乙丙防水卷材	m²	141.30
2	11-2	屋面找平层	20mm 厚 DS M20.0 干混砂浆找平层	m²	129.60
3	10-43	屋面保温隔热	干铺珍珠岩	m³	12.64

三、屋面及防水工程定额清单计价

【例 9-3】 根据例 9-2 提供的工程条件和清单及拟订的施工方案,按照《浙江省房屋建筑与装饰工程预算定额》(2018 版) 计算定额清单项目的综合单价与合价 (本题假设为编制招标控制价,属于房屋建筑工程,采用一般计税法,假定价格与预算定额取定一致)。

【解答】

根据《浙江省房屋建筑与装饰工程预算定额》(2018版)计算人、材、机费用,《浙江省建设工程计价规则》(2018版)规定:招标控制价的企业管理费和利润应以定额项目中的"定额人工费+定额机械费"之和计算。

(1) 屋面三元乙丙卷材,套用定额9-59

人工费 = 3.7652 元/m²

材料费 = 26.0937 元/m²

机械费 = 0 元/m²

企业管理费 = (3.7652+0) 元/m²×16.57% = 0.624 元/m²

利润 = (3.7652+0) 元/m²×8.10% = 0.305 元/m²

(2) 20 厚 DS M20.0 干混砂浆找平层,套用定额 11-1

人工费 = 8.0321 元/m²

材料费 = 9.2329 元/m²

机械费 = 0.1977 元/m²

企业管理费 = (8.0321+0.1977) 元/m²×16.57% = 1.364 元/m²

利润 = (8.0321+0.1977) 元/m²×8.10% = 0.667 元/m²

(3) 干铺珍珠岩,套用定额 10-43

人工费 = 28.202 元/m²

材料费 = 193.44 元/m²

机械费 = 0 元/m²

企业管理费 = (28.202+0) 元/m²×16.57% = 4.673 元/m²

利润 = (28.202+0) 元/m²×8.10% = 2.284 元/m²

综合单价计算表见表 9-2。

表 9-2 综合单价计算表(定额清单)

序号	定额编号	项目名称	计量单位	数量	综合单价/元						合计/元
					人工费	材料费	机械费	管理费	利润	小计	
1	9-59	三元乙丙防水卷材	m²	141.3	3.765	26.094	0	0.624	0.305	30.788	4350
2	11-1	20mm 厚 DS M20.0 干混砂浆找平层	m²	129.6	8.032	9.233	0.198	1.364	0.667	19.494	2526
3	10-43	屋面干铺珍珠岩	m³	12.64	28.202	193.440	0	4.673	2.284	228.599	2889

任务3 屋面及防水工程国标清单编制与计价

一、国标工程量清单编制

《房屋建筑与装饰工程工程量计算规范》(GB 50854—2013)(简称《计量规范》)附录J

项目9 屋面及防水工程

屋面及防水工程包括：瓦、型材及其他屋面，屋面防水及其他，墙面防水、防潮，楼（地）面防水、防潮，共4个小节21个项目。

1. 瓦、型材及其他屋面

（1）清单项目设置　瓦、型材及其他屋面包括：瓦屋面、型材屋面、阳光板屋面、玻璃钢屋面、膜结构屋面5个项目，清单项目编码为010901001×××~010901005×××。

（2）清单项目工作内容

1）瓦屋面包括砂浆制作、运输、摊铺、养护，安瓦、做瓦脊。

2）型材屋面包括檩条制作、运输、安装，屋面型材安装，接缝、嵌缝。

3）阳光板屋面包括骨架制作、运输、安装、刷防护材料、油漆，阳光板安装，接缝、嵌缝。

4）玻璃钢屋面包括骨架制作、运输、安装、刷防护材料、油漆，玻璃钢制作、安装，接缝、嵌缝。

5）膜结构屋面包括膜布热压胶接，支柱（网架）制作、安装，膜布安装，穿钢丝绳、锚头锚固，锚固基座挖土、回填，刷防护材料、油漆。

（3）清单项目特征描述

1）瓦屋面包括瓦品种、规格，粘结层砂浆的配合比。

2）型材屋面包括型材品种、规格，金属檩条材料品种、规格，接缝、嵌缝材料种类。

3）阳光板屋面包括阳光板品种、规格，骨架材料品种、规格，接缝、嵌缝材料种类，油漆品种、刷漆遍数。

4）玻璃钢屋面包括玻璃钢品种、规格，骨架材料品种、规格，玻璃钢固定方式，接缝、嵌缝材料种类，油漆品种、刷漆遍数。

5）膜结构屋面包括膜布品种、规格，支柱（网架）钢材品种、规格，钢丝绳品种、规格，锚固基座做法，油漆品种、刷漆遍数。

（4）清单项目工程量计算

1）瓦屋面、型材屋面按设计图示尺寸以斜面积计算。不扣除房上烟囱、风帽底座、风道、小气窗、斜沟等所占面积。小气窗的出檐部分不增加面积。

2）阳光板屋面、玻璃钢屋面按设计图示尺寸以斜面积计算。不扣除屋面面积≤0.3m² 的孔洞所占面积。

3）膜结构屋面按设计图示尺寸以需要覆盖的水平投影面积计算。

2. 屋面防水及其他

（1）清单项目设置　屋面防水及其他包括屋面卷材防水，屋面涂膜防水，屋面刚性层，屋面排水管，屋面排（透）气管，屋面（廊、阳台）泄（吐）水管，屋面天沟、檐沟，屋面变形缝8个项目，清单项目编码为010902001×××~010902008×××。

（2）清单项目工作内容

1）屋面卷材防水包括基层处理，刷底油，铺油毡卷材，接缝。

2）屋面涂膜防水包括基层处理，刷基层处理剂，铺布，喷涂防水层。

3）屋面刚性层包括基层处理，混凝土制作、运输、铺筑、养护，钢筋制安。

4）屋面排水管包括排水管及配件安装、固定，雨水斗、山墙出水口、雨水箅子安装，接缝、嵌缝，刷漆。

5）屋面排（透）气管包括排（透）气管及配件安装、固定，铁件制作、安装，接缝、嵌缝，刷漆。

6）屋面（廊、阳台）泄（吐）水管包括水管及配件安装、固定，接缝、嵌缝，刷漆。

7）屋面天沟、檐沟包括天沟材料铺设，天沟配件安装，接缝、嵌缝，刷防护材料。

8）屋面变形缝包括清缝，填塞防水材料，止水带安装，盖缝制作、安装，刷防护材料。

(3) 清单项目特征描述

1）屋面卷材防水包括卷材品种、规格、厚度，防水层数，防水层做法。

2）屋面涂膜防水包括防水膜品种，涂膜厚度、遍数，增强材料种类。

3）屋面刚性层包括刚性层厚度，混凝土种类，混凝土强度等级，嵌缝材料种类，钢筋规格、型号。

4）屋面排水管包括排水管品种、规格，雨水斗、山墙出水口品种、规格，接缝、嵌缝材料种类，油漆品种、刷漆遍数。

5）屋面排（透）气管包括排（透）气管品种、规格，接缝、嵌缝材料种类，油漆品种、刷漆遍数。

6）屋面（廊、阳台）泄（吐）水管包括吐水管品种、规格，接缝、嵌缝材料种类，吐水管长度，油漆品种、刷漆遍数。

7）屋面天沟、檐沟包括材料品种、规格，接缝、嵌缝材料种类。

8）屋面变形缝包括嵌缝材料种类，止水带材料种类，盖缝材料，防护材料种类。

(4) 清单项目工程量计算

1）屋面卷材防水、屋面涂膜防水按设计图示尺寸以面积计算：斜屋顶（不包括平屋顶找坡）按斜面积计算，平屋顶按水平投影面积计算；不扣除房上烟囱、风帽底座、风道、屋面小气窗和斜沟所占面积；屋面的女儿墙、伸缩缝和天窗等处的弯起部分并入屋面工程量内。

2）屋面刚性层按设计图示尺寸以面积计算。不扣除房上烟囱、风帽底座、风道等所占面积。

3）屋面排水管按设计图示尺寸以长度计算。如设计未标注尺寸，以檐口至设计室外散水上表面垂直距离计算。

4）屋面排（透）气管按设计图示尺寸以长度计算。

5）屋面（廊、阳台）泄（吐）水管按设计图示数量计算，计量单位为根或个。

6）屋面天沟、檐沟按设计图示尺寸以展开面积计算。

7）屋面变形缝按设计图示尺寸以长度计算。

以上屋面防水搭接及附加层用量不另行计算，在综合单价中考虑，工程量清单项目特征描述附加层具体做法、相关尺寸。

【例9-4】 如图9-7所示的工程屋面平面及剖面图，做法如下：三元乙丙防水卷材；20mm 厚1：3 水泥砂浆找平层；干铺珍珠岩保温层，最薄处30mm 厚；钢筋混凝土屋面板。试编制该屋面工程的国标工程量清单。

【解答】

(1) 项目名称：屋面卷材防水　　项目编码：010902001001

清单工程量计算：$S=[14.4×9+(14.4+9)×2×0.25]m^2=141.30m^2$

(2) 项目名称：保温隔热屋面　　项目编码：011001001001

清单工程量计算：$S=(14.4×9)m^2=129.6m^2$

$δ=(0.03+4.5×3\%×1/2)m=0.0975m$

(3) 根据工程量清单格式，编制该项目清单，见表9-3。

表 9-3　分部分项工程量清单

序号	项目编码	项目名称	项目特征	计量单位	工程数量
1	010902001001	屋面卷材防水	三元乙丙防水卷材，20mm 厚 1∶3 水泥砂浆找平层	m^3	141.30
2	011001001001	保温隔热屋面	干铺珍珠岩保温层，最薄处 30mm 厚，平均厚度 9.75cm	m^3	129.6

3. 墙面防水、防潮

(1) 清单项目设置　墙面防水、防潮包括：墙面卷材防水、墙面涂膜防水、墙面砂浆防水（防潮）、墙面变形缝 4 个项目，清单项目编码为 010903001×××～010903004×××。

(2) 清单项目工作内容

1) 墙面卷材防水包括基层处理，刷粘结剂，铺防水卷材，接缝、嵌缝。

2) 墙面涂膜防水包括基层处理，刷基层处理剂，铺布、喷涂防水层。

3) 墙面砂浆防水（防潮）包括基层处理，挂钢丝网片，设置分格缝，砂浆制作、运输、摊铺、养护。

4) 墙面变形缝包括清缝，填塞防水材料，止水带安装，盖缝制作、安装，刷防护材料。

(3) 清单项目特征描述

1) 墙面卷材防水包括卷材品种、规格、厚度，防水层数。

2) 墙面涂膜防水包括防水膜品种，涂膜厚度、遍数，增强材料种类。

3) 墙面砂浆防水（防潮）包括防水层做法、砂浆厚度、配合比，钢丝网规格。

4) 墙面变形缝包括嵌缝材料种类、止水带材料种类、盖缝材料、防护材料种类。

(4) 清单项目工程量计算

1) 墙面卷材防水、墙面涂膜防水、墙面砂浆防水（防潮）按设计图示尺寸以面积计算。墙面防水搭接及附加层用量不另行计算，在综合单价中考虑。

2) 墙面变形缝按设计图示以长度计算。墙面变形缝若做双面，工程量乘以系数2。

4. 楼（地）面防水、防潮

(1) 清单项目设置　楼（地）面防水、防潮包括楼（地）面卷材防水、楼（地）面涂膜防水、楼（地）面砂浆防水（防潮）、楼（地）面变形缝 4 个项目，清单项目编码为 010904001×××～010904004×××。

(2) 清单项目工作内容

1) 楼（地）面卷材防水包括基层处理，刷粘结剂，铺防水卷材，接缝、嵌缝。

2) 楼（地）面涂膜防水包括基层处理，刷基层处理剂，铺布、喷涂防水层。

3) 楼（地）面砂浆防水（防潮）包括基层处理，砂浆制作、运输、摊铺、养护。

4) 楼（地）面变形缝包括清缝，填塞防水材料，止水带安装，盖缝制作、安装，刷防护材料。

(3) 清单项目特征描述

1) 楼（地）面卷材防水包括卷材品种、规格、厚度，防水层数，防水层做法，反边高度。

2) 楼（地）面涂膜防水包括防水膜品种，涂膜厚度、遍数，增强材料种类，反边高度。

3) 楼（地）面砂浆防水（防潮）包括防水层做法，砂浆厚度、配合比，反边高度。

4) 楼（地）面变形缝包括嵌缝材料种类，止水带材料种类，盖缝材料，防护材料种类。

(4) 清单项目工程量计算

1) 楼（地）面卷材防水、楼（地）面涂膜防水、楼（地）面砂浆防水（防潮）按设计图示尺寸以面积计算。其中，楼（地）面防水按主墙间净空面积计算，扣除凸出地面的构筑物、设备基础等所占面积，不扣除间壁墙及单个 $0.3m^2$ 以内的柱、垛、烟囱和孔洞所占面积；楼（地）面防水翻边高度≤300mm 算作地面防水，反边高度>300mm 按墙面防水计算。楼（地）面防水搭接及附加层用量不另行计算，在综合单价中考虑。

2) 楼（地）面变形缝按设计图示以长度计算。

5. 清单编制时应注意的问题

1) 瓦屋面，若是在木基层上铺瓦，项目特征不必描述粘结层砂浆的配合比，木基层按《计量规范》G.3 屋面木基层中相关项目编码列项，瓦屋面铺防水层，按《计量规范》J.2 屋面防水及其他中相关项目编码列项。

2) 型材屋面、阳光板屋面、玻璃钢屋面的柱、梁、屋架，按《计量规范》附录 F 金属结构工程、附录 G 木结构工程中相关项目编码列项。

3) 屋面刚性层上铺贴防水层，按屋面卷材防水、屋面涂膜防水项目编码列项；屋面刚性层无钢筋，其钢筋项目特征不必描述。

4) 屋面保温层按《计量规范》附录 K 保温、隔热、防腐工程"保温隔热屋面"项目编码列项。

5) 屋面找平层按《计量规范》附录 L 楼地面装饰工程"平面砂浆找平层"项目编码列项。

6) 防水卷材搭接及附加层用量不另行计算，在综合单价中考虑。

7) 墙面找平层按《计量规范》附录 M 墙、柱面装饰与隔断、幕墙工程"立面砂浆找平层"项目编码列项。

8) 楼（地）面防水找平层按《计量规范》附录 L 楼地面装饰工程"平面砂浆找平层"项目编码列项。

项目 9 屋面及防水工程

二、屋面及防水工程工程量清单项目及计算规则

1. 瓦、型材及其他屋面（见表 9-4）

表 9-4 瓦、型材及其他屋面

项目编码	项目名称	项目特征	计量单位	工程量计算规则	工作内容
010901001	瓦屋面	1. 瓦品种、规格 2. 粘结层砂浆的配合比	m^2	按设计图示尺寸以斜面积计算 不扣除房上烟囱、风帽底座、风道、小气窗、斜沟等所占面积。小气窗的出檐部分不增加面积	1. 砂浆制作、运输、摊铺、养护 2. 安瓦、做瓦脊
010901002	型材屋面	1. 型材品种、规格 2. 金属檩条材料品种、规格 3. 接缝、嵌缝材料品种			1. 檩条制作、运输、安装 2. 屋面型材安装 3. 接缝、嵌缝
010901003	阳光板屋面	1. 阳光板品种、规格 2. 骨架材料品种、规格 3. 接缝、嵌缝材料种类 4. 油漆品种、刷漆遍数		按设计图示尺寸以斜面积计算 不扣除屋面面积≤0.3m^2孔洞所占面积	1. 骨架制作、运输、安装、刷防护材料、油漆 2. 阳光板安装 3. 接缝、嵌缝
010901004	玻璃钢屋面	1. 玻璃钢品种、规格 2. 骨架材料品种、规格 3. 玻璃钢固定方式 4. 接缝、嵌缝材料种类 5. 油漆品种、刷漆遍数			1. 骨架制作、运输、安装、刷防护材料、油漆 2. 玻璃钢制作、安装 3. 接缝、嵌缝
010901005	膜结构屋面	1. 膜布品种、规格 2. 支柱（网架）钢材品种、规格 3. 钢丝绳品种、规格 4. 锚固基座做法 5. 油漆品种、刷漆遍数		按设计图示尺寸以需要覆盖的水平投影面积计算	1. 膜布热压胶接 2. 支柱（网架）制作、安装 3. 膜布安装 4. 穿钢丝绳、锚头锚固 5. 锚固基座、挖土、回调 6. 刷防护材料、油漆

注：1. 瓦屋面若是在木基层上铺瓦，项目特征不必描述粘结层砂浆的配合比，瓦屋面铺设防水层，按《计量规范》附录表 J.2 屋面防水及其他中相关项目编码列项。
2. 型材屋面、阳光板屋面、玻璃钢屋面的柱、梁、屋架，按《计量规范》附录 F 金属结构工程、附录 G 木结构工程中相关项目编码列项。

2. 屋面防水及其他（见表 9-5）

表 9-5 屋面防水及其他

项目编码	项目名称	项目特征	计量单位	工程量计算规则	工作内容
010902001	屋面卷材防水	1. 卷材品种、规格、厚度 2. 防水层数 3. 防水层做法	m^2	按设计图示尺寸以面积计算 1. 斜屋顶（不包括平屋顶找坡）按斜面积计算，平屋顶按水平投影面积计算 2. 不扣除房上烟囱、风帽底座、风道、屋面小气窗和斜沟所占面积 3. 屋面的女儿墙、伸缩缝和天窗等处的弯起部分，并入屋面工程量内	1. 基层处理 2. 刷底油 3. 铺油毡卷材、接缝
010902002	屋面涂膜防水	1. 防水膜品种 2. 涂膜厚度、遍数 3. 增强材料种类			1. 基层处理 2. 刷基层处理剂 3. 铺布、喷涂防水层

229

(续)

项目编码	项目名称	项目特征	计量单位	工程量计算规则	工作内容
010902003	屋面刚性层	1. 刚性层厚度 2. 混凝土种类 3. 混凝土强度等级 4. 嵌缝材料种类 5. 钢筋规格、型号	m^2	按设计图示尺寸以面积计算。不扣除房上烟囱、风帽底座、风道等所占面积	1. 基层处理 2. 混凝土制作、运输、铺筑、养护 3. 钢筋制安
010902004	屋面排水管	1. 排水管品种、规格 2. 雨水斗、山墙出水口品种、规格 3. 接缝、嵌缝材料种类 4. 油漆品种、刷漆遍数	m	按设计图示尺寸以长度计算。如未标注尺寸,以檐口至设计室外散水上表面垂直距离计算	1. 排水管及配件安装、固定 2. 雨水斗、山墙出水口、雨水篦子安装 3. 接缝、嵌缝 4. 刷漆
010902005	屋面排(透)气管	1. 排(透)气管品种、规格 2. 接缝、嵌缝材料种类 3. 油漆品种、刷漆遍数	m	按设计图示尺寸以长度计算	1. 排(透)气管及配件安装、固定 2. 铁件制作、安装 3. 接缝、嵌缝 4. 刷漆
010902006	屋面(廊、阳台)泄(吐)水管	1. 吐水管品种、规格 2. 接缝、嵌缝材料种类 3. 吐水管长度 4. 油漆品种、刷漆遍数	根(个)	按设计图示数量计算	1. 水管及配件安装、固定 2. 接缝、嵌缝 3. 刷漆
010902007	屋面天沟、檐沟	1. 材料品种、规格 2. 接缝、嵌缝材料种类	m^2	按设计图示尺寸以展开面积计算	1. 天沟材料铺设 2. 天沟配件安装 3. 接缝、嵌缝 4. 刷防护材料
010902008	屋面变形缝	1. 嵌缝材料种类 2. 止水带材料种类 3. 盖缝材料 4. 防护材料种类	m	按设计图示以长度计算	1. 清缝 2. 填塞防水材料 3. 止水带安装 4. 盖缝制作、安装 5. 刷防护材料

注:1. 屋面刚性层无钢筋,其钢筋项目特征不必描述。
2. 屋面找平层按《计量规范》附录L楼地面装饰工程"平面砂浆找平层"项目编码列项。
3. 屋面防水搭接及附加层用量不另行计算,在综合单价中考虑。
4. 屋面保温找坡层按《计量规范》附录K保温、隔热、防腐工程"保温隔热屋面"项目编码列项。

3. 墙面防水、防潮(见表9-6)

表9-6 墙面防水、防潮

项目编码	项目名称	项目特征	计量单位	工程量计算规则	工作内容
010903001	墙面卷材防水	1. 卷材品种、规格、厚度 2. 防水层数 3. 防水层做法	m^2	按设计图示尺寸以面积计算	1. 基层处理 2. 刷粘结剂 3. 铺防水卷材 4. 接缝、嵌缝

项目 9　屋面及防水工程

（续）

项目编码	项目名称	项目特征	计量单位	工程量计算规则	工作内容
010903002	墙面涂膜防水	1. 防水膜品种 2. 涂膜厚度、遍数 3. 增强材料种类	m²	按设计图示尺寸以面积计算	1. 基层处理 2. 刷基层处理剂 3. 铺布、喷涂防水层
010903003	墙面砂浆防水（防潮）	1. 防水层做法 2. 砂浆厚度、配合比 3. 钢丝网规格			1. 基层处理 2. 挂钢丝网片 3. 设置分格缝 4. 砂浆制作、运输、摊铺、养护
010903004	墙面变形缝	1. 嵌缝材料种类 2. 止水带材料种类 3. 盖缝材料 4. 防护材料种类	m	按设计图示以长度计算	1. 清缝 2. 填塞防水材料 3. 止水带安装 4. 盖缝制作、安装 5. 刷防护材料

注：1. 墙面防水搭接及附加层用量不另行计算，在综合单价中考虑。
　　2. 墙面变形缝，若做双面，工程量乘系数 2。
　　3. 墙面找平层按《计量规范》附录 M 墙、柱面装饰与隔断、幕墙工程"立面砂浆找平层"项目编码列项。

4. 楼（地）面防水、防潮（见表 9-7）

表 9-7　楼（地）面防水、防潮

项目编码	项目名称	项目特征	计量单位	工程量计算规则	工作内容
010904001	楼（地）面卷材防水	1. 卷材品种、规格、厚度 2. 防水层数 3. 防水层做法 4. 反边高度	m²	按设计图示尺寸以面积计算 1. 楼（地）面防水：按主墙间净空面积计算，扣除凸出地面的构筑物、设备基础等所占面积，不扣除间壁墙及单个面积≤0.3m²柱、垛、烟囱和孔洞所占面积 2. 楼（地）面防水反边高度≤300mm 算作地面防水，反边高度＞300mm 按墙面防水计算	1. 基层处理 2. 刷粘结剂 3. 铺防水卷材 4. 接缝、嵌缝
010904002	楼（地）面涂膜防水	1. 防水膜品种 2. 涂膜厚度、遍数 3. 增强材料种类 4. 反边高度			1. 基层处理 2. 刷基层处理剂 3. 铺布、喷涂防水层
010904003	楼（地）面砂浆防水（防潮）	1. 防水层做法 2. 砂浆厚度、配合比 3. 反边高度			1. 基层处理 2. 砂浆制作、运输、摊铺、养护
010904004	楼（地）面变形缝	1. 嵌缝材料品种 2. 止水带材料种类 3. 盖缝材料 4. 防护材料种类	m	按设计图示以长度计算	1. 清缝 2. 填塞防水材料 3. 止水带安装 4. 盖缝制作、安装 5. 刷防护材料

注：1. 楼（地）面防水找平层按《计量规范》附录 L 楼地面装饰工程"平面砂浆找平层"项目编码列项。
　　2. 楼（地）面防水搭接及附加层用量不另行计算，在综合单价中考虑。

三、国标工程量清单计价

屋面及防水工程清单项目计价时，应结合清单项目特征的描述及工程内容，选定相应的计价定额，按照计价定额的使用规定，进行组合计价。

（一）瓦、型材屋面

1. 清单计价组合内容

可组合的主要内容可参照《浙江省建设工程工程量清单计价指引》第一篇"建筑工程"A.7.1 瓦、型材屋面，并结合《浙江省房屋建筑与装饰工程预算定额》(2018 版)。

2. 工程量计算方法

1）瓦屋面按屋面水平投影面积（有气楼时应加气楼挑檐重叠部分面积）乘以屋面相应坡度系数；不扣除瓦屋面中排烟道、通风孔、屋脊、斜沟、屋面检查洞及 0.3m² 以内孔洞所占面积；屋面挑出墙外的尺寸，按设计规定计算，如设计无规定时，彩色水泥瓦、黏土平瓦按水平尺寸加 70mm 计算，小青瓦按水平尺寸加 50mm 计算。多彩油毡瓦工程量计算同屋面防水定额。

2）屋面金属板排水、泛水按延长米乘以展开宽度计算。其他泛水按延长米计算。

（二）屋面防水及其他

1. 清单计价组合内容

可组合的主要内容可参照《浙江省建设工程工程量清单计价指引》第一篇"建筑工程"A.7.2 屋面防水，并结合《浙江省房屋建筑与装饰工程预算定额》(2018 版)。

2. 工程量计算方法

1）屋面防水卷材、屋面涂膜防水按实铺面积计算，不扣除房上烟囱、风（烟）道、风帽底座、屋面小气窗和斜沟等所占面积。

2）伸缩缝、女儿墙和天窗处的弯起部分，按图示尺寸计算，如设计无规定时伸缩缝、女儿墙的弯起部分按 250mm 计算，天窗的弯起部分按 500mm 计算，并入屋面防水工程量。

3）天沟、挑檐按展开面积计算并入屋面防水工程量。

4）涂膜屋面的油胶嵌缝、塑料油膏玻璃布盖缝按延长米计算。

5）刚性屋面按设计图示面积计算，细石混凝土防水层的滴水线、伸缩缝翻边加厚加高不另计；不扣除屋面排烟道、通风孔、伸缩缝、屋面检查洞及 0.3m² 以内孔洞所占面积，洞口翻边也不加。屋面检查洞盖以个计算。

6）覆土屋面按实铺面积乘以设计厚度计算，不扣除排烟道、通风孔、屋面检查洞及 0.3m² 以内孔洞所占体积。

7）镀锌钢板水斗按个计算。

8）屋面金属板排水、泛水按延长米乘以展开宽度以面积计算。其他泛水按延长米计算。

（三）有关项目说明

1）细石混凝土防水层厚度按 4cm 考虑，厚度不同时按每增、减 1cm 定额调整。

2）预制混凝土板保护层分实铺与架空两个子目，预制混凝土板的制作运输另行计算。

3）水泥砂浆保护层厚度按 2cm 考虑，厚度不同时材料按比例换算。

4）砾石保护层厚度按 4cm 考虑，厚度不同时材料按比例换算。

【例 9-5】 某屋面刚性防水清单见表 9-8。

表 9-8 分部分项工程量清单

序号	项目编码	项目名称	项目特征	计量单位	工程数量
1	010902003001	屋面刚性层	35mm×800mm×800mm 架空预制薄板铺设 83.99m²，40mm 厚 C20 现浇细石混凝土，三元乙丙橡胶卷材一层，100mm 厚水泥珍珠岩板保温层，20mm 厚 DS M20.0 干混砂浆找平层	m²	112.09

该题中的人工、材料、机械台班消耗量及单价按《浙江省房屋建筑与装饰工程预算定额》(2018 版)，管理费按 20% 计取，利润按 10% 计取。计算该清单项目的综合单价（三元乙丙卷材附加层及上翻面积为 $10m^2$，预制混凝土板的制作和运输暂不考虑）。

【解答】
该清单对应的定额项目编号和定额工程量
(1) 三元乙丙卷材，定额编号 9-47
$$S=(112.09+10)m^2=122.09m^2$$
(2) 40mm 厚 C20 细石混凝土，定额编号 9-1
$$S=112.09m^2$$
(3) 35mm×800mm×800mm 架空预制薄板，定额编号 9-4
$$S=83.99m^2（清单项目特征）$$
(4) 100mm 厚水泥珍珠岩板保温层，定额编号 10-35
$$S=112.09×0.1m^3=11.209m^3$$
(5) 20mm 厚 DS M20.0 干混砂浆找平层，定额编号 11-1
$$S=112.09m^2$$
计算该屋面工程的综合单价见表 9-9。

表 9-9 分部分项工程量清单项目综合单价

| 序号 | 定额编号 | 项目名称 | 计量单位 | 数量 | 综合单价/元 | | | | | | 合计/元 |
					人工费	材料费	机械费	管理费	利润	小计	
1	010902003001	屋面刚性层	m²	112.09	35.213	109.806	0.368	7.116	3.558	156.061	17493
	9-47	三元乙丙卷材	m²	122.09	2.971	30.458	0	0.594	0.297	34.320	4190
	9-1	细石混凝土	m²	112.09	10.616	22.424	0.127	2.149	1.074	36.390	4079
	9-4	预制混凝土	m²	83.99	12.833	7.204	0.058	2.578	1.289	23.962	2013
	10-35	水泥珍珠岩	m³	11.209	37.123	395.760	0	7.425	3.712	444.020	4977
	11-1	找平层	m²	112.09	8.032	9.233	0.198	1.646	0.823	19.932	2234

(四) 墙、地面与地面防水、防潮

1. 清单计价组合内容

按《浙江省建设工程工程量清单计价指引》第一篇"建筑工程"A.7.3 墙、地面防水、防潮，并结合《浙江省房屋建筑与装饰工程预算定额》(2018 版)。

2. 工程量计算方法

1) 平面防水、防潮层。按主墙间净面积计算，扣除凸出地面的构筑物、设备基础等所占面积，不扣除柱、垛、间壁墙、附墙烟囱及每个面积在 0.3m² 以内的孔洞所占面积。

2) 立面防水、防潮层。按实铺面积计算，应扣除每个面积在 0.3m² 以上的孔洞所占面积，孔侧展开面积并入计算。

3) 平面和立面连接处高度在 500mm 以内的立面面积并入平面防水项目计算。立面高度在 500mm 以上的，其立面部分按立面防水项目计算。

4) 防水砂浆防潮层按图示面积计算。

5) 变形缝以延长米计算，断面或展开尺寸与定额不同时，材料用量按比例换算。

(五) 本项目应注意的问题

屋面及防水工程应注意的问题

1. 刚性屋面

1) 细石混凝土防水层定额，已综合考虑了檐口滴水线加厚和伸缩缝翻边加高的工料，但伸缩缝应另列项目计算。细石混凝土内的钢筋，按混凝土及钢筋混凝土工程相应定额另行计算。

2) 水泥砂浆保护层定额已综合了预留伸缩缝的工料，掺防水剂时材料费另加。

2. 瓦屋面

1) 本定额瓦规格按以下尺寸考虑：彩色水泥瓦 420mm×330mm、彩色水泥天沟瓦及脊瓦 420mm×220mm、小青瓦 200×(180~200)mm、黏土平瓦 (380~400)mm×240mm、黏土脊瓦 460mm×200mm、石棉水泥瓦及玻璃钢瓦 1800mm×720mm；如设计规格不同，瓦的数量按比例调整，其余不变。

2) 瓦的搭接按常规尺寸编制，除小青瓦按 2/3 长度搭接，搭接不同时可调整瓦的数量外，其余瓦的搭接尺寸均按常规工艺要求综合考虑。

3) 瓦屋面定额不包括木基层，发生时另按木结构工程相应定额执行；未包括抹瓦出线，发生时按实际延长米计算，套水泥砂浆泛水定额。

3. 覆土屋面的挡土构件及人行道板等，发生时按相应定额执行。

4. 屋面金属面板泛水未包括基层做水泥砂浆，发生时另按水泥砂浆泛水计算。

5. 防水工程由屋面防水及平立面防水两部分组成。

1) 防水卷材的附加层、接缝、收头、冷底子油等工料已计入定额内，不另行计算。

2) 防水定额中的涂刷厚度（除注明外）已综合取定。

3) 冷底子油定额适用于单独刷冷底子油。

6. 设计采用的卷材及涂膜材料品种与定额取定不同时，材料及价格按实调整换算，其余不变。

7. 本项目定额不包括找平层，发生时按相应定额执行。

8. 变形缝适用于伸缩缝、沉降缝、抗震缝。

项目 9　屋面及防水工程

【小　结】

本项目主要介绍了屋面及防水工程的定额使用规定、工程量计算规则、屋面及防水工程的清单编制与综合单价的计算。重点是把握刚性屋面防水卷材的定额工程量计算,掌握屋面及防水工程常用清单项目的编制与清单计价。

【思考与练习题】

1. 写出下列项目的定额编号、计量单位、基价（如需换算,应列出换算式）。
（1）屋面平面刷 JS 防水涂料（2.5mm 厚）。
（2）屋面变形缝油膏。
（3）屋面 30mm 厚 1∶2 水砂找平层。
（4）屋面干铺珍珠岩。
（5）75mm 厚彩钢夹心板屋面。
2. "瓦屋面"项目包括哪些内容?
3. "型材屋面"项目适用范围和注意事项是什么?
4. 各类防水项目的适用范围和报价注意要点是什么?
5. 变形缝有哪几种类型? 报价时应包括哪些内容?
6. 某工程屋面平面及断面图如图 9-8 所示,试编制该屋面的定额清单。屋面具体做法如下：冷底油一道,二毡三油防水层一道；20mm 厚 1∶3 水泥砂浆找平层；炉渣混凝土找坡 3%,最薄处 30mm 厚；钢筋混凝土屋面板。

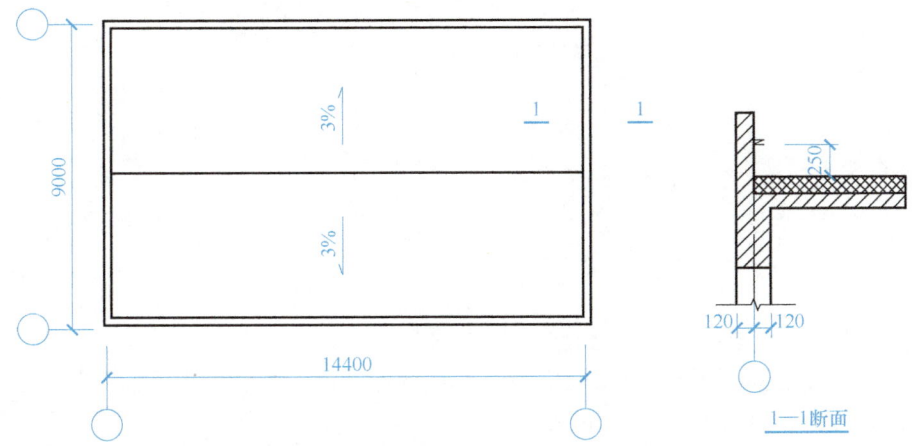

图 9-8　某工程屋面平面及断面图

7. 编制上题的屋面工程工程量清单,并计算相应清单的综合单价。人工、材料、机械台班消耗量及单价按《浙江省房屋建筑与装饰工程预算定额》(2018 版) 计取,管理费、利润分别按 20% 和 10% 计取。风险费用暂不考虑。

项目10
保温、隔热、防腐工程

任务 1 保温、隔热、防腐工程基础知识

保温隔热常用的材料有：软木板、聚苯乙烯泡沫塑料板、加气混凝土块、膨胀珍珠岩板、沥青玻璃棉、沥青矿渣棉、微孔硅酸钙、稻壳等，可用于屋面、墙体、柱子、楼地面、顶棚等部位。屋面保温层中应设有排气管或排气孔。

保温隔热防腐工程基础知识

（一）保温材料分类

（1）按照密度不同 可分为重质（400~600kg/m³）、轻质（150~350kg/m³）和超轻质（小于150kg/m³）三类。

（2）按照成分不同 可分为有机和无机两类。

（3）按照适用温度范围不同 可分为高温用（700℃以上）、中温用（100~700℃）和低温用（小于100℃）三类。

（4）按照形状不同 分为粉末、粒状、纤维状、块状等类，又可分为多孔、矿纤维和金属等。

（5）按照施工方法不同 分为湿抹式、填充式、绑扎式、包裹缠绕式等。

（二）平屋面保温隔热层

屋面保温隔热层的作用：减弱室外气温对室内的影响，或保持因采暖、降温措施而形成的室内气温。对保温隔热所用的材料，要求相对密度小、耐腐蚀并有一定的强度。常用的保温隔热材料有石灰炉渣、水泥珍珠岩、加气混凝土和微孔硅酸钙等，还有预制混凝土板架空隔热层。

（三）防腐工程分类

防腐工程分刷油防腐和耐酸防腐两类。

1. 刷油防腐

刷油是一种经济而有效的防腐措施。它对于各种工程建设来说，不仅施工方便，而且具有优良的物理性能和化学性能，因此应用范围很广。刷油除了具有防腐作用外，还能起到装饰和标志作用。目前常用的刷油防腐材料有：沥青漆、酚树脂漆、酚醛树脂漆、氯磺化聚乙烯漆、聚氨脂漆等。

2. 耐酸防腐

耐酸防腐是运用人工或机械将具有耐腐蚀性能的材料浇筑、涂刷、喷涂、粘贴或铺砌在应防腐的工程构件表面上，以达到防腐蚀的效果。常用的耐酸防腐材料有：水玻璃耐酸砂浆、混凝土；耐酸沥青砂浆、混凝土；环氧砂浆、混凝土及各类玻璃钢等。根据工程需要，可用防腐块料或防腐涂料做面层。

任务2 保温、隔热、防腐工程定额清单编制与计价

保温隔热防腐工程定额说明

一、定额使用说明

本项目定额包括保温、隔热和耐酸、防腐。

1. 保温、隔热工程

1）保温层定额中的保温材料品种、型号、规格和厚度等与设计不同时，应按设计规定进行调整。

2）墙体保温砂浆子目按外墙外保温考虑，如实际为外墙内保温，人工乘以系数 0.75，其余不变。

3）弧形墙、柱、梁等保温砂浆抹灰、抗裂防护层抹灰、保温板铺贴按相应项目的人工乘以系数 1.15，材料乘以系数 1.05。

4）柱面保温根据墙面保温定额项目人工乘以系数 1.19，材料乘以系数 1.04。

5）墙面保温板如使用钢骨架，钢骨架按"墙、柱面装饰与隔断、幕墙工程"相应项目执行。

6）抗裂保护层中抗裂砂浆厚度设计与定额不同时，抗裂砂浆、灰浆搅拌机定额用量按比例调整，其余不变。增加一层网格布子目已综合了增加抗裂砂浆一遍粉刷的人工、材料及机械。

【例 10-1】 5mm 厚聚合物抗裂砂浆，压入两层耐碱玻纤网格布，第一层网格布抗裂砂浆 3mm 厚，第二层网格布抗裂砂浆 2mm 厚，请确定定额人工费、材料费和机械费。

【解答】

定额编号：10-22H+10-23

计量单位：100m²

人工费 =（1198.46+505.77）元 = 1704.23 元

材料费 =［1046.78+584.03−（1−3/4）×550.80×1.6］元 = 1410.49 元

机械费 =［4.8+2.32−（1−3/4）×0.031×154.97］元 = 5.92 元

7）抗裂防护层网格布（钢丝网）之间的搭接及门窗洞口周边加固，定额中已综合考虑，不另行计算。

8）屋面泡沫混凝土按泵送 70m 以内考虑，泵送高度超过 70m 的，每增加 10m，人工增加 0.07 工日，搅拌机械增加 0.01 台班，水泥发泡机增加 0.012 台班。

9）屋面、墙面聚苯乙烯板、挤塑保温板、硬泡聚氨酯防水保温板等保温板材铺贴子目中，厚度不同，板材单价调整，其他不变。

10）保温层排气管按 50 UPVC 管及综合管件编制，排气孔：50 UPVC 管按 180°单出口考虑（2 只 90°弯头组成），双出口时应增加三通 1 只；50 钢管、不锈钢管按 180°煨制弯考虑，当采用管件拼接时另增加弯头 2 只，管材用量乘以系数 0.7。管材、管件的规格、材质不同，单价换算，其余不变。

11）本项目中未包含基层界面剂涂刷、找平层、基层抹灰及装饰面层，发生时套用相应子目另行计算。

12) 本项目定额中采用乳化石油沥青作为胶结材料的子目均指适用于有保温、隔热要求的工业建筑及构筑物工程。

2. 耐酸、防腐工程

1) 各种胶泥、砂浆、混凝土配合比以及各种整体面层的厚度,如设计与定额不同时,可以换算。定额已综合考虑了各种块料面层的结合层、胶结料厚度及灰缝宽度。

2) 耐酸定额按自然养护考虑,如需特殊养护者,费用另计。

3) 耐酸防腐整体面层、隔离层不分平面、立面,均按材料做法套用同一定额;块料面层以平面铺贴为准,立面铺贴套平面定额,人工乘以系数1.38,踢脚板人工乘以系数1.56,其余不变。

4) 池、沟、槽瓷砖面层定额不分平、立面,适用于小型池、槽、沟(划分标准见"混凝土及钢筋混凝土工程")。

5) 卷材防腐接缝、附加层、收头工料已包括在定额内,不再另行计算。

6) 块料防腐中面层材料的规格、材质与设计不同时,可以换算。

二、保温、隔热、防腐工程定额清单编制

(一) 保温、隔热工程

1) 墙面保温隔热层工程量按设计图示尺寸以面积计算。扣除门窗洞口及单个 0.3m² 以上梁、孔洞所占面积;门窗洞口侧壁以及与墙相连的柱,并入保温墙体工程量内,门窗洞口侧壁粉刷材料与墙面粉刷材料不同,按"墙、柱面装饰与隔断、幕墙工程"零星粉刷计算。墙体及混凝土板下铺贴隔热层不扣除木框架及木龙骨的体积。其中外墙按隔热层中心线长度计算,内墙按隔热层净长度计算。

2) 柱、梁保温隔热层工程量按设计图示尺寸以面积计算。柱按设计图示柱断面保温层中心线展开长度乘以高度以面积计算,扣除单个断面 0.3m² 以上梁所占面积。梁按设计图示梁断面保温层中心线展开长度乘以保温层长度以面积计算。

3) 按 m³ 计算的隔热层,外墙按围护结构的隔热层中心线、内墙按隔热层净长乘以图示尺寸的高度及厚度以 m³ 计算。应扣除门窗洞口、单个 0.3m² 以上孔洞所占体积。

4) 单个大于 0.3m² 孔洞侧壁周围及梁头、连系梁等其他零星工程保温隔热工程量,并入墙面的保温隔热工程量内。

5) 屋面保温砂浆、泡沫玻璃、聚氨酯喷涂、保温板铺贴等按设计图示面积计算,不扣除屋面排烟道、通风孔、伸缩缝、屋面检查洞及单个 0.3m² 以内孔洞所占面积,洞口翻边也不增加。屋面其他保温材料定额按设计图示面积乘以厚度以 m³ 计算,找坡层按平均厚度计算,计算面积时应扣除单个 0.3m² 以上的孔洞所占面积。

6) 顶棚保温隔热层工程量按设计图示尺寸以面积计算。扣除单个 0.3m² 以上柱、垛、孔洞所占面积,与顶棚相连的梁按展开面积计算,其工程量并入顶棚内。

7) 柱帽保温隔热层,按设计图示尺寸并入顶棚保温隔热层工程量内。

8) 楼地面保温隔热层工程量按设计图示尺寸以面积计算。扣除柱、垛及单个 0.3m² 以上孔洞所占面积。门洞、空圈、暖气包槽、壁龛的开口部分不增加面积。

9) 其他保温隔热层工程量按设计图示尺寸以展开面积计算。扣除单个 0.3m² 以上孔洞所占面积。

10）保温层排气管按设计图示尺寸以长度计算，不扣除管件所占长度，保温层排气孔以数量计算。

11）保温隔热层的厚度，按隔热材料净厚度（不包括胶结材料厚度）计算。

12）池槽保温隔热，池壁并入墙面保温隔热工程量内，池底并入地面保温隔热工程量内。

（二）耐酸、防腐工程

1）防腐工程面层、隔离层及防腐油漆工程量均按设计图示尺寸以面积计算。

2）平面防腐工程量应扣除凸出地面的构筑物、设备基础等以及单个 $0.3m^2$ 以上孔洞、柱、垛等所占面积，门洞、空圈、暖气包槽、壁龛的开口部分不增加面积。

3）立面防腐工程量应扣除门、窗、洞口以及单个 $0.3m^2$ 以上孔洞、梁所占面积，门、窗、洞口侧壁、垛凸出部分按展开面积并入墙面内。

4）池、槽块料防腐面层工程量按设计图示尺寸以展开面积计算。

5）砌筑沥青浸渍砖工程量按设计图示尺寸以面积计算。

6）踢脚板防腐工程量按设计图示长度乘高度以面积计算，扣除门洞所占面积，并相应增加侧壁展开面积。

7）混凝土面及抹灰面防腐按设计图示尺寸以面积计算。

8）平面砌双层耐酸块料时，按单层面积乘以系数2计算。

9）硫磺砂浆二次灌缝按实际体积计算。

10）花岗岩面层中的胶泥勾缝工程量按设计图示尺寸以延长米计算。

【例10-2】 某工程屋面平面及断面图如图10-1所示，试计算该保温隔热层的定额直接费，并编制定额清单。屋面具体做法如下：三元乙丙防水卷材；20mm厚1∶3水泥砂浆找平层；1∶10现浇水泥珍珠保温隔热层，找坡3%，最薄处30mm厚。

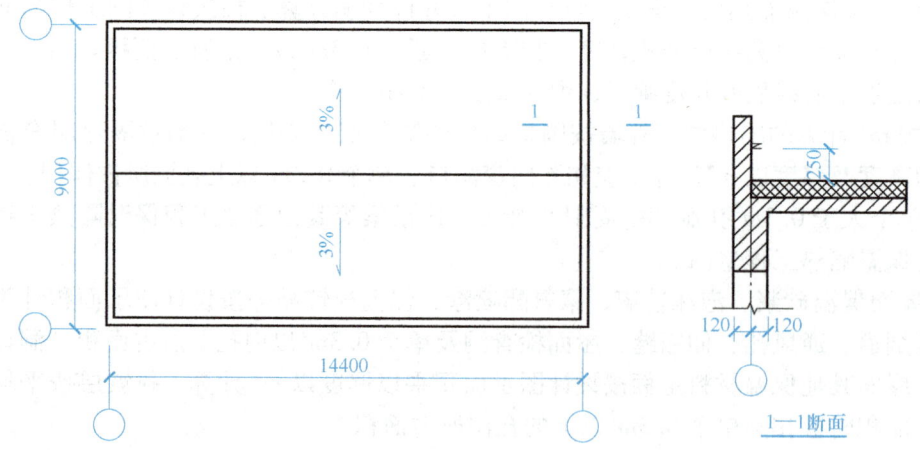

图10-1 某工程屋面平面及断面图

【解答】

（1）保温层，定额编号10-35

平均厚度 = (0.03+9×1/2×3%/2)m = 0.0975m

$S = 14.4×9m^2 = 129.6m^2$

$V = 129.6×0.0975m^3 = 12.64m^3$

（2）定额清单见表10-1。

表10-1 分部分项工程量清单（定额清单）

序号	定额编号	项目名称	项目特征	计量单位	工程量
1	10-35	水泥珍珠岩保温板	1∶10现浇水泥珍珠保温隔热层，找坡3%，最薄处30mm厚	m³	12.64

三、保温、隔热、防腐工程定额清单计价

保温、隔热、防腐工程定额清单计价方法与前述分部工程一致。

任务3 保温、隔热、防腐工程国标清单编制与计价

一、国标工程量清单编制

1. 保温、隔热

（1）清单项目设置

1）保温、隔热工程量清单项目包括：保温隔热屋面，保温隔热天棚，保温隔热墙面，保温柱、梁，保温隔热楼地面，其他保温隔热6个项目，清单项目编码为011001001×××～011001006×××。其中"保温隔热屋面"项目适用于工业与民用建筑屋面的保温隔热；"保温隔热天棚"项目适用于工业与民用建筑室内、室外天棚的保温隔热；"保温隔热墙面"项目适用于工业与民用建筑物外墙、内墙的保温隔热；"保温柱、梁"项目适用于工业与民用建筑物不与墙、天棚相连的独立柱、梁的保温隔热；"保温隔热楼地面"项目适用于工业与民用建筑物室内地面、楼面的保温隔热。

2）项目特征描述主要内容。保温隔热部位；保温隔热方式（内保温、外保温、夹心保温）；踢脚线、勒脚线保温做法；保温隔热面层材料品种、规格、性能；保温隔热材料品种、规格及厚度；增强网及抗裂防水砂浆种类；粘结材料种类及做法；防护材料种类及做法。

3）注意的事项。

① 保温隔热装饰面层按《计量规范》附录L、M、N、P、Q中相关项目编码列项；仅做找平层按《计量规范》附录L楼地面装饰工程"平面砂浆找平层"或附录M墙、柱面装饰与隔断、幕墙工程"立面砂浆找平层"项目编码列项。

② 柱帽保温隔热应并入天棚保温隔热工程量内。

③ 池槽保温隔热应按其他保温隔热项目编码列项。

④ 保温隔热方式指内保温、外保温、夹心保温。

⑤ 保温柱、梁项目适用于不与墙、天棚相连的独立柱、梁。

（2）清单项目工程量计算

1）保温隔热屋面按设计图示尺寸以面积计算。扣除面积大于0.3m²孔洞及占位面积。

2）保温隔热天棚按设计图示尺寸以面积计算。扣除面积大于0.3m²以上柱、垛、孔洞

所占面积，与天棚相连的梁按展开面积计算，并入天棚工程量内。

3）保温隔热墙面按设计图示尺寸以面积计算。扣除门窗洞口以及面积大于 $0.3m^2$ 梁、孔洞所占面积；门窗洞口侧壁以及与墙相连的柱，并入保温墙体工程量内。

4）保温柱、梁按设计图示尺寸以面积计算。

① 柱按设计图示柱断面保温层中心线展开长度乘保温层高度以面积计算，扣除面积大于 $0.3m^2$ 梁所占面积。

② 梁按设计图示梁断面保温层中心线展开长度乘保温层长度以面积计算。

5）保温隔热楼地面按设计图示尺寸以面积计算。扣除面积大于 $0.3m^2$ 柱、垛、孔洞所占面积。门洞、空圈、暖气包槽、壁龛的开口部分不增加面积。

6）其他保温隔热按设计图示尺寸以展开面积计算。扣除面积大于 $0.3m^2$ 孔洞及占位面积。

【例10-3】 某工程教学楼屋顶如图10-2所示，其屋面保温隔热做法为：聚合物砂浆粘结50mm厚聚苯乙烯泡沫保温板；CL7.5炉渣混凝土找坡，最薄处30mm厚；屋面设有设备基础2个，尺寸为800mm×800mm，高度450mm；屋面上人孔一个，尺寸为750mm×750mm；外墙做法自内而外依次为：基层墙体、20mm厚水泥砂浆抹灰、108胶素水泥浆界面处理、30mm厚无机轻集料保温砂浆、5mm厚聚合物抗裂砂浆（压入两层耐碱玻纤网格布，第一层网格布抗裂砂浆3mm厚、第二层网格布抗裂砂浆2mm厚）、仿石外墙防水涂料，其中外墙外保温面积为 $500m^2$。试计算该保温隔热屋面国标清单工程量，并编制保温隔热墙面、屋面工程量清单。

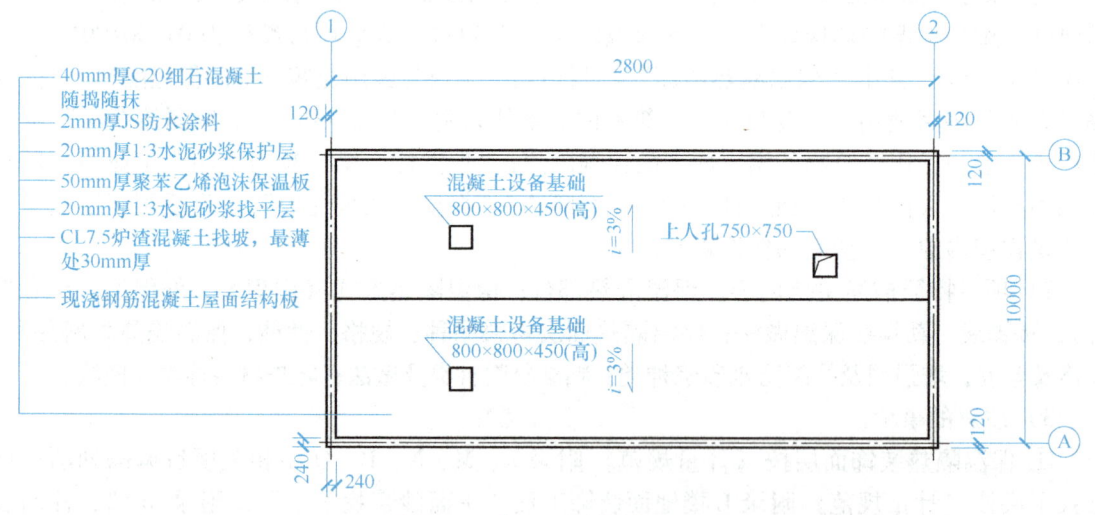

图10-2 某工程教学楼屋顶

【解答】

根据题中内容可知，此处应按保温隔热屋面项目编码列项。保温隔热屋面国标清单工程量计算如下。

（1）保温隔热屋面——聚苯乙烯泡沫保温板。

$S = [(28-0.12×2)×(10-0.12×2)-0.8×0.8×2-0.75×0.75]m^2 = 269.10m^2$

（2）保温隔热屋面——炉渣混凝土。

$S = [(28-0.12×2)×(10-0.12×2)-0.8×0.8×2-0.75×0.75]m^2 = 269.10m^2$

项目 10　保温、隔热、防腐工程

编制清单见表 10-2。

表 10-2　分部分项工程量清单（国标清单）

序号	项目编码	项目名称	项目特征	计量单位	工程数量
1	011001001001	保温隔热屋面	屋面结构板上铺 CL7.5 炉渣混凝土，坡度 $i=3\%$，最薄处 30mm 厚	m^2	269.10
2	011001001002	保温隔热屋面	20mm 厚 1:3 水泥砂浆找平层上铺设 50mm 厚聚苯乙烯泡沫保温板	m^2	269.10
3	011001003001	保温隔热墙面	外墙外保温：108 胶素水泥浆界面处理、30mm 厚无机轻集料保温砂浆、5mm 厚聚合物抗裂砂浆（压入两层耐碱玻纤网格布，第一层网格布抗裂砂浆 3mm 厚、第二层网格布抗裂砂浆 2mm 厚）	m^2	500.00

注：20mm 厚水泥砂浆找平层、2mm 厚 JS 防水涂料、仿石外墙防水涂料等需另列项目计算。

2. 防腐面层

（1）清单项目设置

1）防腐面层工程量清单项目包括：防腐混凝土面层，防腐砂浆面层，防腐胶泥面层，玻璃钢防腐面层，聚氯乙烯板面层，块料防腐面层和池、槽块料防腐面层 7 个项目。清单项目编码为 011002001×××~011002007×××。

防腐混凝土面层、防腐砂浆面层、防腐胶泥面层项目适用于平面或立面的水玻璃混凝土、水玻璃砂浆、水玻璃胶泥、沥青混凝土、沥青砂浆、沥青胶泥、树脂混凝土、树脂砂浆、树脂胶泥及聚合物水泥砂浆等防腐工程。

玻璃钢防腐面层项目适用于树脂胶料与增强材料（如玻璃纤维丝、布、玻璃纤维表面毡、玻璃纤维短切毡或涤布、涤纶毡、丙纶布、丙纶毡等）复合塑制而成的玻璃钢防腐。

聚氯乙烯板面层项目适用于地面、墙面的软、硬聚氯乙烯板防腐工程。

块料防腐面层项目适用于地面、沟槽、基础的各类块料防腐工程。

池、槽块料防腐面层项目适用于池、槽的各类块料防腐工程。

2）项目特征描述主要内容。防腐部位；面层材料品种、厚度；砂浆、混凝土、胶泥种类；需勾缝的应注明材料种类；防腐池、槽名称、代号等。

3）注意的事项。

① 因防腐材料不同，价格差异较大，清单项目中必须列出混凝土、砂浆、胶泥的材料种类，如水玻璃混凝土、沥青混凝土等，并明确其配合比。

② 如遇池、槽防腐，池底和池壁可合并列项，也可分池底面积和池壁面积，分别列项。

③ 玻璃钢项目名称应描述构成玻璃钢、树脂和增强材料的名称，如环氧酚醛（树脂）玻璃钢、酚醛（树脂）玻璃钢、环氧煤焦油（树脂）玻璃钢、不饱和（树脂）玻璃钢。

④ 玻璃钢项目应描述防腐部位立面或平面。

⑤ 聚氯乙烯板的焊接应包括在报价内。

⑥ 防腐蚀块料粘贴部位（地面、沟槽、基础）应在清单项目中进行描述；防腐踢脚线，应按《计量规范》附录 L 楼地面装饰工程"踢脚线"项目编码列项。

⑦ 防腐蚀块料的规格、品种（瓷板、铸石板、天然石板等）应在清单项目中进行描述。

⑧ 防腐工程中需酸化处理时应包括在报价内。

⑨ 防腐工程中的养护应包括在报价内。

（2）清单项目工程量计算

1）防腐混凝土面层、防腐砂浆面层、防腐胶泥面层、玻璃钢防腐面层、聚氯乙烯板面层、块料防腐面层按设计图示尺寸以面积计算。

① 平面防腐：扣除凸出地面的构筑物、设备基础等以及面积大于 $0.3m^2$ 孔洞、柱、垛等所占面积，门洞、空圈、暖气包槽、壁龛的开口部分不增加面积。

② 立面防腐：扣除门、窗、洞口及面积大于 $0.3m^2$ 孔洞、梁所占面积，门、窗、洞口侧壁、垛凸出部分按展开面积并入墙面积内。

2）池、槽块料防腐面层按设计图示尺寸以展开面积计算。

【例10-4】 某水池防腐如图10-3所示，结构面上20mm厚1∶3水泥砂浆找平层，水玻璃耐酸砂浆粘贴65mm厚耐酸瓷砖（本题计算时不考虑结合层厚度影响）。试计算该防腐面层国标清单工程量，并编制工程量清单。

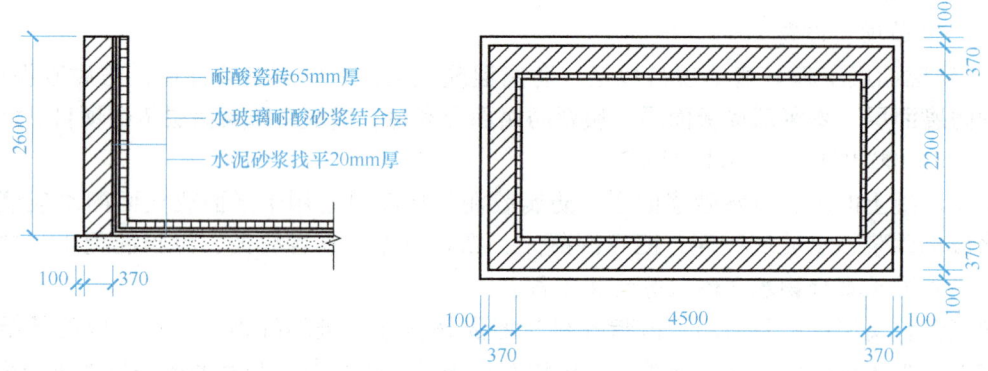

图10-3 某水池防腐示意图

【解答】

根据题中内容可知，此处可分为池底、池壁分别列项计算。

（1）池底（平面）

$S = (4.5-0.02×2)×(2.2-0.02×2) m^2 = 9.63 m^2$

（2）池壁（立面）

$S = (4.5-0.02×2+2.2-0.085×2)×2×(2.6-0.085) m^2 = 32.64 m^2$

工程量清单见表10-3。

表10-3 分部分项工程量清单（国标清单）

序号	项目编码	项目名称	项目特征	计量单位	工程量
1	011002006001	块料防腐面层	池底（平面）：水玻璃砂浆铺砌瓷砖面层，厚度65mm	m^2	9.63
2	011002006002	块料防腐面层	池壁（立面）：水玻璃砂浆铺砌瓷砖面层，厚度65mm	m^2	32.64

项目 10 保温、隔热、防腐工程

3. 其他防腐

（1）清单项目设置

1）其他防腐工程量清单项目包括：隔离层、砌筑沥青浸渍砖、防腐涂料3个项目，清单项目编号为011003001×××～011003003×××。其中：隔离层项目适用于楼地面的沥青类、树脂玻璃钢类防腐工程隔离层；砌筑沥青浸渍砖项目适用于浸渍标准砖的铺筑；防腐涂料项目适用于建筑物、构筑物以及钢结构的防腐。

2）项目特征描述主要内容。其中，隔离层需描述隔离层部位、隔离层材料品种、隔离层做法、粘贴材料种类。砌筑沥青浸渍砖需描述砌筑部位、浸渍砖规格、胶泥种类、浸渍砖砌法。防腐涂料需描述涂刷部位、基层材料种类、刮腻子的种类和遍数、涂料品种、刷涂遍数。

3）注意的事项。

① 项目名称应对涂刷基层（混凝土、抹灰面）及部位进行描述。

② 腻子种类、遍数应描述。

③ 应对涂料底漆层、中间漆层、面漆涂刷（或刮）遍数进行描述。

④ 浸渍砖砌法指平砌、立砌。

（2）清单项目工程量计算

1）隔离层、防腐涂料按设计图示尺寸以面积计算。

① 平面防腐：扣除凸出地面的构筑物、设备基础等以及面积大于 $0.3m^2$ 孔洞、柱、垛等所占面积，门洞、空圈、暖气包槽、壁龛的开口部分不增加面积。

② 立面防腐：扣除门、窗、洞口及面积大于 $0.3m^2$ 孔洞、梁所占面积，门、窗、洞口侧壁、垛凸出部分按展开面积并入墙面积内。

2）砌筑沥青浸渍砖按设计图示尺寸以体积计算。

二、保温、隔热、防腐工程工程量清单项目及计算规则

1. 保温、隔热（见表10-4）

表 10-4 保温、隔热

项目编码	项目名称	项目特征	计量单位	工程量计算规则	工作内容
011001001	保温隔热屋面	1. 保温隔热材料品种、规格、厚度 2. 隔气层材料品种、厚度 3. 粘结材料种类 4. 防护材料种类、做法	m^2	按设计图示尺寸以面积计算。扣除面积>$0.3m^2$孔洞及占位面积	1. 基层清理 2. 刷粘结材料 3. 铺粘保温层 4. 铺、刷（喷）防护材料
011001002	保温隔热天棚	1. 保温隔热面层材料品种、规格、性能 2. 保温隔热材料品种、规格及厚度 3. 粘结材料种类及做法 4. 防护材料种类及做法		按设计图示尺寸以面积计算。扣除面积>$0.3m^2$上柱、垛、孔洞所占面积，与天棚相连的梁按展开面积计算，并入天棚工程量内	

（续）

项目编码	项目名称	项目特征	计量单位	工程量计算规则	工作内容
011001003	保温隔热墙面	1. 保温隔热部位 2. 保温隔热方式 3. 踢脚线、勒脚线保温做法 4. 龙骨材料品种、规格 5. 保温隔热面层材料品种、规格、性能 6. 保温隔热材料品种、规格及厚度 7. 增强网及抗裂防水砂浆种类 8. 粘结材料种类及做法 9. 防护材料种类及做法	m²	按设计图示尺寸以面积计算。扣除门窗洞口以及面积>0.3m² 梁、孔洞所占面积；门窗洞口侧壁以及与墙相连的柱，并入保温墙体工程量内	1. 基层清理 2. 刷界面剂 3. 安装龙骨 4. 填贴保温材料 5. 保温板安装 6. 粘贴面层 7. 铺设增强格网、抹抗裂防水砂浆面层 8. 嵌缝 9. 铺、刷（喷）防护材料
011001004	保温柱、梁			按设计图示尺寸以面积计算 1. 柱按设计图示柱断面保温层中心线展开长度乘保温层高度以面积计算，扣除面积>0.3m² 梁所占面积 2. 梁按设计图示梁断面保温层中心线展开长度乘保温层长度以面积计算	
011001005	保温隔热楼地面	1. 保温隔热部位 2. 保温隔热材料品种、规格、厚度 3. 隔气层材料品种、厚度 4. 粘结材料种类、做法 5. 防护材料种类、做法		按设计图示尺寸以面积计算。扣除面积>0.3m² 柱、垛、孔洞等所占面积。门洞、空圈、暖气包槽、壁龛的开口部分不增加面积	1. 基层清理 2. 刷粘结材料 3. 铺粘保温层 4. 铺、刷（喷）防护材料
011001006	其他保温隔热	1. 保温隔热部位 2. 保温隔热方式 3. 隔气层材料品种、厚度 4. 保温隔热面层材料品种、规格、性能 5. 保温隔热材料品种、规格及厚度 6. 粘结材料种类及做法 7. 增强网及抗裂防水砂浆种类 8. 防护材料种类及做法		按设计图示尺寸以展开面积计算。扣除面积>0.3m² 孔洞及占位面积	1. 基层清理 2. 刷界面剂 3. 安装龙骨 4. 填贴保温材料 5. 保温板安装 6. 粘贴面层 7. 铺设增强格网、抹抗裂防水砂浆面层 8. 嵌缝 9. 铺、刷（喷）防护材料

注：1. 保温隔热装饰面层，按《计量规范》附录 L、M、N、P、Q 中相关项目编码列项；仅做找平层按《计量规范》附录 L 楼地面装饰工程"平面砂浆找平层"或附录 M 墙、柱面装饰与隔断、幕墙工程"立面砂浆找平层"项目编码列项。

2. 柱帽保温隔热应并入天棚保温隔热工程量内。

3. 池槽保温隔热应按其他保温隔热项目编码列项。

4. 保温隔热方式：指内保温、外保温、夹心保温。

5. 保温柱、梁适用于不与墙、天棚相连的独立柱、梁。

2. 防腐面层（见表10-5）

表10-5 防腐面层

项目编码	项目名称	项目特征	计量单位	工程量计算规则	工作内容
011002001	防腐混凝土面层	1. 防腐部位 2. 面层厚度 3. 混凝土种类 4. 胶泥种类、配合比	m²	按设计图示尺寸以面积计算 1. 平面防腐：扣除凸出地面的构筑物、设备基础等以及面积>0.3m²孔洞、柱、垛等所占面积，门洞、空圈、暖气包槽、壁龛的开口部分不增加面积 2. 立面防腐：扣除门、窗、洞口以及面积>0.3m²孔洞、梁等所占面积，门、窗、洞口侧壁、垛凸出部分按展开面积并入墙面积内	1. 基层清理 2. 基层刷稀胶泥 3. 混凝土制作、运输、摊铺、养护
011002002	防腐砂浆面层	1. 防腐部位 2. 面层厚度 3. 砂浆、胶泥种类、配合比			1. 基层清理 2. 基层刷稀胶泥 3. 砂浆制作、运输、摊铺、养护
011002003	防腐胶泥面层	1. 防腐部位 2. 面层厚度 3. 胶泥种类、配合比			1. 基层清理 2. 胶泥调制、摊铺
011002004	玻璃钢防腐面层	1. 防腐部位 2. 玻璃钢种类 3. 贴布材料的种类、层数 4. 面层材料品种			1. 基层清理 2. 刷底漆、刮腻子 3. 胶浆配置、涂刷 4. 粘布、涂刷面层
011002005	聚氯乙烯板面层	1. 防腐部位 2. 面层材料品种、厚度 3. 粘结材料种类			1. 基层清理 2. 配料、涂胶 3. 聚氯乙烯板铺设
011002006	块料防腐面层	1. 防腐部位 2. 块料品种、规格 3. 粘结材料种类 4. 勾缝材料种类			1. 基层清理 2. 铺贴块料 3. 胶泥调制、勾缝
011002007	池、槽块料防腐面层	1. 防腐池、槽名称、代号 2. 块料品种、规格 3. 粘结材料种类 4. 勾缝材料种类		按设计图示尺寸以展开面积计算	1. 基层清理 2. 铺贴块料 3. 胶泥调制、勾缝

注：防腐踢脚线，应按《计量规范》附录L楼地面装饰工程"踢脚线"项目编码列项。

3. 其他防腐（见表10-6）

表10-6 其他防腐

项目编码	项目名称	项目特征	计量单位	工程量计算规则	工作内容
011003001	隔离层	1. 隔离层部位 2. 隔离层材料品种 3. 隔离层做法 4. 粘贴材料种类	m^2	按设计图示尺寸以面积计算 1. 平面防腐：扣除凸出地面的构筑物、设备基础等以及面积>0.3m^2孔洞、柱、垛等所占面积，门洞、空圈、暖气包槽、壁龛的开口部分不增加面积 2. 立面防腐：扣除门、窗洞口以及面积>0.3m^2孔洞、梁所占面积，门、窗、洞口侧壁、垛凸出部分按展开面积并入墙面积内	1. 基层清理、刷油 2. 煮沥青 3. 胶泥调制 4. 隔离层铺设
011003002	砌筑沥青浸渍砖	1. 砌筑部位 2. 浸渍砖规格 3. 胶泥种类 4. 浸渍砖砌法	m^3	按设计图示尺寸以体积计算	1. 基层清理 2. 胶泥调制 3. 浸渍砖铺砌
011003003	防腐涂料	1. 涂刷部位 2. 基层材料类型 3. 刮腻子的种类、遍数 4. 涂料品种、刷涂遍数	m^2	按设计图示尺寸以面积计算 1. 平面防腐：扣除凸出地面的构筑物、设备基础等以及面积>0.3m^2孔洞、柱、垛等所占面积，门洞、空圈、暖气包槽、壁龛的开口部分不增加面积 2. 立面防腐：扣除门、窗洞口以及面积>0.3m^2孔洞、梁所占面积，门、窗洞口侧壁、垛凸出部分按展开面积并入墙面积内	1. 基层清理 2. 刮腻子 3. 刷涂料

注：浸渍砖砌法指平砌、立砌。

三、国标工程量清单计价

保温、隔热、防腐工程国标清单计价方法与前述分部工程一致。

【小 结】

本项目主要介绍了保温、隔热、防腐工程的定额使用规定、工程量计算规则，以及保温、隔热、防腐工程的清单编制与综合单价的计算。重点是把握保温、隔热、防腐工程的定额工程量计算，掌握保温、隔热、防腐工程常用清单项目的编制与清单计价。

【思考与练习题】

1. 依据图 10-1，计算该屋面保温隔热清单的综合单价（假设人工、材料、机械台班的消耗量和单价均按《浙江省房屋建筑与装饰工程预算定额》(2018 版) 计取，管理费和利润均按 10% 计取）。

2. 请谈谈保温工程对国家双碳目标的实现有什么促进作用。

项目11

脚手架工程

任务 1　脚手架工程基础知识

脚手架是专为高空施工操作、堆放和运送材料，并保证施工安全而设置的架设工具或操作平台。脚手架工程包括脚手架的搭设与拆除，安全网铺设，铺、拆、翻脚手片等。当建筑物超过规范允许搭设脚手高度（50m）时，应采用钢挑架，钢挑架上下间距通常不超过18m（图11-1）。

图11-1　各类型脚手架

脚手架分为木脚手架、毛竹脚手架和金属脚手架（图11-2），金属脚手架常见的有钢管脚手架、碗扣式脚手架和移动架。

图11-2　金属脚手架

任务 2　脚手架工程定额清单编制与计价

一、定额使用说明

1）本定额适用于房屋工程、构筑物及附属工程，包括脚手架搭、拆、运输及脚手架材料摊销。

2）本定额包括单位工程在合理工期内完成定额规定工作内容所需的施工脚手架，定额按常规方案及方式综合考虑编制；当实际搭设方案或方式不同时，除另有规定或特殊要求外，均按定额执行。

3）本定额脚手架材料按钢管式脚手架编制，不同搭设材料均按定额执行。

4）综合脚手架定额根据相应结构类型以不同檐高划分，遇下列情况时分别计价：同一建筑物檐高不同时，应根据不同高度的垂直分界面分别计算建筑面积，套用相应定额；同一建筑物结构类型不同时，应分别计算建筑面积套用相应定额，上下层结构类型不同的应根据水平分界面分别计算建筑面积，套用同一檐高的相应定额。

5）综合脚手架。

① 综合脚手架定额适用于房屋工程及其地下室，不适用于房屋加层、构筑物及附属工程脚手架，以上可套用单项脚手架相应定额。

② 综合脚手架定额除另有说明外层高以 6m 以内为准，层高超过 6m 时，另按每增加 1m 以内定额计算；檐高 30m 以上的房屋，层高超过 6m 时，按檐高 30m 以内每增加 1m 定额执行。

③ 综合脚手架定额已综合内、外墙砌筑脚手架，外墙饰面脚手架，斜道和上料平台，高度在 3.6m 以内的内墙及顶棚装饰脚手架、基础深度（自设计室外地坪起）2m 以内的脚手架。地下室脚手架定额已综合了基础脚手架。

④ 综合脚手架定额未包括下列施工脚手架，发生时按单项脚手架规定另列项目计算。

a. 高度在 3.6m 以上的内墙和顶棚饰面或吊顶安装脚手架。

b. 建筑物屋顶上或楼层外围的混凝土构架高度在 3.6m 以上的装饰脚手架。

c. 深度超过 2m（自交付施工场地标高或设计室外地面标高起）的无地下室基础采用非泵送混凝土时的脚手架。

d. 电梯安装井道脚手架。

e. 人行过道防护脚手架。

f. 网架安装脚手架。

⑤ 装配整体式混凝土结构执行混凝土结构综合脚手架定额。当装配式混凝土结构预制率（以下简称预制率）<30%时，按相应混凝土结构综合脚手架定额执行；当30%≤预制率<40%时，按相应混凝土结构综合脚手架定额乘以系数 0.95；当40%≤预制率<50%时，按相应混凝土结构综合脚手架定额乘以系数 0.9；当预制率≥50%时，按相应混凝土结构综合脚手架定额乘以系数 0.85。装配式结构预制率计算标准根据浙江省现行规定执行。

⑥ 厂（库）房钢结构综合脚手架定额：单层按檐高 7m 以内编制，多层按檐高 20m 以内编制，若檐高超过编制标准，应按相应每增加 1m 定额计算，层高不同不作调整。单层厂（库）房檐高超过 16m，多层厂（库）房檐高超过 30m 时，应根据施工方案计算。厂（库）房钢结构综合脚手架定额按外墙为装配式钢结构墙面板考虑，实际采用砖砌围护体系并需要搭设外墙脚手架时，综合脚手架按相应定额乘以系数 1.80。厂（库）房钢结构脚手架按综合定额计算的不再另行计算单项脚手架。

⑦ 住宅钢结构综合脚手架定额适用于结构体系为钢结构、钢-混凝土混合结构的工程，层高以 6m 以内为准；层高超过 6m 时，另按混凝土结构每增加 1m 以内定额计算。

项目 11　脚手架工程

【例 11-1】　某住宅钢结构工程综合脚手架，檐高 36m，层高 7m。请计算定额人工费、材料费和机械费。

【解答】

定额编号：18-22+18-8

计量单位：100m²

人工费＝（1385.64+147.02）元＝1532.66 元

材料费＝（899.40+94.53）元＝993.93 元

机械费＝（79.21+11.45）元＝90.66 元

⑧ 大卖场、物流中心等钢结构工程的综合脚手架可按厂（库）房钢结构相应定额执行；高层商务楼、商住楼、医院、教学楼等钢结构工程综合脚手架可按住宅钢结构相应定额执行。

⑨ 装配式木结构的脚手架按相应混凝土结构定额乘以系数 0.85 计算。

⑩ 砖混结构执行混凝土结构定额。

6）单项脚手架。

① 不适用综合脚手架时，以及综合脚手架有说明可另行计算的情形，执行单项脚手架。

② 外墙脚手架定额未包括斜道和上料平台，发生时另列项目计算。外墙外侧饰面应利用外墙脚手架，如不能利用须另行搭设时，按外墙脚手架定额，人工乘以系数 0.80，材料乘以系数 0.30；如仅勾缝、刷浆、腻子或油漆时，人工乘以系数 0.40，材料乘以系数 0.10。

③ 砖墙厚度在一砖半以上，石墙厚度在 40cm 以上时，应计算双面脚手架，外侧套用外墙脚手架定额，内侧套用内墙脚手架定额。

④ 砌筑围墙高度在 2m 以上者，脚手架套用内墙脚手架定额，如另一面需装饰时脚手架另套用内墙脚手架定额，并对人工乘以系数 0.80、材料乘以系数 0.30。

⑤ 砖（石）挡墙的砌筑脚手架发生时按不同高度分别套用内墙脚手架定额。

⑥ 整体式附着升降脚手架定额适用于高层建筑的施工。

⑦ 吊篮定额适用于外立面装饰用脚手架。吊篮安装、拆除以套为单位计算，使用以套·天计算，挪移费按吊篮安拆定额扣除载重汽车台班后乘以系数 0.70 计算。

⑧ 深度超过 2m（自交付施工场地标高或设计室外地面标高起）的无地下室基础采用非泵送混凝土时，应计算混凝土运输脚手架，按满堂脚手架基本层定额乘以系数 0.60；深度超过 3.6m 时，另按增加层定额乘以系数 0.60。

【例 11-2】　某房屋基础为带型基础，采用非泵送商品混凝土，基础深度为 4.2m。请计算定额人工费、材料费和机械费。

【解答】

定额编号：18-47H+18-48H

计量单位：100m²

人工费＝（805.95+159.30）元×0.6＝579.15 元

材料费＝（147.07+30.95）元×0.6＝106.812 元

机械费＝（34.34+7.75）元×0.6＝25.254 元

⑨ 高度在 3.6m 以上的墙、柱饰面或相应油漆涂料脚手架，如不能利用满堂脚手架，须

253

另行搭设时，按内墙脚手架定额，人工乘以系数 0.60，材料乘以系数 0.30；如仅勾缝、刷浆时，人工乘以系数 0.40，材料乘以系数 0.10。

⑩ 高度为 3.6～5.2m 的顶棚饰面或相应油漆涂料脚手架，按满堂脚手架基本层计算。高度超过 5.2m 另按增加层定额计算；如仅勾缝、刷浆时，按满堂脚手架定额，人工乘以系数 0.40，材料乘以系数 0.10。满堂脚手架在同一操作地点进行多种操作时（不另行搭设），只可计算一次脚手架费用。

【例 11-3】 试计算层高为 6m 的顶棚油漆定额人工费、材料费和机械费。

【解答】
层高 6m>5.2m
定额编号：18-47+18-48
计量单位：100m²
人工费=（805.95+159.30）元=965.25 元
材料费=（147.07+30.95）元=178.02 元
机械费=（34.34+7.75）元=42.09 元

⑪ 电梯井高度按井坑底面至井道顶板底的净空高度再减去 1.5m 计算。

⑫ 砖柱脚手架适用于高度大于 2m 的独立砖柱；房上烟囱高度超出屋面 2m 者，套用砖柱脚手架定额。

⑬ 防护脚手架定额按双层考虑，基本使用期为 6 个月，不足或超过 6 个月按相应定额调整，不足 1 个月按 1 个月计。

⑭ 构筑物钢筋混凝土贮仓（非滑模的）、漏斗、风道、支架、通廊、水（油）池等，构筑物高度（自构筑物基础顶面起算）在 2m 以上者，每 10m³ 混凝土（不论有无饰面）的脚手架费按 210 元（其中人工费 1.2 工日）计算。

⑮ 钢筋混凝土倒锥形水塔的脚手架，按水塔脚手架的相应定额乘以系数 1.30。

⑯ 构筑物及其他施工作业需要搭设脚手架的参照单项脚手架定额计算。

⑰ 专业发包的内、外装饰工程如不能利用总包单位的脚手架时，应根据施工方案，按相应单项脚手架定额计算。

⑱ 钢结构网架高空散拼时安装脚手架套用满堂脚手架定额。

⑲ 满堂脚手架的搭设高度大于 8m 时，参照混凝土及钢筋混凝土工程超危支撑架相应定额乘以系数 0.20 计算。

⑳ 用于钢结构安装等支撑体系符合"超过一定规模的危险性较大的分部分项工程范围"标准时，根据专项施工方案，参照混凝土及钢筋混凝土工程超危支撑架相应定额计算。

二、脚手架工程定额清单编制

1. 综合脚手架

综合脚手架工程量=建筑面积+增加面积。

1）建筑面积。工程量按房屋建筑面积计算，有地下室时，地下室与上部建筑面积分别计算，套用相应定额。半地下室并入上部建筑物计算。

2）增加面积。

① 骑楼、过街楼底层的开放公共空间和建筑物通道，层高在 2.2m 及以上者按墙（柱）

外围水平面积计算;层高不足 2.2m 者计算 1/2 面积。

② 建筑物屋顶上或楼层外围的混凝土构架,高度在 2.2m 及以上者按构架外围水平投影面积的 1/2 计算。

③ 凸(飘)窗按其围护结构外围水平面积计算,扣除已计入《建筑工程建筑面积计算规范》(GB/T 50353—2013)第 3.0.13 条的面积。

④ 建筑物门廊按其混凝土结构顶板水平投影面积计算,扣除已计入《建筑工程建筑面积计算规范》(GB/T 50353—2013)第 3.0.16 条的面积。

单项脚手架定额清单计价

⑤ 建筑物阳台均按其结构底板水平投影面积计算,扣除已计入《建筑工程建筑面积计算规范》(GB/T 50353—2013)第 3.0.21 条的面积。

⑥ 建筑物外与阳台相连有围护设施的设备平台,按结构底板水平投影面积计算。

以上涉及面积计算的内容,仅适用于计取综合脚手架、垂直运输费和建筑物超高加压水泵台班及其他费用。

2. 单项脚手架

1)砌筑脚手架工程量按内、外墙面积计算(不扣除门窗洞口、空洞等面积)。外墙乘以系数 1.15,内墙乘以系数 1.10。

【例 11-4】 某酒店外墙面装饰如图 11-3 所示,试计算外墙脚手架工程量,并编制定额工程量清单。

【解答】

外墙脚手架,套用定额 18-34。

工程量 $S = 3.2 \times 3.86 \times 1.15 \text{m}^2 = 14.20 \text{m}^2$

定额清单见表 11-1。

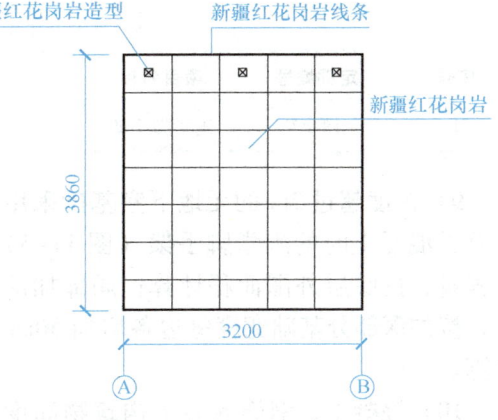

图 11-3 花岗岩外墙

表 11-1 措施项目清单(定额清单)

序号	定额编号	项目名称	项目特征	计量单位	工程量
1	18-34	外墙脚手架	外墙脚手架,高度 7m 以内	m²	14.20

2)围墙脚手架高度自设计室外地坪算至围墙顶,长度按围墙中心线计算,洞口面积不扣,砖垛(柱)也不折加长度。

3)整体式附着升降脚手架按提升范围的外墙外边线长度乘以外墙高度以面积计算,不扣除门窗、洞口所占的面积。按单项脚手架计算时,可结合实际,根据施工组织设计规定以租赁计价。

4)吊篮工程量按相应施工组织设计计算。

5)满堂脚手架工程量按顶棚水平投影面积计算,工作面高度为房屋层高;斜顶棚(屋面)按平均高度计算;局部高度超过 3.6m 的顶棚,按超过部分面积计算。

屋顶上或楼层外围等无顶棚建筑构造的脚手架,构架起始标高到构架底的高度超过 3.6m 时,另按 3.6m 以上部分构架外围水平投影面积计算满堂脚手架。

【例 11-5】 某包房如图 11-4 所示，该包房顶棚做吊顶，室内净高 4.2m，计算该顶棚脚手架的工程量，并编制定额清单。

【解答】

该包房顶棚吊顶高度为 4.2m>3.6m，故脚手架应计算满堂脚手架。

工程量为：$S = 3.4 \times 5.7 \text{m}^2 = 19.38 \text{m}^2$

套用定额 18-47。

定额清单见表 11-2。

6）电梯安装井道脚手架，按单孔（一座电梯）以座计算。

7）人行过道防护脚手架，按水平投影面积计算。

8）砖（石）柱脚手架按柱高以 m 计算。

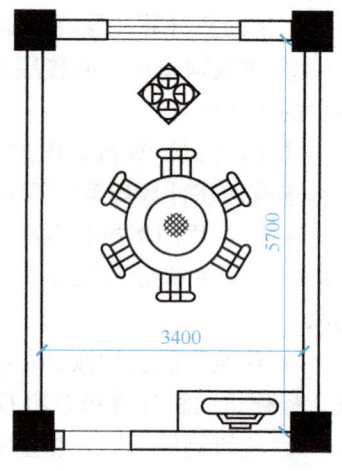

图 11-4 包房平面图

表 11-2 措施项目清单（定额清单）

序号	定额编号	项目名称	项目特征	计量单位	工程量
1	18-47	满堂脚手架	顶棚吊顶高度为 4.2m	m²	19.38

9）深度超过 2m 的无地下室基础采用非泵送混凝土时的满堂脚手架（图 11-5）工程量，按底层外围面积计算；局部加深时，按加深部分基础宽度每边各增加 50cm 计算。

10）混凝土、钢筋混凝土构筑物高度在 2m 以上，混凝土工程量包括 2m 以下至基础顶面以上部分体积。

11）烟囱、水塔脚手架分别高度，按座计算。

12）采用钢滑模施工的钢筋混凝土烟囱筒身、水塔筒式塔身、贮仓筒壁按无井架施工考虑，除设计采用涂料等工艺外不得再计算脚手架或竖井架。

图 11-5 混凝土运输脚手架

脚手架工程定额清单计价实例

【例 11-6】 某工程如图 11-6 所示，钢筋混凝土基础深度 $H = 5.2$m，每层建筑面积 800m²，顶棚面积 720m²，楼板厚 100mm。请编制综合脚手架、顶棚抹灰脚手架和基础混凝土运输脚手架的定额清单。

【解答】

（1）综合脚手架，檐高 $H = (19.8 + 0.3)$m $= 20.1$m>20m

① 底层，层高 $H = 8$m>6m，套用定额 18-7+18-8×2。

$S = 800$m²

② 二～五层，层高 $H<6$m，套用定额 18-7。

$S = 800 \times 4 \text{m}^2 = 3200 \text{m}^2$

（2）顶棚抹灰脚手架费用

底层高度为：8m>5.2m，第三层高度为：4m<5.2m

① 底层，层高8m，套用定额18-47+18-48×3。

$S = 720 \text{m}^2$

② 第三层，层高4m，套用定额18-47。

$S = 720 \text{m}^2$

（3）基础混凝土运输脚手架，$H = 5.2\text{m} > 2\text{m}$，套用定额18-47H+18-48H×2。

$S = 800 \text{m}^2$

定额清单见表11-3。

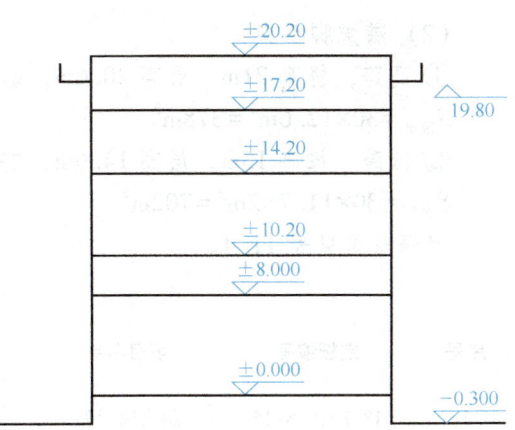

图11-6　某工程立面图

表11-3　措施项目清单（定额清单）

序号	定额编号	项目名称	项目特征	计量单位	工程量
1	18-7+18-8×2	综合脚手架	综合脚手架，混凝土结构，檐高30m以内，层高8m	m²	800
2	18-7	综合脚手架	综合脚手架，混凝土结构，檐高30m以内，层高6m以内	m²	3200
3	18-47+18-48×3	满堂脚手架	满堂脚手架，层高8m	m²	720
4	18-47	满堂脚手架	满堂脚手架，层高4m	m²	720
5	18-47H+18-48H×2	满堂脚手架	基础运输脚手架，高度5.2m	m²	800

【例11-7】如图11-7所示，某单层高低跨工业厂房，高跨檐高21m，层高20.6m；低跨檐高15m，层高14.6m，屋面采用大型屋面板勾缝刷白，屋面板厚12cm，柱600mm×400mm，墙厚240mm。请编制高低跨的综合脚手架和满堂脚手架定额清单。

【解答】

（1）综合脚手架

① 高跨，檐高21m，层高20.6m，套用定额18-7+18-8×15。

$S = 30.48 \times (12 + 0.3 \times 2) \text{m}^2 = 384.05 \text{m}^2$

② 低跨，檐高15m，层高14.6m，套用定额18-5+18-6×9。

$S = 30 \times (12 - 0.3 + 0.24) \text{m}^2 \times 2 = 716.4 \text{m}^2$

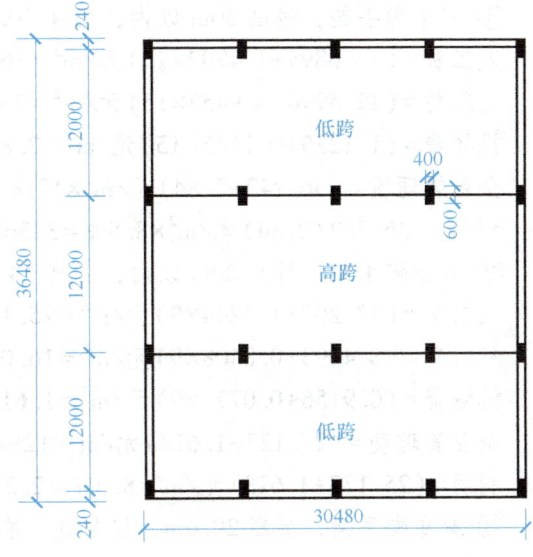

图11-7　厂房平面图

（2）满堂脚手架

① 高跨，檐高 21m，层高 20.6m，套用定额 18-47H+18-48H×13。

$S_{顶棚} = 30×12.6m^2 = 378m^2$

② 低跨，檐高 15m，层高 14.6m，套用定额 18-47H+18-48H×8。

$S_{顶棚} = 30×11.7×2m^2 = 702m^2$

定额清单见表 11-4。

表 11-4 措施项目清单（定额清单）

序号	定额编号	项目名称	项目特征	计量单位	工程量
1	18-7+18-8×15	综合脚手架	综合脚手架，混凝土结构，檐高 30m 以内，层高 20.6m	m^2	384.05
2	18-5+18-6×9	综合脚手架	综合脚手架，混凝土结构，檐高 20m 以内，层高 14.6m	m^2	716.4
3	18-47H+18-48H×13	满堂脚手架	满堂脚手架，层高 20.6m，仅勾缝	m^2	378
4	18-47H+18-48H×8	满堂脚手架	满堂脚手架，层高 14.6m，仅勾缝	m^2	702

三、脚手架工程定额清单计价

【例 11-8】 根据例 11-7 提供的工程条件和清单及拟订的施工方案，按照《浙江省房屋建筑与装饰工程预算定额》（2018 版）计算定额清单项目的综合单价与合价（本题假设为编制投标报价，属于房屋建筑工程，采用一般计税法，企业管理费取 12%，利润取 8.5%）。

【解答】

根据《浙江省房屋建筑与装饰工程预算定额》（2018 版）计算人、材、机费用，《浙江省建设工程计价规则》（2018 版）规定：投标报价的企业管理费和利润应以定额项目中的"人工费+机械费"之和计算。

① 综合脚手架，檐高 30m 以内，层高 20.6m，套用定额 18-7+18-8×15

人工费 = (14.6894+1.4702×15) 元/m^2 = 36.742 元/m^2

材料费 = (12.5996+0.9453×15) 元/m^2 = 26.779 元/m^2

机械费 = (1.1225+0.1145×15) 元/m^2 = 2.84 元/m^2

企业管理费 = (36.742+2.84) 元/m^2×12% = 4.750 元/m^2

利润 = (36.742+2.84) 元/m^2×8.5% = 3.365 元/m^2

② 综合脚手架，檐高 20m 以内，层高 14.6m，套用定额 18-5+18-6×9

人工费 = (13.207+1.3244×9) 元/m^2 = 25.127 元/m^2

材料费 = (8.4293+0.8408×9) 元/m^2 = 16.000 元/m^2

机械费 = (0.9156+0.0775×9) 元/m^2 = 1.613 元/m^2

企业管理费 = (25.127+1.613) 元/m^2×12% = 3.209 元/m^2

利润 = (25.127+1.613) 元/m^2×8.5% = 2.273 元/m^2

③ 满堂脚手架，层高 20.6m，仅勾缝，套用定额 18-47H+18-48H×13

人工费 = (8.0595×0.4+1.593×0.4×13) 元/m^2 = 11.507 元/m^2

材料费=(1.4707×0.1+0.3095×0.1×13)元/m^2=0.549 元/m^2
机械费=(0.3434+0.0775×13)元/m^2=1.351 元/m^2
企业管理费=(11.507+1.351)元/m^2×12%=1.543 元/m^2
利润=(11.507+1.351)元/m^2×8.5%=1.093 元/m^2
④满堂脚手架,层高14.6m,仅勾缝,套用定额18-47H+18-48H×8
人工费=(8.0595×0.4+1.593×0.4×8)元/m^2=8.321 元/m^2
材料费=(1.4707×0.1+0.3095×0.1×8)元/m^2=0.395 元/m^2
机械费=(0.3434+0.0775×8)元/m^2=0.963 元/m^2
企业管理费=(8.321+0.963)元/m^2×12%=1.114 元/m^2
利润=(8.321+0.963)元/m^2×8.5%=0.789 元/m^2
计算定额清单综合单价与合价,见表11-5。

表11-5 综合单价计算表(定额清单)

序号	定额编号	项目名称	计量单位	数量	综合单价/元						合计/元
					人工费	材料费	机械费	管理费	利润	小计	
1	18-7+18-8×15	综合脚手架	m^2	384.05	36.742	26.779	2.84	4.75	3.365	74.476	28603
2	18-5+18-6×9	综合脚手架	m^2	716.4	25.127	16.000	1.613	3.209	2.273	48.222	34546
3	18-47H+18-48H×13	满堂脚手架	m^2	378	11.507	0.549	1.351	1.543	1.093	16.043	6064
4	18-47H+18-48H×8	满堂脚手架	m^2	702	8.321	0.395	0.963	1.114	0.789	11.582	8131

任务3 脚手架工程国标清单编制与计价

一、脚手架工程国标工程量清单编制

脚手架清单列项及工程量计算按《计量规范》附录S.1脚手架工程及浙江省补充规定执行。

(一)清单项目编制

1)综合脚手架项目适用于能够按"建筑面积计算规则"计算建筑面积的建筑工程脚手架,不适用于房屋加层、构筑物和附属工程脚手架。

2)同一建筑物有不同檐高时,应按建筑物竖向切面不同檐高编列清单项目。

3)满堂脚手架项目适用于脚手架搭设高度超过3.6m的顶棚抹灰或吊顶安装及基础深度超过2m的混凝土运输脚手架(地下室及使用泵送混凝土的除外)。搭设高度为设计室内地(楼)面至顶棚底的高度,斜顶棚按平均高度计算,基础深度自设计室外地坪起算。

4)整体提升架已包括2m高的防护假体设施。

（二）清单工程量计算

1）综合脚手架。按建筑物的建筑面积计算。
2）满堂脚手架和悬空脚手架。按搭设的水平投影面积计算。
3）里、外脚手架及外装饰吊篮。按所服务对象的垂直投影面积计算。
4）挑脚手架。按搭设长度和层数以延长米计算。

（三）脚手架工程措施项目清单编制时应注意的问题

1）满堂脚手架项目适用于工作面高度超过 3.6m 的顶棚抹灰或吊顶安装及深度超过 2m 的无地下室基础采用非泵送混凝土时的脚手架。工作面高度为层高，斜顶棚按平均高度计算。项目特征描述时，应描述层高或基础深度。层高如有超过 5.2m 的则应描述该部分的顶棚水平投影面积。

2）无顶棚抹灰及吊顶的工程，墙面抹灰高度超过 3.6m 时，应计算内墙抹灰单项脚手架。

3）同一建筑物有不同檐高时，按建筑物竖向切面分别按不同檐高编列清单项目。

4）当房屋建筑层高超过 6m 时，综合脚手架项目特征还应描述层高和相应的建筑面积；有地下室的，应描述地下室层数及建筑面积。

5）吊篮脚手架应描述吊篮的使用套数和天数。

【例 11-9】 某市区房屋建筑工程：框架结构，地下室二层，建筑面积 3000m^2。裙房五层，檐高 18m，建筑面积 5000m^2（不包括主楼占地部位），层高均为 3.6m。主楼十七层，檐高 65m，建筑面积 9000m^2，其中：底层层高 5.6m，建筑面积 1500m^2（顶棚面积 1350m^2）；二层层高 3.9m，建筑面积 1400m^2（顶棚面积 1230m^2）；标准层层高 3.6m；顶层层高 3.9m，建筑面积 800m^2（顶棚面积 680m^2），楼板厚度均为 100mm。试编制该建筑物脚手架的措施项目清单。

【解答】

综合脚手架清单因主楼和裙房的檐沟不同应分开列项，底层、二层和顶层的脚手架搭设高度均超过了 3.6m，应编制满堂脚手架清单，清单编制见表 11-6。

表 11-6　分部分项工程量清单（国标清单）

序号	项目编码	项目名称	项目特征	计量单位	工程数量
1	011701001001	综合脚手架	地下室 2 层，框架结构	m^2	3000
2	011701001002	综合脚手架	裙房，框架结构，檐高 18m，层高 3.6m	m^2	5000
3	011701001003	综合脚手架	主楼，框架结构，檐高 65m，其中 5.6m 层高共 1500m^2，3.9m 层高共 22000m^2，其余层高均为 3.6m	m^2	9000
4	011701006001	满堂脚手架	底层，搭设高度 5.6m	m^2	1350
5	011701006002	满堂脚手架	二层和顶层，搭设高度 3.9m	m^2	1910

（四）脚手架工程工程量清单项目及计算规则

脚手架工程工程量清单项目及计算规则见表 11-7。

项目 11 脚手架工程

表 11-7 脚手架工程

项目编码	项目名称	项目特征	计量单位	工程量计算规则	工作内容
011701001	综合脚手架	1. 建筑结构形式 2. 檐口高度	m²	按建筑面积计算	1. 场内、场外材料搬运 2. 搭、拆脚手架、斜道、上料平台 3. 安全网的铺设 4. 选择附墙点与主体连接 5. 测试电动装置、安全锁等 6. 拆除脚手架后材料的堆放
011701002	外脚手架	1. 搭设方式 2. 搭设高度 3. 脚手架材质	m²	按所服务对象的垂直投影面积计算	1. 场内、场外材料搬运 2. 搭、拆脚手架、斜道、上料平台 3. 安全网的铺设 4. 拆除脚手架后材料的堆放
011701003	里脚手架				
011701004	悬空脚手架	1. 搭设方式 2. 悬挑宽度 3. 脚手架材质	m²	按搭设的水平投影面积计算	
011701005	挑脚手架		m	按搭设长度乘以搭设层数以延长米计算	
011701006	满堂脚手架	1. 搭设方式 2. 搭设高度 3. 脚手架材质	m²	按搭设的水平投影面积计算	
011701007	整体提升架	1. 搭设方式及启动装置 2. 搭设高度	m²	按所服务对象的垂直投影面积计算	1. 场内、场外材料搬运 2. 选择附墙点与主体连接 3. 搭、拆脚手架、斜道、上料平台 4. 安全网的铺设 5. 测试电动装置、安全锁等 6. 拆除脚手架后的材料堆放
011701008	外装饰吊篮	1. 升降方式及启动装置 2. 搭设高度及吊篮型号	m²	按所服务对象的垂直投影面积计算	1. 场内、场外材料搬运 2. 吊篮的安装 3. 测试电动装置、安全锁、平衡控制器等 4. 吊篮的拆卸
Z011701009	电梯井脚手架	电梯井高度	座	按所服务对象的数量计算	

注：1. 使用综合脚手架时，不再使用外脚手架、里脚手架等单项脚手架；综合脚手架适用于能够按"建筑面积计算规则"计算建筑面积的建筑工程脚手架，不适用于房屋加层、构筑物及附属工程脚手架。
  2. 同一建筑物有不同檐高时，按建筑物竖向切面分别按不同檐高编列清单项目。
  3. 整体提升架已包括 2m 高的防护架体设施。
  4. 脚手架材质可以不描述，但应注明由投标人根据实际情况按照国家现行标准《建筑施工扣件式钢管脚手架安全技术规范》(JGJ 130—2011)、《建筑施工附着升降脚手架管理暂行规定》(建建〔2000〕230 号) 等规范自行确定。

261

二、脚手架工程国标工程量清单计价

脚手架工程国标清单项目按《计量规范》附录 S.1 及浙江省补充规定列项，包括综合脚手架、外脚手架、里脚手架、悬空脚手架、挑脚手架、满堂脚手架、整体提升架、外装饰吊篮、电梯井脚手架 9 个项目。主要项目在清单综合单价组价时可组合的内容见表 11-8。

表 11-8　脚手架工程国标清单项目可组合的内容

序号	项目编码	项目名称	计量单位	可组合的主要内容	对应的定额子目
1	011701001	综合脚手架	m^2	混凝土结构	18-1~18-17
				钢结构	18-18~18-30
				地下室	18-31~18-33
2	011701002	外脚手架		外墙脚手架	18-40~18-43
3	011701003	里脚手架		内墙脚手架	18-44、18-45
4	011701006	满堂脚手架			18-47、18-48
5	Z011701009	电梯井脚手架	座	电梯安装井道脚手架	18-54~18-58

【例 11-10】　请计算例 11-9 措施项目清单的综合单价（假设人工、材料、机械台班的价格与定额取定价相同；企业管理费、利润均按人工费加机械费的 10% 计取）。

【解答】

（1）项目编码 011701001001，地下室 2 层综合脚手架，套用定额 18-32。

$S = 3000 m^2$

人工费 = 12.527 元

材料费 = 4.538 元

机械费 = 1.071 元

企业管理费 = (12.527+1.071) 元 × 10% = 1.36 元

利润 = (12.527+1.071) 元 × 10% = 1.36 元

（2）项目编码 011701001002，檐高 18m、层高 3.6m 综合脚手架，套用定额 18-5。

$S = 5000 m^2$

人工费 = 13.207 元

材料费 = 8.429 元

机械费 = 0.916 元

企业管理费 = (13.207+0.916) 元 × 10% = 1.412 元

利润 = (13.207+0.916) 元 × 10% = 1.412 元

（3）项目编码 011701001003，檐高 65m、层高 6m 以内综合脚手架，套用定额 18-10。

$S = 9000 m^2$

人工费 = 19.829 元

材料费 = 20.342 元

机械费 = 1.670 元

企业管理费 = (19.829+1.670) 元 × 10% = 2.15 元

利润 = (19.829+1.670) 元 × 10% = 2.15 元

(4) 项目编码011701006001，搭设高度5.6m满堂脚手架，套用定额18-47+18-48。

$S=1350\text{m}^2$

人工费=(8.0595+1.593)元=9.653元

材料费=(1.4707+0.3095)元=1.78元

机械费=(0.3434+0.0775)元=0.421元

企业管理费=(9.653+0.421)元×10%=1.007元

利润=(9.653+0.421)元×10%=1.007元

(5) 项目编码011701006002，搭设高度3.9m满堂脚手架，套用定额18-47。

$S=1910\text{m}^2$

人工费=8.06元

材料费=1.471元

机械费=0.343元

企业管理费=(8.06+0.343)元×10%=0.84元

利润=(8.06+0.343)元×10%=0.84元

(6) 计算结果见表11-9。

表11-9 脚手架工程清单综合单价计算表

序号	编号	工程内容	单位	数量	综合单价/元						合计/元
					人工费	材料费	机械费	管理费	利润	小计	
1	011701001001	地下室综合脚手架，地下2层	m²	3000	12.527	4.538	1.071	1.360	1.360	20.856	62568
	18-32	综合脚手架（地下室）	m²	3000	12.527	4.538	1.071	1.360	1.360	20.856	62568
2	011701001002	建筑物综合脚手架，裙房檐高18m，层高3.6m	m²	5000	13.207	8.429	0.916	1.412	1.412	25.376	126880
	18-5	综合脚手架（裙房）	m²	5000	13.207	8.429	0.916	1.412	1.412	25.376	126880
3	011701001003	建筑物综合脚手架，檐高65m，层高6m以内	m²	9000	19.829	20.342	1.670	2.150	2.150	46.141	415269
	18-10	综合脚手架（主楼）	m²	9000	19.829	20.342	1.670	2.150	2.150	46.141	415269
4	011701006001	满堂脚手架，层高5.6m	m²	1350	9.653	1.780	0.421	1.007	1.007	13.868	18722
	18-47+18-48	满堂脚手架	m²	1350	9.653	1.780	0.421	1.007	1.007	13.868	18722
5	011701006002	满堂脚手架，层高3.9m	m²	1910	8.060	1.471	0.343	0.840	0.840	11.554	22068
	18-47	满堂脚手架	m²	1910	8.060	1.471	0.343	0.840	0.840	11.554	22068

【小 结】

本项目主要介绍了脚手架工程的基本知识和施工工艺,《浙江省房屋建筑与装饰工程预算定额》(2018 版) 脚手架工程的定额套用及计算规则,《建设工程工程量清单计价规范》(GB 50500—2013) 脚手架工程措施项目清单的编制及计价方法费用计算;重点是掌握脚手架工程量和建筑面积的不同处以及脚手架工程的定额套用。

【思考与练习题】

1. 写出下列项目的定额编号、计量单位、换算后人工费、材料费、机械费。
(1) 满堂脚手架,层高 10m,仅用于刷浆。
(2) 房屋综合脚手架,檐高 25m,层高 6.5m。
(3) 围墙脚手架,高度 3m。
2. 综合脚手架定额综合了哪些内容,不包括哪些内容?
3. 综合脚手架工程量计算和建筑面积的计算规则有哪些不同之处?
4. 某市区临街房屋工程:地下室一层,建筑面积 1000m²。裙房三层,檐高 10m,建筑面积 2000m² (不包括主楼占地部位),层高均为 3.6m。主楼十二层,檐高 40m,建筑面积 7000m²,其中:底层层高 6m,建筑面积 1000m² (顶棚面积 800m²)。按上述背景资料,某投标单位制订了施工组织设计方案:地下室施工工期 30 天。试计算该建筑物脚手架的施工技术措施费 (假设人工、材料、机械台班的价格与定额取定价相同;企业管理费、利润分别按人工费加机械费的 10% 计取,风险费暂不考虑)。

项目12

垂直运输工程

任务 1　垂直运输工程基础知识

（一）垂直运输工具

建筑工程中，垂直运输工具常为卷扬机和自升式塔式起重机。地下室施工，按塔吊配置；檐高 30m 以内按单筒慢速 1t 内卷扬机及塔吊配置；檐高 30mm 以上 120m 以下按单筒快速 1t 内卷扬机及塔吊和施工电梯配；超过 120m 按塔吊和施工电梯配置。

（二）垂直运输费用的使用范围

因为采用上述运输工具而发生的有关费用，在计算时要根据建筑物的类别、高度、层高而区别对待。

任务 2　垂直运输工程定额清单编制与计价

一、定额使用说明

1）本定额适用于房屋工程、构筑工程的垂直运输，不适用于专业发包工程。

2）本定额包括单位工程在合理工期内完成全部工作所需的垂直运输机械台班，但不包括大型机械的场外运输、安装拆卸及路基铺垫、轨道铺拆和基础等费用，发生时另按相应定额计算。

3）建筑物的垂直运输，定额按常规方案以不同机械综合考虑，除另有规定或特殊要求者外，均按定额执行。

4）檐高 30m 以下建筑物垂直运输机械不采用塔吊时，应扣除相应定额子目中的塔吊机械台班消耗量，卷扬机井架和电动卷扬机台班消耗量分别乘以系数 1.50。

【例 12-1】　某混凝土结构房屋建筑檐高 16.5m，施工垂直运输机械采用卷扬机未使用塔吊。请计算垂直运输定额人工费、材料费和机械费。

【解答】

定额编号：19-4H

计量单位：$100m^2$

人工费 = 0 元

材料费 = 0 元

机械费 = (3.88×1.5×157.6+3.88×1.5×12.31) 元 = 988.88 元

5）檐高 3.6m 以内的单层建筑，不计算垂直运输费用。

6）建筑物层高超过 3.6m 时，按每增加 1m 相应定额计算；超高不足 1m 的，每增加 1m 相应定额按比例调整。钢结构厂（库）房、地下室层高定额已综合考虑。

【例 12-2】　某混凝土结构房屋建筑檐高 16.5m，其中底层层高为 4.5m，请计算垂直运输的定额人工费、材料费和机械费。

【解答】

根据已知条件，底层层高 4.5m 已经超过 3.6m，需计算超高垂直运输增加费。定额编号：19-4+19-28H

计量单位：100m²

人工费 = 0 元

材料费 = 0 元

机械费 = [1620.33+246.97×(4.5-3.6)] 元 = 1842.603 元

7) 垂直运输定额按不同檐高划分，同一建筑物檐高不同时，应根据不同高度的垂直分界面分别计算建筑面积，套用相应定额；同一建筑物结构类型不同时，应分别计算建筑面积套用相应定额，同一檐高下的不同结构类型应根据水平分界面分别计算建筑面积，套用同一檐高的相应定额。

8) 本项目按主体结构混凝土泵送考虑；如采用非泵送时，垂直运输费按相应定额乘以系数 1.05。

9) 装配整体式混凝土结构垂直运输费套用相应混凝土结构相应定额乘以系数 1.40。

10) 住宅钢结构垂直运输定额适用于结构体系为钢结构的工程。大卖场、物流中心等钢结构工程，其构件安装套用"金属结构工程"厂（库）房钢结构时，垂直运输套用厂（库）房相应定额。当住宅钢结构建筑为钢-混凝土混合结构时，垂直运输套用混凝土结构相应定额。

11) 装配式木结构工程的垂直运输按本项目混凝土结构相应定额乘以系数 0.60 计算。

12) 砖混结构执行混凝土结构定额。

13) 构筑物高度以设计室外地坪至结构最高点为准。

14) 钢筋混凝土水（油）池套用贮仓定额乘以系数 0.35 计算。贮仓或水（油）池池壁高度小于 4.5m 时，不计算垂直运输费用。

15) 滑模施工的贮仓定额只适用于圆形仓壁，其底板及顶板套用普通贮仓定额。

二、垂直运输工程定额清单编制

1) 地下室垂直运输以首层室内地坪以下全部地下室的建筑面积计算，半地下室并入上部建筑物计算。

2) 上部建筑物垂直运输以首层室内地坪以上全部面积计算，面积按"脚手架工程"综合脚手架工程量的计算规则计算。

3) 非滑模施工的烟囱、水塔，根据高度按座计算；钢筋混凝土水（油）池及贮仓按基础底板以上实体积以 m³ 计算。

4) 滑模施工的烟囱、筒仓，按筒座或基础底板上表面以上的筒身实体积以 m³ 计算；水塔根据高度按座计算，定额已包括水箱及所有依附构件。

【例 12-3】 建筑物示意如图 12-1 所示，数字为不同区域、不同层面的建筑面积，其中 A、D 区檐高为 20m（无地下室），B 区檐高为 70m，C 区檐高为 50m。假设 20m 内共 6 层，20~50m 之间为 10 层（每层等高），50m 以上为 6 层，各区内每层建筑面积相等。试编制垂直运输工程量清单。

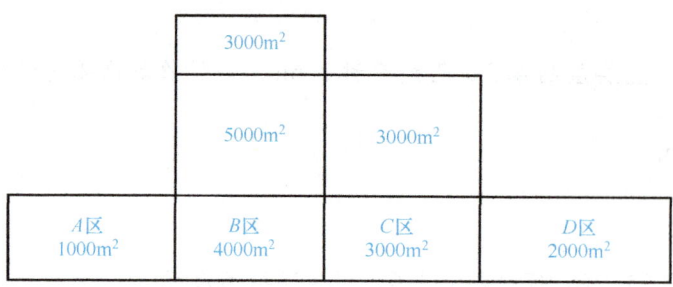

图 12-1 某建筑物示意图

【解答】

同一建筑物檐高不同时，应根据不同高度的垂直分界面分别计算建筑面积。

（1）檐高 20m 内层高 3.6m 内建筑面积：A 区、D 区，套用定额 19-4。

$$S=(1000+2000)m^2=3000m^2$$

（2）檐高 50m 内层高 3.6m 内建筑面积：C 区，套用定额 19-6。

$$S=(3000+3000)m^2=6000m^2$$

（3）檐高 70m 内层高 3.6m 内建筑面积：B 区，套用定额 19-7。

$$S=(3000+5000+4000)m^2=12000m^2$$

定额清单见表 12-1。

表 12-1 措施项目清单（定额清单）

序号	定额编号	项目名称	项目特征	计量单位	工程量
1	19-4	垂直运输费	檐高 20m 内，层高 3.6m 内	m²	3000
2	19-6	垂直运输费	檐高 50m 内，层高 3.6m 内	m²	6000
3	19-7	垂直运输费	檐高 70m 内，层高 3.6m 内	m²	12000

三、垂直运输工程定额清单计价

垂直运输工程
定额清单计价

【例 12-4】 根据例 12-3 提供的工程条件和清单及拟订的施工方案，按照《浙江省房屋建筑与装饰工程预算定额》（2018 版）计算定额清单项目的综合单价与合价（本题假设为编制投标报价，属于房屋建筑工程，采用一般计税法，企业管理费取 12%，利润取 8.5%）。

【解答】

根据《浙江省房屋建筑与装饰工程预算定额》（2018 版）计算人工费、材料费、机械费用，《浙江省建设工程计价规则》（2018 版）规定：投标报价的企业管理费和利润应以定额项目中的"人工费+机械费"之和计算。

① 檐高 20m 内层高 3.6m 内，套用定额 19-4。

人工费 = 0 元/m²

材料费 = 0 元/m²

机械费 = 16.203 元/m²

企业管理费 =（0+16.203）元/m² × 12% = 1.944 元/m²

垂直运输工程定额
清单计价实例

利润=（0+16.203）×8.5%=1.377 元/m²

② 檐高50m内，层高3.6m内，套用定额19-6。

人工费=0 元/m²

材料费=0 元/m²

机械费=35.313 元/m²

企业管理费=（0+35.313）元/m²×12%=4.238 元/m²

利润=（0+35.313）元/m²×8.5%=3.002 元/m²

③ 檐高70m内，层高3.6m内，套用定额19-7。

人工费=0 元/m²

材料费=0 元/m²

机械费=42.115 元/m²

企业管理费=（0+42.115）元/m²×12%=5.054 元/m²

利润=（0+42.115）元/m²×8.5%=3.580 元/m²

综合单价计算表见表12-2。

表12-2 综合单价计算表（定额清单）

序号	定额编号	项目名称	计量单位	数量	综合单价/元						合计/元
					人工费	材料费	机械费	管理费	利润	小计	
1	19-4	垂直运输，檐高20m内	m²	3000	0	0	16.203	1.944	1.377	19.524	58572
2	19-6	垂直运输，檐高50m内	m²	6000	0	0	35.313	4.238	3.002	42.553	255318
3	19-7	垂直运输，檐高70m内	m²	12000	0	0	42.115	5.054	3.580	50.749	608988

任务3　垂直运输工程国标清单编制与计价

一、国标工程量清单编制

垂直运输工程是为确保工程项目顺利施工，发生在工程施工前和施工过程中的非工程实体的项目，垂直运输费用属于技术措施费的范畴，因此在措施项目清单中列项。

垂直运输工程清单列项及工程量计算：垂直运输工程量清单项目设置、项目特征描述的内容、计量单位及工程量计算规则应按照《计量规范》附录S.3及浙江省补充规定执行。

垂直运输工程措施项目清单编制应注意的问题如下。

1）同一建筑物有不同檐高时，应按建筑物不同檐高做纵向分割，分别计算建筑面积，以不同檐高分别编码列项。

2）建筑物有地下室时，应分别编码列项并在项目特征描述中注明地下室层数。

3）建筑物层高超过3.6m的，应在项目特征描述中注明相应层高及建筑面积。

4）施工采用非泵送混凝土的，应在项目特征描述时注明。

二、垂直运输工程工程量清单项目及计算规则

垂直运输工程工程量清单项目及计算规则见表12-3。

表12-3　垂直运输

项目编码	项目名称	项目特征	计量单位	工程量计算规则	工作内容
Z011703001	垂直运输	1. 建筑物建筑类型及结构形式 2. 地下室建筑面积 3. 建筑物檐口高度、层数 4. 混凝土类型（泵送）	1. m^2 2. 天	1. 按建筑面积计算 2. 按施工工期日历天数计算	1. 垂直运输机械的固定装置、基础制作、安装 2. 行走式垂直运输机械轨道的铺设、拆除、摊销
Z011703002	塔式起重机基础费用	1. 起重机规格、型号 2. 基础形式 3. 桩基础类型	座	按设计图示数量计算	1. 基础打桩 2. 基础浇捣 3. 预埋件制作、埋设 4. 轨道铺设 5. 基础拆除、运输
Z011703003	施工电梯固定基础费用	1. 施工电梯规格、型号 2. 基础类型	座		1. 基础浇捣 2. 预埋件制作、埋设 3. 基础拆除、运输

注：1. 建筑物的檐口高度是指设计室外地坪至檐口滴水的高度（平屋顶系指屋面板底高度），凸出主体建筑物屋顶的电梯机房、楼梯出间、水箱间、瞭望塔、排烟机房等不计入檐口高度。
　　2. 垂直运输指施工工程在合理工期内所需垂直运输机械。
　　3. 同一建筑物有不同檐高时，按建筑物的不同檐高做纵向分割，分别计算建筑面积，以不同檐高分别编码列项。

三、国标工程量清单计价

（一）计价规定

1）垂直运输措施清单项目金额应按照分部分项工程量清单项目的综合单价计算方法确定。

2）垂直运输清单项目按施工组织设计内容计价。

3）设计变更或提供资料与实际不符引起脚手架清单项目变化而发生的增减应按合同约定予以调整。常见调整的内容如：设计变更引起建筑面积的增减和建筑物层数、层高、檐高变化时工程量的增减。

（二）清单计价组合内容

可组合的主要内容为《浙江省房屋建筑与装饰工程预算定额》（2018版）第19章的定额子目。

（三）计价工程量计算方法

1）垂直运输机械采用卷扬机带塔时，定额中塔吊台班单价换算，数量按塔吊台班数量乘以系数1.5。

2)同一建筑物檐高不同时,应根据不同高度的垂直分界面分别计算建筑面积,套用相应定额。

3)地下室垂直运输以首层室内地坪以下的建筑面积计算,半地下室并入上部建筑物计算。

4)上部建筑物的垂直运输以首层室内地坪以上建筑面积计算,另应增加按房屋综合脚手架计算规则规定增加内容的面积。

【小　结】

本项目主要介绍了垂直运输工程、建筑物超高施工增加费的基本知识,《浙江省房屋建筑与装饰工程预算定额》(2018版)垂直运输工程、建筑物超高施工增加费的定额套用及计算规则,清单措施项目的编制及综合单价的计算,《建设工程工程量清单计价规范》(GB 50500—2013)脚手架工程、建筑物超高施工增加费的措施项目费用计算;重点是掌握垂直运输工程的定额计价及建筑物超高增加费的清单编制与计价。尤其要注意超高增加费定额工程量和清单工程量计算的区别。

【思考与练习题】

1. 写出下列项目的定额编号、计量单位、基价(如需换算,应列出换算式)。
(1)建筑物上部结构垂直运输,檐高20m,采用卷扬机带塔。
(2)某厂房上部垂直运输,檐高25m,层高22m。
2. 垂直运输定额未包括哪些内容?发生时应如何计算?
3. 垂直运输工程地下室与上部建筑物工程量应如何计算?
4. 如图12-2所示,某建筑物分三个单元,第一个单元共20层,檐口标高62.700m,建筑面积每层300m^2;第二个单元共18层,檐口标高49.700m,建筑面积每层500m^2;第三个单元共15层,檐口标高35.700m,建筑面积每层200m^2;有地下室一层,建筑面积1000m^2。试计算该工程垂直运输增加费。

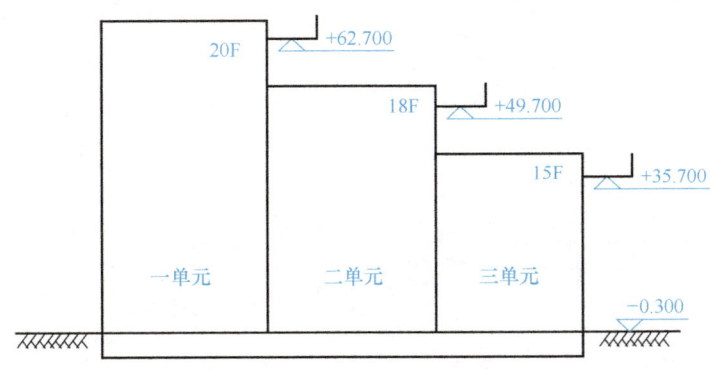

图12-2　某建筑物立面示意图

项目 13
超高施工增加费

项目 13　超高施工增加费

任务 1　超高施工增加费基础知识

建筑物的高度超过一定范围时，施工过程中人工、机械的效率会有所降低，即人工、机械的消耗量会增加；且随着工程施工高度不断增加，还需要增加加压水泵才能保证工作面上正常的施工供水，而高层施工工作面上的材料供应、清理以及上下联系、辅助工作等都会受到一定影响。以上这些因素都会使建筑物由于超高而增加费用。

任务 2　超高施工增加费定额清单编制与计价

一、定额使用说明

1）本定额适用于檐高 20m 以上的建筑物工程，超高施工增加费包括建筑物超高人工降效增加费、建筑物超高机械降效增加费、建筑物超高加压水泵台班及其他费用。

2）同一建筑物檐高不同时，应分别计算套用相应定额。

3）建筑物超高人工及机械降效增加费包括的内容指建筑物首层室内地坪以上的全部工程项目，不包括大型机械的基础、运输、安拆费、垂直运输、各类构件单独水平运输、各项脚手架、现场预制混凝土构件和钢构件的制作项目。

4）建筑物超高加压水泵台班及其他费用按钢筋混凝土结构编制，装配整体式混凝土结构、钢-混凝土混合结构工程仍执行本项目相应定额；遇层高超过 3.6m 时，按每增加 1m 相应定额计算，超高不足 1m 的，每增加 1m 相应定额按比例调整。如为钢结构工程时相应定额乘以系数 0.80。

二、超高施工增加费定额清单编制

1）建筑物超高人工降效增加费的计算基数为规定内容中的全部人工费。

2）建筑物超高机械降效增加费的计算基数为规定内容中的全部机械台班费。

3）同一建筑物有高低层时，应按首层室内地坪以上不同檐高建筑面积的比例分别计算超高人工降效费和超高机械降效费。

4）建筑物超高加压水泵台班及其他费用，工程量同首层室内地坪以上综合脚手架工程量。

三、超高施工增加费定额清单计价

超高施工增加费定额清单计价方法与前述分部工程一致。

任务 3　超高施工增加费国标清单编制与计价

建筑物施工超高增加费定额清单计价

一、国标工程量清单编制

建筑物超高施工增加费清单项目设置及工程量计算规则，应按《计量规范》附录 S.4 及浙江省补充规定执行。

(一) 超高施工增加措施项目清单编制应注意问题

1) 同一建筑物有不同檐高时，应按不同高度的建筑面积分别计算建筑面积，按不同檐高分别编码列项。

2) 檐高超过 20m 的建筑物编列超高施工增加措施项目时，当有层高超过 3.6m 的，应在项目特征描述中注明层高及建筑面积。

(二) 超高施工增加费工程量清单项目及计算规则（表 13-1）

表 13-1　超高施工增加

项目编码	项目名称	项目特征	计量单位	工程量计算规则	工作内容
011704001	超高施工增加	1. 建筑物建筑类型及结构形式 2. 建筑物檐口高度、层数 3. 单层建筑物檐口高度超过 20m，多层建筑物超过 6 层部分的建筑面积	m²	按建筑物超高部分的建筑面积计算	1. 建筑物超高引起的人工工效降低以及由于人工工效降低引起的机械降效 2. 高层施工用水加压水泵的安装、拆除及工作台班 3. 通信联络设备的使用及摊销

注：1. 单层建筑物檐口高度超过 20m，多层建筑物超过 6 层时，可按超高部分的建筑面积计算超高施工增加。计算层数时，地下室不计入层数。
　　2. 同一建筑物有不同檐高时，可按不同高度的建筑面积分别计算建筑面积，以不同檐高分别编码列项。

【例 13-1】　某综合楼各层及檐高如图 13-1 所示，A、B 单元各层建筑面积见表 13-2。请编制该工程超高施工增加费项目清单。

表 13-2　A、B 单元各层建筑面积

楼层	A 单元			B 单元		
	层数	层高/m	建筑面积/m²	层数	层高/m	建筑面积/m²
地下	1	3.4	800	1	3.4	1200
首层	1	8	800	1	4	1200
二层	1	4.5	800	1	4	1200
标准层	1	3.6	800	7	3.6	7000
顶层	1	3.6	800	1	5	1000
屋顶	—	—	—	1	3.6	20
合计	4	—	—	11	—	11620

项目 13 超高施工增加费

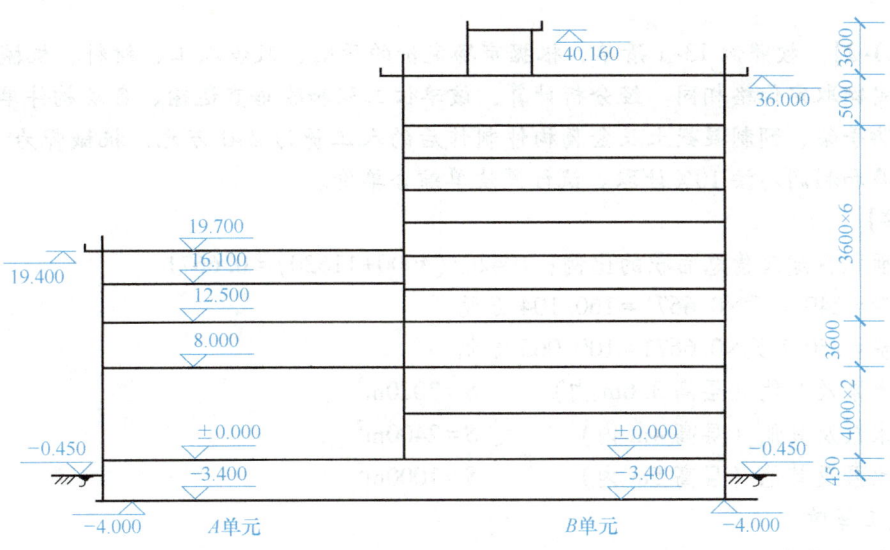

图 13-1 某综合楼

【解答】

(1) 先判定需要计算超高增加费的面积：檐高>20m

只有 B 单元[檐高（36+0.45）m＝36.45m]，计算基数应按超高面积与单位整体面积比例划分，故清单中应描述超高部分面积所占比例。

首层以上建筑面积＝（11620−1200）m²＝10420m²

(2) 编制清单见表 13-3。

表 13-3 超高施工增加工程量清单

序号	项目编码	项目名称	项目特征	计量单位	工程量
1	011704001001	超高施工增加	综合楼分 A、B 两单元，A 单元檐高 19.85m，4 层；B 单元檐高 36.45m，11 层；6 层以上建筑面积为 4020m²	m²	10420

二、国标工程量清单计价

建筑物超高施工增加费工程国标清单项目按《计量规范》附录 S.4 及浙江省补充规定列项，只有超高施工增加费 1 个项目。该项目在清单综合单价组价时可组合的内容见表 13-4。

建筑物施工超高增加费
定额清单计价实例

表 13-4 建筑物超高施工增加费可组合的内容

序号	项目编码	项目名称	实际组合的主要内容	对应的定额子目
1	011704001	建筑物超高施工增加费	1. 建筑物超高人工降效增加费	20-1～20-10
			2. 建筑物超高机械降效增加费	20-11～20-20
			3. 建筑物超高加压水泵台班及其他费用	20-21～20-30
			4. 建筑物层高超过 3.6m 增加压水泵台班	20-31～20-34

【例 13-2】 按照例 13-1 清单，根据市场定价的原则，假设人工、材料、机械的市场信息价格与定额取定价格相同。经分析计算，该单位工程扣除垂直运输、各类构件单独水平运输、各项脚手架、预制混凝土及金属构件制作后的人工费为 240 万元，机械费为 150 万元；企业管理费和利润均按 10% 计取。试计算清单综合单价。

【解答】

超高面积占建筑物总面积的比例：10420/(4000+11620) = 0.6671

人工费 = 240 万元 × 0.6671 = 160.104 万元

机械费 = 150 万元 × 0.6671 = 100.065 万元

加压水泵及其他（层高 3.6m 内）　　$S = 7020 m^2$

加压水泵及其他（层高 4m 内）　　　$S = 2400 m^2$

加压水泵及其他（层高 5m 内）　　　$S = 1000 m^2$

① 人工降效

套用定额 20-2。

人工费 = 570 元/万元

企业管理费 = 570 元/万元 × 10% = 57 元/万元

利润 = 570 元/万元 × 10% = 57 元/万元

② 机械降效

套用定额 20-12。

机械费 = 570 元/万元

企业管理费 = 570 元/万元 × 10% = 57 元/万元

利润 = 570 元/万元 × 10% = 57 元/万元

③ 加压水泵及其他（层高 3.6m）

套用定额 20-22。

人工费 = 0 元/m^2

材料费 = 2.29 元/m^2

机械费 = 3.495 元/m^2

企业管理费 = (0+3.495) 元/m^2 × 10% = 0.35 元/m^2

利润 = (0+3.495) 元/m^2 × 10% = 0.35 元/m^2

④ 加压水泵及其他（层高 4m）

套用定额 20-22+20-31×0.4。

人工费 = 0 元/m^2

材料费 = 2.29 元/m^2

机械费 = (3.495+0.1058×0.4) 元/m^2 = 3.537 元/m^2

企业管理费 = (0+3.537) 元/m^2 × 10% = 0.354 元/m^2

利润 = (0+3.537) 元/m^2 × 10% = 0.354 元/m^2

⑤ 加压水泵及其他（层高 5m）

套用定额 20-22+20-31×1.4。

人工费 = 0 元/m^2

材料费＝2.29 元/m²

机械费＝(3.495+0.1058×1.4) 元/m²＝3.643 元/m²

企业管理费＝(0+3.643) 元/m²×10%＝0.364 元/m²

利润＝(0+3.63) 元/m²×10%＝0.364 元/m²

综合单价见表 13-5。

表 13-5　超高施工增加清单综合单价计算表

序号	编号	工程内容	单位	数量	综合单价/元						合计/元
					人工费	材料费	机械使用费	管理费	利润	小计	
1	011704001001	超高施工增加费	m²	10420	8.758	2.290	8.993	1.775	1.775	23.591	245818
	20-2	人工降效增加费	万元	160.104	570	0	0	57	57	684	109511
	20-12	机械降效增加费	万元	100.065	0	0	570	57	57	684	68444
	20-22	加压水泵台班及其他费用（层高 3.6m）	m²	7020	0	2.290	3.495	0.350	0.350	6.485	45524
	20-22+20-31×0.4	加压水泵台班及其他费用（层高 4m）	m²	2400	0	2.290	3.537	0.354	0.354	6.535	15684
	20-22+20-31×1.4	加压水泵台班及其他费用（层高 5m）	m²	1000	0	2.290	3.643	0.364	0.364	6.661	6661

【小　结】

本项目主要介绍了建筑物超高施工增加费的基本知识，《浙江省房屋建筑与装饰工程预算定额》(2018 版) 建筑物超高施工增加费的定额套用及计算规则，清单措施项目的编制及综合单价的计算，《建设工程工程量清单计价规范》(GB 50500—2013) 建筑物超高施工增加费的措施项目费用计算；重点是掌握超高增加费清单的编制。

【思考与练习题】

建筑物超高施工增加费各项降效系数中包括哪些内容？未包括哪些内容？

参 考 文 献

［1］曹仪民，马行耀. 建设工程计量与计价实务（土建工程）［M］. 北京：中国计划出版社，2019.
［2］何辉，吴瑛. 建筑工程计价新教程［M］. 杭州：浙江人民出版社，2007.